JIBING
疾病诊治原色图谱

鸭鹅病诊治原色图谱

主　编　孙卫东　李　银

副主编　秦卓明　李玉峰
　　　　程龙飞　章　刚

参　编　王玉燕　王　权　王希春
　　　　叶佳欣　刘永旺　何成华
　　　　余祖功　张　青　张忠海
　　　　金耀忠　俞向前　瞿瑜萍
　　　　樊彦红

机械工业出版社
CHINA MACHINE PRESS

本书由南京农业大学动物医学院、江苏省农业科学院畜牧兽医研究所、山东省家禽研究所、福建省农业科学院畜牧兽医研究所、山东华宏生物工程有限公司等单位的专家、教授合作编写而成。本书从多位作者积累的数千张图片中精选出鸭鹅养殖过程中常见的40多种鸭鹅病的典型图片300多幅，按病原（因）、流行特点、临床症状、剖检病变、诊断、预防、治疗及诊治注意事项等条目编写。本书图文并茂，图像清晰，文字简练易懂，可操作性强，让广大读者按图索骥，一看就懂，一学就会，用后见效。全书共分6章，分别为鸭鹅病毒性疾病、鸭鹅细菌及真菌性疾病、鸭鹅寄生虫性疾病、鸭鹅营养代谢性疾病、鸭鹅中毒性疾病、鸭鹅其他疾病。

本书可供基层兽医技术人员和养殖户在实际工作中参考，也可供教学、科学研究工作者参考，还可作为各种类型的培训用书。本书编写者的研究和技术服务工作得到“国家重点研发计划项目——家禽重要疫病诊断与检测新技术研究（2016YFD0500800）”子课题“禽病远程网络诊断技术平台研究（2016YFD0500800-10）”的支持。

图书在版编目（CIP）数据

鸭鹅病诊治原色图谱/孙卫东，李银主编．—北京：机械工业出版社，2018.5（2023.1重印）
（疾病诊治原色图谱）
ISBN 978-7-111-59880-0

Ⅰ．①鸭…　Ⅱ．①孙…②李…　Ⅲ．①鸭病－诊疗－图谱②鹅病－诊疗－图谱　Ⅳ．①S858.3-64

中国版本图书馆CIP数据核字（2018）第092624号

机械工业出版社（北京市百万庄大街22号　邮政编码100037）
策划编辑：周晓伟　郎　峰　责任编辑：周晓伟　郎　峰　陈　洁
责任校对：张　力　　　　　责任印制：孙　炜
北京瑞禾彩色印刷有限公司印刷
2023年1月第1版第4次印刷
147mm×210mm·5.5印张·187千字
标准书号：ISBN 978-7-111-59880-0
定价：39.80元

凡购本书，如有缺页、倒页、脱页，由本社发行部调换

电话服务
服务咨询热线：010-88361066
读者购书热线：010-68326294
010-88379203

网络服务
机工官网：www.cmpbook.com
机工官博：weibo.com/cmp1952
金书网：www.golden-book.com
教育服务网：www.cmpedu.com

前 言

目前，鸭鹅养殖业已经成为我国畜牧业快速发展的一个重要分支，在丰富城乡菜篮子、增加农民收入、改善人民生活等方面发挥了巨大的作用。然而，集约化、规模化、连续式的生产方式使鸭鹅病越来越多，致使鸭鹅病呈现老病未除、新病不断，以及多种疾病混合感染，非典型性疾病、营养代谢和中毒性疾病增多的态势，这不仅直接影响了鸭鹅养殖者的经济效益，同时由于防治疾病过程中药物的大量使用，使食品安全（药残）成为亟待解决的问题。因此，加强鸭鹅病的防控意义重大，而鸭鹅病防控的前提是要对疾病进行正确诊断，因为只有正确诊断，才能及时采取合理、正确、有效的防控措施。

目前，广大鸭鹅养殖者认识鸭鹅病的专业技能和知识相对不足，使鸭鹅养殖场不能有效地控制好疾病，导致鸭鹅养殖场的生产水平逐步降低，经济效益不高，甚至亏损，给鸭鹅养殖者的积极性带来了负面影响，阻碍了鸭鹅养殖场的可持续发展。对此，我们组织了多年来一直在鸭鹅养殖生产第一线为广大鸭鹅养殖场（户）做疾病防治且具有丰富临床经验的多位专家和学者，从他们积累的数千张图片中精选出40多种鸭鹅病的典型图片，并从养殖者如何通过症状和病理剖检变化认识鸭鹅病，如何分析症状诊断鸭鹅病，如何在饲养过程中对鸭鹅疾病做出及时防治等方面，编写了本书，让读者按图索骥，做好鸭鹅病的早期干预工作，克服鸭鹅防治的盲目性，降低养殖成本，使广大养殖户获取最大的经济效益。

作者在编写过程中力求图文并茂，文字简洁易懂，科学性、先进性和实用性兼顾，力求做到内容系统、准确、深入浅出，治疗方案具有很强的操作性和合理性，让广大读者一看就懂，一学就会，用后见效。本书可供基层兽医技术人员和养殖户在实际工作中参考，也可供教学、科学研究工作者参考，还可作为各种类型的培训用书。

在此向为本书直接提供资料的赵孟孟、宋志华、邓益锋、刘玉玲等，和间接引用资料的作者表示最诚挚的谢意。

需要特别说明的是，本书所用药物及其使用剂量仅供读者参考，不可照搬。在生产实际中，所用药物学名、常用名与实际商品名称有差异，药物浓度也有所不同，建议读者在使用每一种药物之前，参阅厂家提供的产品说明以确认药物用量、用药方法、用药时间及禁忌等。购买兽药时，执业兽医有责任根据经验和对患病动物的了解决定用药量及选择最佳治疗方案。

由于作者的水平有限，书中的缺点乃至错误在所难免，恳请广大读者和同仁批评指正，以便再版时改正。

孙卫东
南京农业大学

目　录

第一章

鸭鹅病毒性疾病

一、禽流感

禽流感（avian influenza，AI）是由A型流感病毒引起的感染不同品种、日龄的水禽及其他禽类的一种传染病。由于鸭、鹅通常被认为是带毒者，可能带来禽流感的新威胁，也有可能成为人类流感病毒的“储藏库”，所以，防治鸭、鹅流感具有公共卫生学意义。高致病性禽流感已被世界动物卫生组织（OIE）规定为A类传染病，中华人民共和国农业部《关于〈一、二、三类动物疫病病种名录〉的公告》（第1125号）将其列为一类疫病。目前，我国高度重视高致病性禽流感的防控，免费发放疫苗并实行强制免疫。

【病原】 病原为正黏病毒科流感病毒属A型禽流感病毒。该病毒的血清型众多，目前确认一种为血凝素（HA），另一种为神经氨酸酶（NA）。迄今为止，A型禽流感病毒的HA已发现14种（或16种），NA有9种（或10种），分别以H_1～H_{14}或（H_{16}）、N_1～N_9（或N_{10}）命名。不同的H抗原或N抗原之间无交叉反应。流感病毒经实验分型为非致病性、低致病性和高致病性毒株。由H_5和H_7亚型毒株（以H_5N_1、H_5N_2、H_7N_1和H_7N_9为代表）所引起的疫病为高致病性禽流感，其发病率和死亡率都很高，危害巨大。该病毒的抵抗力不强，许多普通消毒药液能迅速杀灭它，如甲醛、过氧乙酸、甲酚皂等。紫外线也能较快地灭活病毒。在65～70℃时数分钟即可灭活病毒。但病毒在干燥、低温环境中却能存活数月以上，如在冷冻的禽肉中可存活10个月。

【流行特点】 病禽或病死禽，以及健康的带毒禽等为本病的传染源。病毒可通过多种途径传播，如污染的水源、空气、水禽贩等经过消化道、呼吸道、皮肤损伤和眼结膜传染，吸血昆虫可传播该病毒，病禽的蛋也可以带毒，因此也可通过蛋传播。带毒的野生鸟类常因迁徙而传播本病。各品种、日龄的水禽均可感染发病，临床上以20日龄以上的鸭群、鹅群多见发病。患病鸭、鹅的病死率与鸭、鹅的品种、日龄及有无并发症或继发症有关。本病一年四季均可发生，但以每年的11月至次年的4月或5月发病较多。发生本病的鸭群易并发或继发鸭疫里默氏杆菌病、大肠杆菌病、副伤寒、禽霍乱及球虫病等。

【临床症状】 本病的潜伏期为数小时至数天，最长的可达21天。

（1）高致病性禽流感 患病鸭、鹅突然发病，体温升高，食欲减退或废绝，缩头，精神极度萎靡，羽毛松乱，昏睡（图1-1）。部分患病鸭、鹅出现神经症状，如扭颈、头顶触地、仰翻、侧卧、横冲直撞、共济失调、角弓反张（图1-2和图1-3）等。腹泻，排白色或黄绿色稀粪（图1-4）。多数病鸭、病鹅眼睛流泪（图1-5），眼结膜充血、潮红或出血（图1-6）；有的出现角膜混浊，眼睛失明。患病鸭、鹅早期流浆液性鼻液（图1-7），严重者鼻腔也见出血（图1-8）。有的头面部肿大，下颌部水肿。随后鸭群、鹅群会出现批量死亡（图1-9）。产蛋鸭感染后产蛋率骤降，由90%以上可降到10%以下或停产；即使产蛋，蛋变小，蛋重减轻（仅为正常蛋重量的1/4～1/2），有的出现畸形蛋（如软壳蛋、粗壳蛋等）。濒死前多数鸭、鹅的喙端（图1-10）及脚蹼发绀，有的可见脚部鳞片出血（图1-11）。感染的鸭、鹅在出现症状后1～3天大批死亡。其发病率可达100%，死亡率为85%以上。

图1-1 患病鸭（左）、鹅（右）精神萎靡，羽毛松乱，昏睡

图 1-2　病鸭仰翻（左），侧卧、角弓反张（右）

图 1-3　病鹅扭颈（左），仰翻、角弓反张（右）

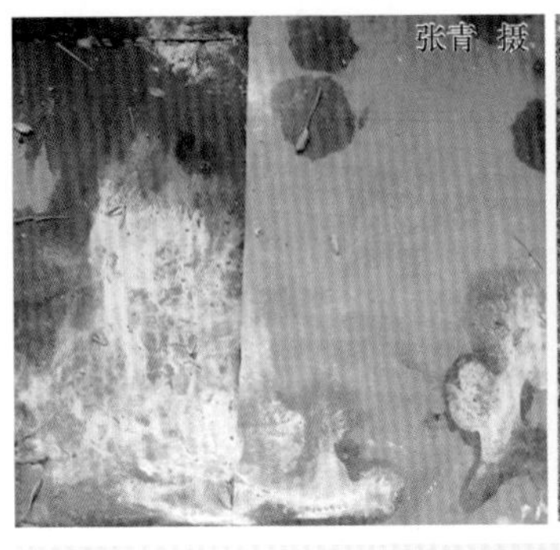

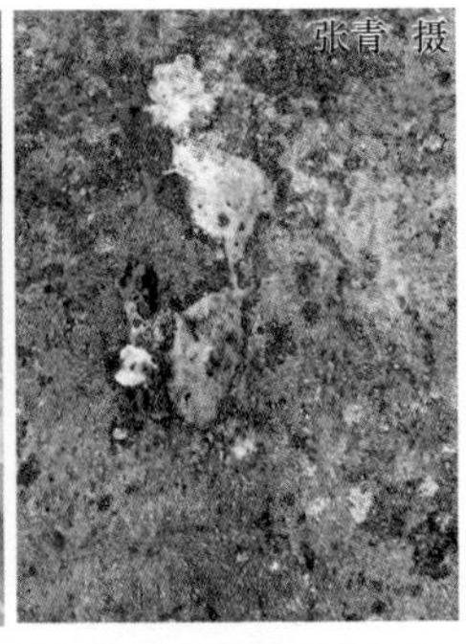

图 1-4　病鸭、病鹅排白色或黄绿色稀粪

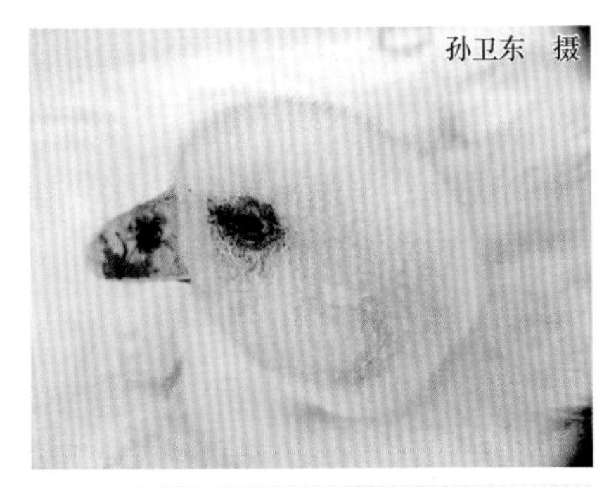

图 1-5　病鹅眼睛流泪

图 1-6　病鸭眼结膜充血、潮红或出血

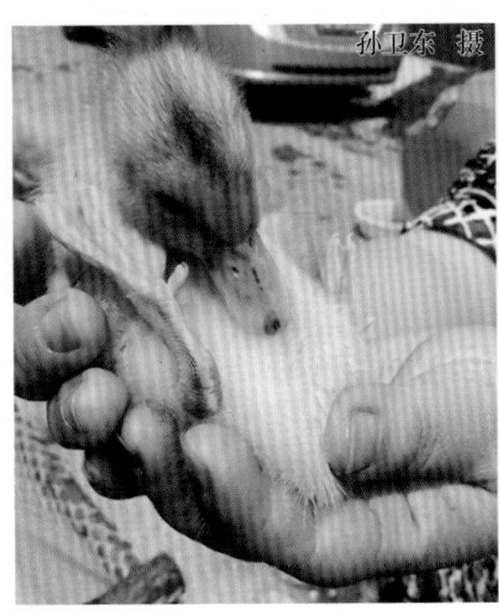

图 1-7　患病鸭（左）、鹅（右）流出浆液性鼻液

图 1-8　病鸭蹲伏，鼻腔出血

图 1-9　患病鸭（左）、鹅（右）出现批量死亡

图 1-10　病鸭濒死前喙端发绀

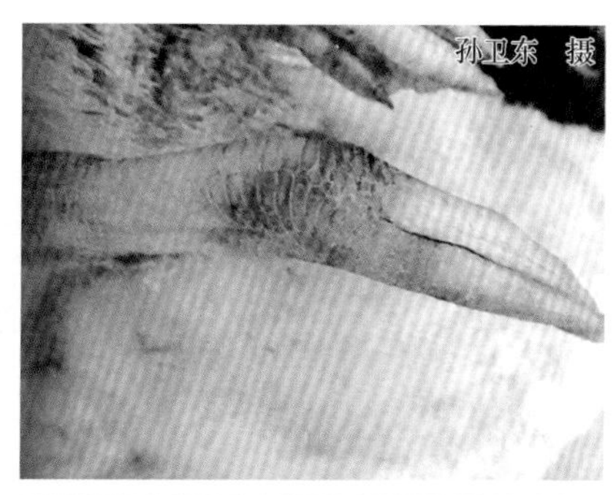

图 1-11　病鸭脚部鳞片出血

（2）低致病性禽流感　病初患病鸭、鹅打喷嚏，鼻腔内有浆液性或黏液性分泌物，鼻孔经常堵塞，呼吸困难，常摆头、张口喘气。一侧或两侧

眶下窦肿胀。有的患病鸭、鹅腿软无力，不能站立，伏卧地上。有的患病鸭、鹅出现体况消瘦、羽毛松乱、生长发育迟缓等现象。蛋鸭、蛋鹅和种鸭、种鹅患病时，死亡率低或无死亡发生，产蛋率下降。

【剖检病变】 因高致病性禽流感病死的鸭、鹅常见头面部肿大，头颈部皮下出血（图 1-12），呈胶冻样水肿，严重者的下颌部也出现胶冻样水肿。

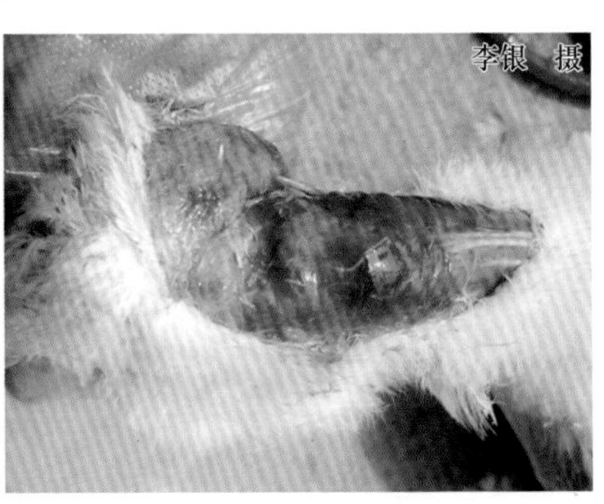

图 1-12 患病鹅（左）、鸭（右）的头颈部皮下出血、水肿

有的气管黏膜和全身皮肤、蹼充血、出血，皮下特别是腹部皮下充血和脂肪有散在性出血点。肝脏肿大，有散在的出血斑点和坏死点（图 1-13），病程稍长者质地变硬。胆囊扩张，肿大。脾脏肿大、瘀血，有散在的坏死点（图 1-14）。心冠脂肪（图 1-15）及心内膜出血（图 1-16），心肌表面有白色条纹样坏死（图 1-17）。肺脏充血、出血、水肿（图 1-18）。部分病例的腺胃乳头或黏膜（图 1-19）及肌胃角质膜下有出血斑，有的腺胃与食道交界处形成出血带（图 1-20）。小肠肿胀，浆膜呈弥漫性出血（图 1-21），有的出现出血性溃疡灶，直肠黏膜及泄殖腔黏膜常充血、出血、坏死。有些病例整个肠道黏膜呈弥漫性充血、出血（图 1-22）。胰腺肿大，出血、坏死（图 1-23）。肾脏肿大，表面充血、出血。具有神经症状的病死鸭、鹅见脑血管充血，有的脑组织出现大面积灰黄色坏死。病雏鸭、病雏鹅见法氏囊肿大、出血。患病的产蛋鸭、产蛋鹅泄殖腔黏膜充血、出血、水肿，卵泡变形、变性，出血呈紫葡萄状（图 1-24）。有的病

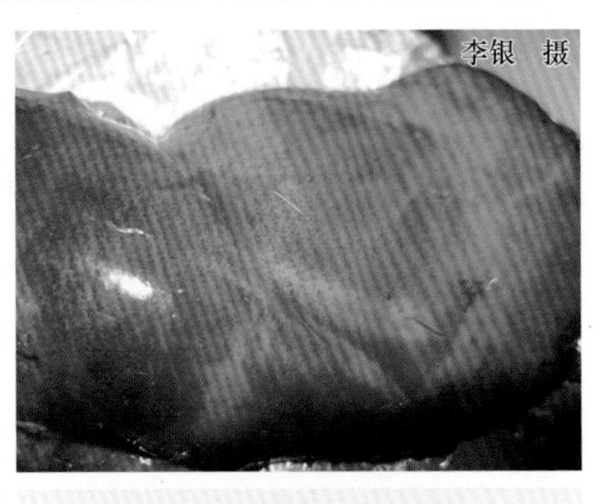

图 1-13 病鸭的肝脏肿大，有散在的出血点

例见卵泡萎缩，有的蛋白分泌部有凝固的蛋白，有的卵泡破裂于腹腔内。有的病例的输卵管系膜充血、出血（图1-25），输卵管内有乳白色脓样分泌物（图1-26）。因低致病性禽流感病死的鸭、鹅往往有呼吸道症状，有的病例剖检见心包炎和轻度的气囊炎（图1-27）。

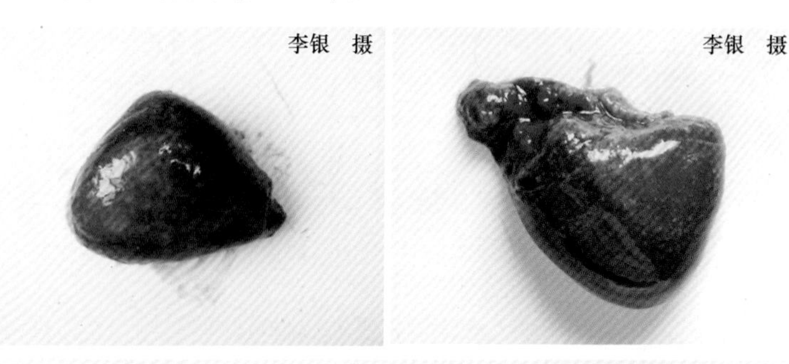

图1-14　患病鸭（左）、鹅（右）的脾脏肿大、瘀血，有散在的坏死点

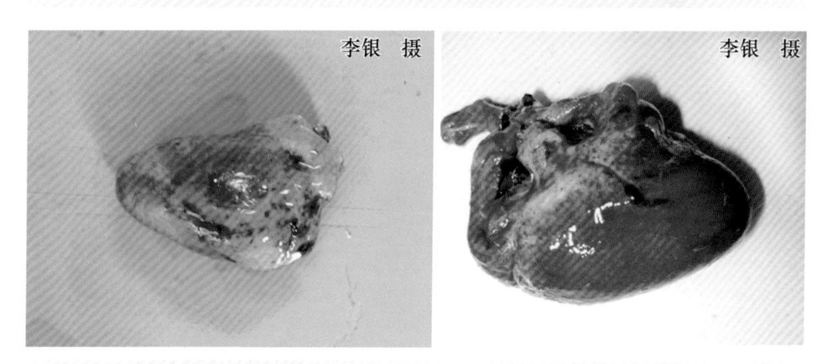

图1-15　患病鸭（左）、鹅（右）的心冠脂肪出血

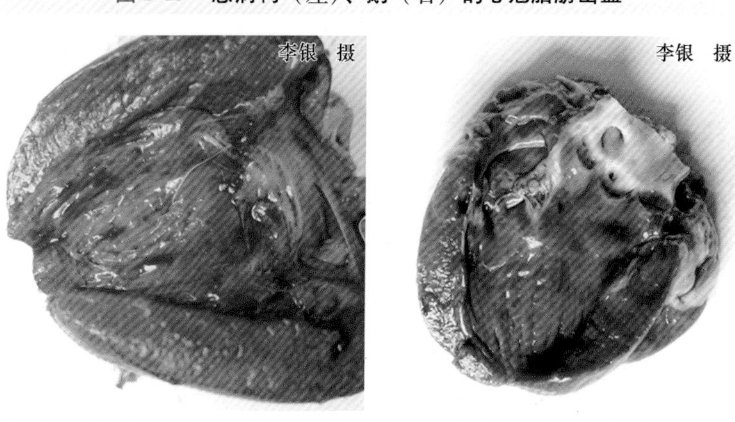

图1-16　患病鸭（左）、鹅（右）的心内膜出血

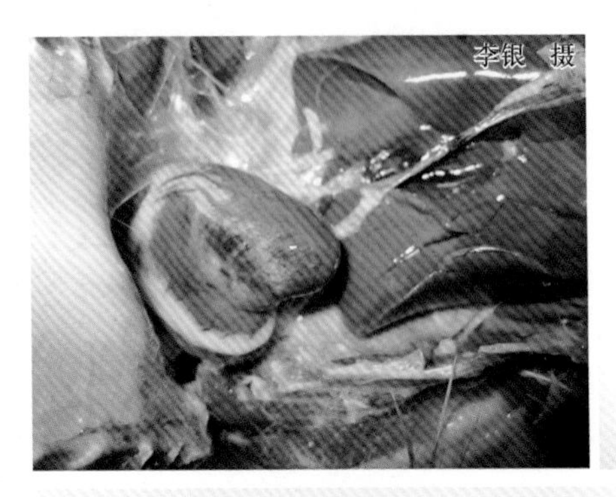

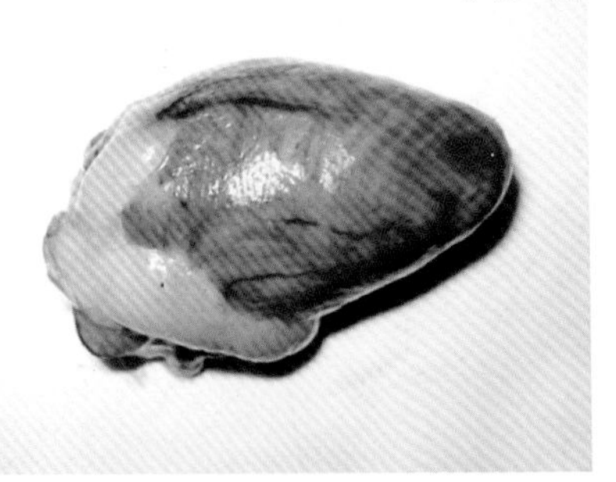

图 1-17 患病鸭（左）、鹅（右）的心肌表面有白色条纹样坏死

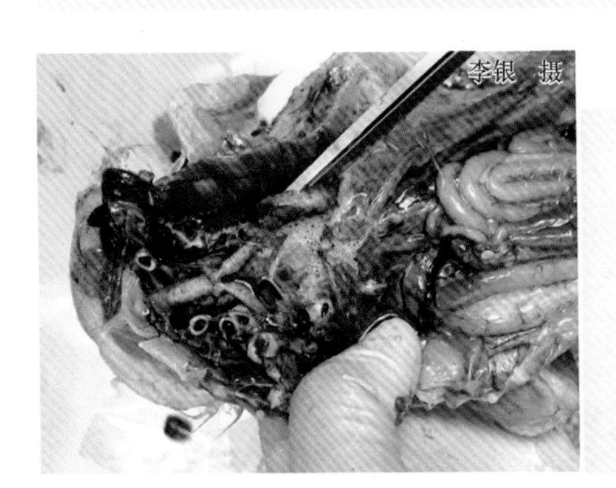

图 1-18 病鹅的肺脏充血、出血、水肿

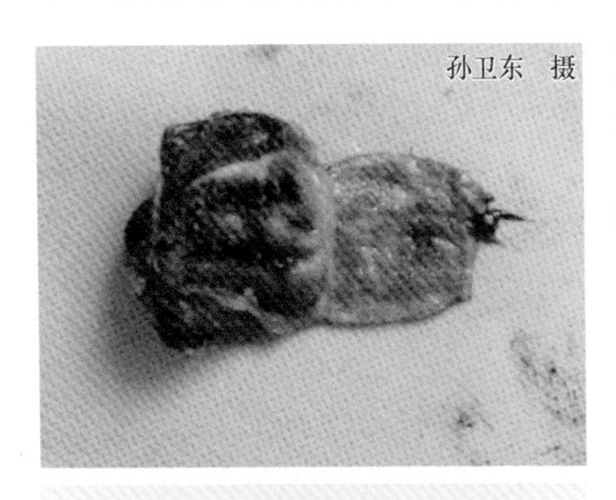

图 1-19 病鹅的腺胃乳头出血

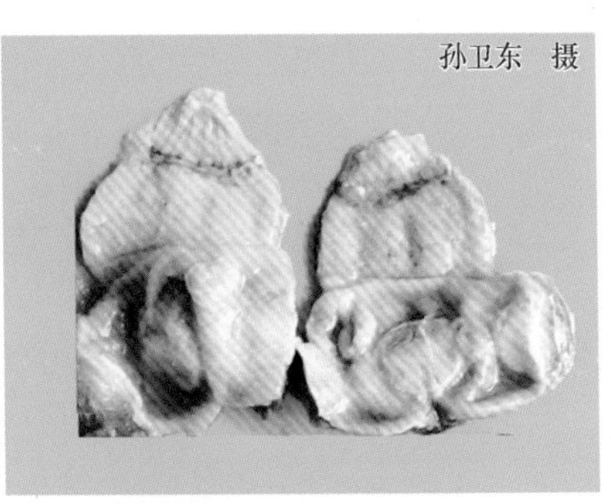

图 1-20 病鹅腺胃与食道交界处形成出血带

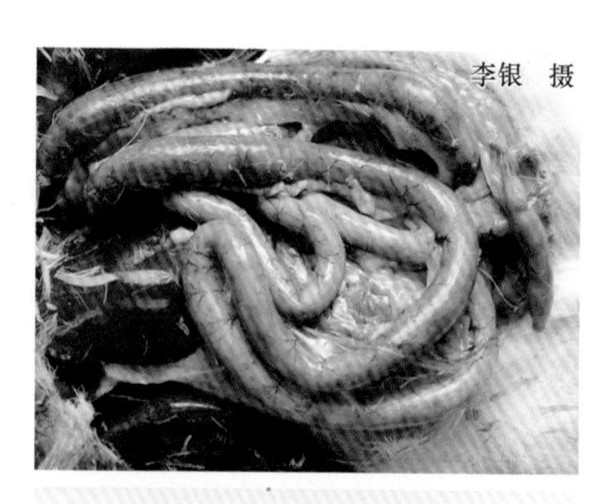

图 1-21　病鹅小肠肿胀，浆膜呈弥漫性出血

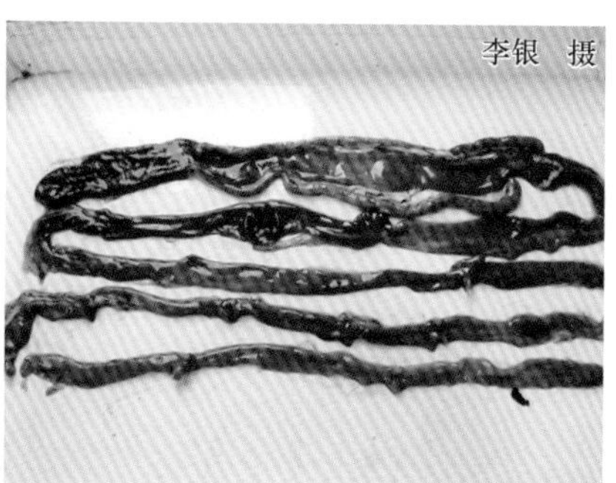

图 1-22　病鸭整个肠道充血、出血

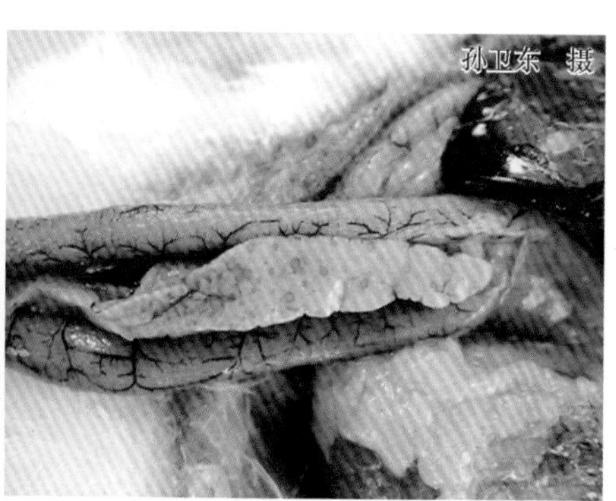

图 1-23　病鸭的胰腺肿大、出血（左）和坏死（右）

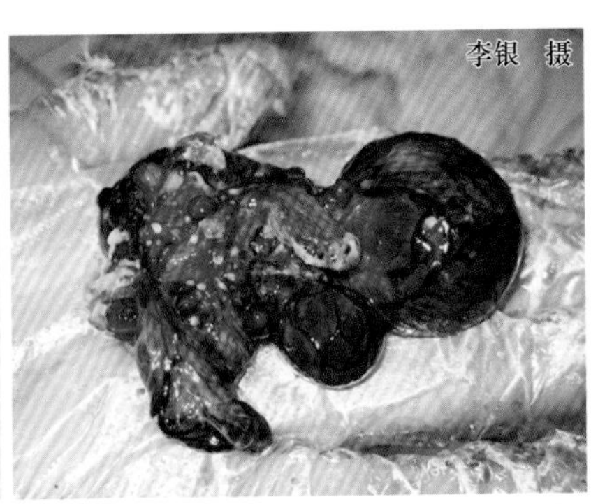

图 1-24　病鸭卵泡变形、变性，出血且呈紫葡萄状

图 1-25　病鸭的输卵管系膜充血、出血

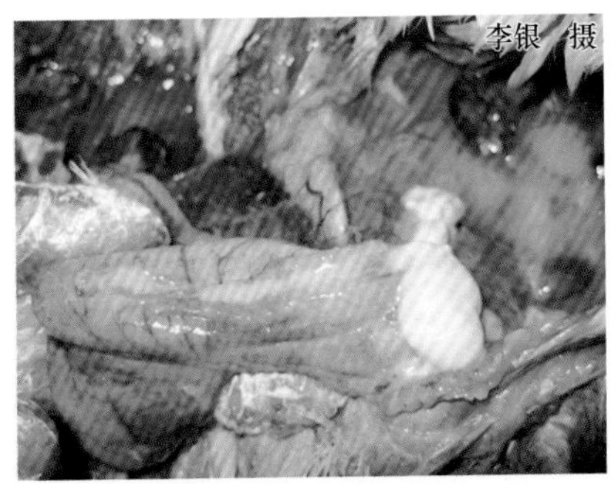

图 1-26　病鸭输卵管内有乳白色脓样分泌物

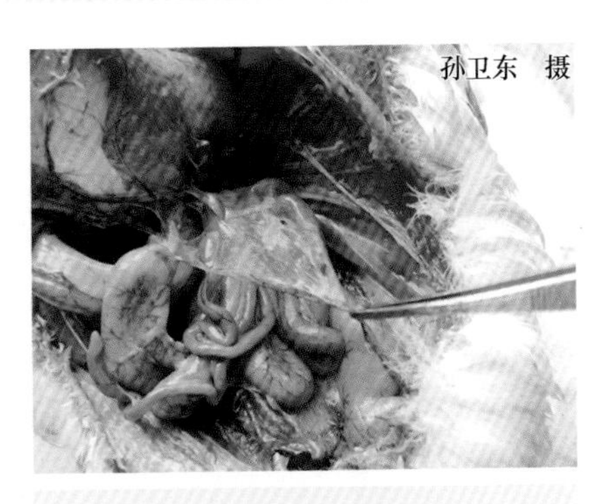

图 1-27　因低致病性禽流感病死的鸭有心包炎和轻度的气囊炎

【诊断】

（1）临床诊断 根据流行特点、临床症状和病理变化可做出初步诊断。

（2）实验室诊断 病毒的分离和鉴定（应按国家相关规定在生物安全三级实验室内进行）、琼脂扩散试验、血凝及血凝抑制试验、酶联免疫吸附试验和聚合酶链式反应等。

（3）类症鉴别诊断

1）与雏番鸭细小病毒病的鉴别诊断。雏番鸭细小病毒病病理变化中的胰腺表面有大量白色坏死点，以及肠道、心冠脂肪、心肌出血与禽流感有相似之处。但雏番鸭细小病毒病主要侵害出壳后数日龄至3周龄左右的雏番鸭，成年番鸭多不发病；而禽流感可使各日龄的番鸭发病，这可作为鉴别依据之一。雏番鸭细小病毒无血凝特性，而禽流感病毒具有血凝特性，这在病原特性上可作为鉴别依据之二。

2）与禽巴氏杆菌病的鉴别诊断。禽巴氏杆菌病病理变化中的心冠脂肪、心肌出血与禽流感有相似之处。但禽巴氏杆菌病伴有肝脏上有灰白色针尖大小坏死灶，而禽流感伴有胰腺出血及其表面有大量针尖大小的白色坏死点或透明样液化灶，心肌表面有白色条纹样坏死等，可作为鉴别之一。禽巴氏杆菌病多发生于青年和成年的鸭、鹅，而禽流感则可发生于各日龄的鸭、鹅，可作为鉴别之二。禽流感发病时一般会出现各种神经症状，如扭颈、头顶触地、仰翻、侧卧、横冲直撞、共济失调等，而禽巴氏杆菌病的病鸭或病鹅则不表现神经症状，可作为鉴别之三。患病或病死的鸭、鹅的肝脏接种马丁琼脂，巴氏杆菌会长成露珠样小菌落，而禽流感的病鸭、鹅的肝脏接种马丁琼脂则无细菌生长，可作为鉴别之四。

3）与雏鸭病毒性肝炎的鉴别诊断。雏鸭病毒性肝炎病理变化中的肝脏出血和禽流感有相似之处。但禽流感还伴有胰腺出血及其表面有大量针尖大小的白色坏死点或透明样液化灶，心肌表面有白色条纹样坏死等，而雏鸭病毒性肝炎没有这种变化，可作为鉴别之一。雏鸭病毒性肝炎对1~2周龄的易感雏鸭有较高的发病率和致死率，超过3周龄的雏鸭不发病，而禽流感可发生于各日龄鸭，可作为鉴别之二。雏鸭病毒性肝炎表现的神经症状以头颈背向呈角弓反张之状为主，并且多在濒死前发生，而禽流感发病时一般会出现各种神经症状，如扭颈、头顶触地、仰翻、侧卧、横冲直撞和共济失调等，可作为鉴别之三。将病料接种易感鸭胚，若死亡胚尿囊液具有血凝活性，并能被禽流感抗血清所抑制，可认为是禽流感病毒所致；若死亡胚尿囊液无血凝活性，可认为是雏鸭病毒性肝炎，可作为鉴别之四。

4）与鸭疫里默氏杆菌病的鉴别诊断。患鸭疫里默氏杆菌病的鸭于患病后期表现出神经症状，如头颈震颤、转圈、不停地点头或摇头，甚至角弓反张和抽搐，这一点与禽流感有相似之处。但鸭疫里默氏杆菌病的病变表现为心包炎、肝周炎和气囊炎，与禽流感完全不同，可作为鉴别之一。鸭疫里默氏杆菌病多发生于1～8周龄各品种鸭，而禽流感则可发生于各日龄鸭，可作为鉴别之二。用患鸭疫里默氏杆菌病的鸭的肝脏接种巧克力琼脂，鸭疫里默氏杆菌能生长；而患禽流感的鸭无细菌生长，可作为鉴别之三。

5）与鹅副黏病毒病的鉴别诊断。患鹅副黏病毒病的鹅出现的扭头、转圈或歪脖等神经症状与禽流感相似。但鹅副黏病毒病导致的胰腺变化轻微，常见腺胃黏膜脱落和腺胃乳头轻微出血，心肌偶有出血，而禽流感还伴有胰腺出血及其表面有大量针尖大小的白色坏死点或坏死斑，或者透明样或液化样坏死点或坏死灶，心肌表面有白色条纹样坏死等，可作为鉴别之一。鹅副黏病毒病多发于8～30日龄各品种鹅，中大鹅的病情相对较轻，而禽流感则发生于各日龄鸭，可作为鉴别之二。将病料接种易感鸭胚，死亡胚尿囊液具有血凝活性，若能被禽Ⅰ型副黏病毒抗血清所抑制，可认为是鹅副黏病毒所致；若能被禽流感抗血清所抑制，可认为是禽流感病毒所致，可作为鉴别之三。

【预防】

（1）免疫接种 免疫接种如下：

1）疫苗的种类。灭活疫苗有 H_5 亚型、H_5-H_9 亚型或 H_5-H_7 亚型二价和变异株疫苗4类。

2）免疫接种要求。国家对高致病性禽流感实行强制免疫制度，免疫密度必须达到100%，抗体合格率达到70%以上。所用疫苗必须采用农业部批准使用的产品，并由动物防疫监督机构统一组织、逐级供应。所有易感禽类饲养者必须按国家制定的免疫程序做好免疫接种，当地动物防疫监督机构负责监督指导。进行预防性免疫时，按农业部制订的免疫方案中规定的程序进行。参考免疫程序：①肉鸭或肉鹅：7～10日龄免疫接种，每只颈部皮下注射0.5毫升。种鸭或种鹅和蛋鸭或蛋鹅：14～21日龄进行初免，每只颈部皮下注射0.5毫升；间隔3～4周后加强一次免疫，每只肌内注射1.0毫升；以后根据抗体检测结果，每隔4～6个月再加强免疫1次，以确保高致病性禽流感的免疫效果。②肉鸭或肉鹅：8日龄进行首免，每只颈部皮下（腿内侧皮下）注射0.5毫升，15日龄进行二免，必要时，可在21日龄进行三免。种鸭或种鹅和蛋鸭或蛋鹅：8～14日龄进行首免，每只颈部皮下（腿内侧皮下）注射0.5毫升；21日龄进行二免，每只皮下注射1毫升；50～60日龄进行三免，每只胸肌注射1.5毫升；产蛋前15～20天进行四免，每只胸肌注射2毫升；以后每隔5～6个月免疫1次，剂量为每只2.0毫升。③肉鸭或肉鹅：根据雏鸭或雏鹅的母源抗体效价而定，当母源抗体效价低于4log2时，在5~7日龄进行首免；当母源抗体效价达到4log2时，在10日龄进行首免；当母源抗体效价高于4log2时，在15日龄进行首免，均是每只颈部皮下（腿内侧皮下）注射0.5毫升。由于首免后往往出现抗体上不去或合格率低的情况，若等到免疫后15天监测才得知抗体滴度偏低再进行二免就太迟了，故可在首免后7天进行二免。种鸭或种鹅和蛋鸭或蛋鹅：一般情况下，种鸭场的条件优越，技术水平较高，雏鸭母源抗体的水平较高，首免可在25~29日龄进行；如果周边有禽流感流行时，可适当提前在14日龄或21日龄进行首免，每只颈部皮下（腿内侧皮下）注射0.5毫升。在首免后15~20天进行免疫监测，如果抗体效价达到6log2以上时，经1个月再监测，如果母源抗体效价还保持6log2以上者，可在80日龄进行二免；如果抗体效价下降至5log2以下时，立即进行二免，每只胸部肌内注射1.0毫升。在产蛋前两周进行三免，每只胸部肌内注射1.5~2.0毫升。以后在禽流感流行季节，每隔3~4个月注射1次，冬季可4~5个月注射1次，剂量与三免相同。

（2）加强检疫和抗体监测 检疫物包括进口的水禽、野禽、观赏鸟类、精液、禽产品、生物制品等，严防高致病性禽流感病毒从国外传入。同时，做好免疫鸭群和鹅群的抗体检测工作，为优化免疫程序和及时免疫接种提供参考依据。

（3）加强饲养管理 坚持全进全出和/或自繁自养的饲养方式，引进的种水禽及产品一定要来自无禽流感的养殖场；采取封闭式饲养，饲养人员进入生产区应更换衣、帽及鞋靴；严禁其他养殖场的人员参观，生产区设立消毒设施，对进出车辆彻底消毒，定期对鸭舍或鹅舍及周围环境进行消毒，加强带鸭或带鹅消毒；设立防护网，严防野鸟进入鸭舍或鹅舍；放牧时避免与其他野生水禽接触；定期消灭养鸭场或养鹅场内的有害昆虫（如蚊、蝇）及鼠类。

【治疗】

（1）发生高致病性禽流感的措施 一旦发现可疑病例，应在最短时间内将疫情上报当地兽医行政主管部门，逐级上报，尽快确诊。确诊后必须严格按《中华人民共和国动物防疫法》的要求，采取果断措施扑杀感染鸭群或鹅群，对所有病死鸭或病死鹅、被扑杀鸭或被扑杀鹅及其鸭或鹅产品（包括肉、蛋、精液、羽绒、内脏、骨、血等）按照《高致病性禽流感 无害化处理技术规范》（NY/T 766—2004）执行，常可收到阻止蔓延和缩短流行过程的效果。对鸭舍或鹅舍，以及饲槽、饮水器、用具和环境进行清扫和消毒。垃圾、粪便、垫草、吃后剩余的饲料等应清除、堆积发酵，或者深埋或烧掉。

（2）发生低致病性禽流感的措施 应采取“免疫为主，治疗、消毒、改善饲养管理和防止继发感染为辅”的综合措施。目前，市面上的抗病毒冲剂等抗病毒药及多种清热解毒、止咳平喘的中成药对本病有一定的辅助治疗作用，可取得一定疗效，减少死亡。

① 禽流感多价卵黄抗体或抗血清，雏鸭或雏鹅的用量为1～2毫升/只，中大鸭或鹅为2～3毫升/只，及时肌内注射，每天1次，连用2天。

② 金丝桃素（贯叶连翘提取物），预防剂量为每吨饲料中添加400克，连用7天；治疗剂量为每只鸭或鹅用50～70毫克，连用3～4天。也可选用中药金丝桃素口服液、抗病毒冲剂、板蓝根冲剂、芪蓝囊病饮、双黄连口服液、黄芪多糖等。

③ 在发病早期肌内注射禽用基因干扰素，每只0.01毫升，每天1次，连用2天，有一定疗效。也可选用干扰素诱导剂、聚肌胞合剂等。

④ 恩诺沙星按每千克体重25毫克，加入水中，连用5天。

⑤ 中草药防治方一：大黄10克、黄芩10克、板蓝根10克、地榆10克、槟榔10克、栀子5克、松针粉5克、生石膏5克、知母5克、藿香5克、黄芪10克、秦艽5克、芒硝5克（50只鸭或鹅1天的治疗量或100只鸭或鹅1天的预防量），用开水泡1夜，上清液饮用，药渣拌料饲喂；也可共研过20目筛，拌料喂服，连用2～3天。

⑥ 中草药防治方二：大青叶40克、连翘30克、黄芩30克、菊花20克、牛蒡子30克、百部20克、杏仁20克、桂枝20克、黄柏30克、鱼腥草40克、石膏60克、知母30克、款冬花30克、山豆根30克（为300～500只鸭或鹅1天剂量），煎汤饮水，每天1剂，连用2～3天。

【诊治注意事项】 ①为了避免由于使用低劣疫苗而导致免疫效果欠佳甚至免疫失败，建议在免疫前和免疫后15天或在1～3日龄、25～28日龄、50～60日龄和120日龄进行禽流感的抗体监测，根据其监测结果及时采取必要的措施。②由于雏番鸭免疫应答能力较差，建议首免可在14日龄，二免在21日龄。③产蛋期的鸭注射疫苗时对鸭只应尽量轻抓轻放，同时做好抗应激的工作（如增加多维素，加强通风和保温等），以减轻应激造成的短期减蛋。④继发或并发大肠杆菌病、鸭疫里默氏杆菌病等，还可选用头孢噻肟钠、舒巴坦钠、盐酸克林霉素、利福平、硫酸阿米卡星（丁胺卡那霉素）、先锋霉素、多西环素（强力霉素）等。由于禽流感引起鸭的产蛋量下降，可使用增蛋添加剂增蛋宝、多蛋多、激蛋散等。⑤必须防止“一针定乾坤”的想法和做法，既要追求免疫的数量，更要追求免疫的质量，把禽流感的防控与鸭群或鹅群主要疫病的防疫结合起来，与生物安全（消毒、隔离、卫生）结合起来，与提高饲养管理结合起来，这才是鸭群、鹅群防疫工作的根本所在。⑥做好疫区内人员的防护工作，防止禽流感传染给人。

二、鸭　瘟

鸭瘟（duck plague，DP）俗称“大头瘟”，又名鸭病毒性肠炎，是由鸭瘟病毒引起的鸭、鹅和其他雁形目禽类的一种急性、热性、败血性传染病。临床上以肿头、流泪、排绿色稀便、体温升高、两脚瘫软、口腔或食道黏膜有黄褐色坏死伪膜或溃疡、泄殖腔黏膜出血或坏死、肝脏有不规则的大小不等的坏死点和出血点等为特征。本病一旦发生，其发病迅速，传染性强，是目前严重威胁水禽养殖业的主要疫病之一。我国将其列为二类动物疫病。

【病原】　病原为鸭瘟病毒，又称鸭病毒性肠炎病毒，属疱疹病毒科。该病毒的抵抗力不强，对热和干燥及普通消毒药都很敏感，但对低温的抵抗力较强。

【流行特点】　不同品种、不同日龄的鸭均可感染，绍鸭、番鸭、绵鸭、麻鸭及其杂交鸭等更为易感，而北京鸭、半番鸭（骡鸭）和樱桃谷鸭等易感性较差。人工感染时，雏鸭较成年鸭易感，死亡率也高。自然流行中时以成年鸭的发病和死亡较为严重，1 月龄以内的雏鸭发病较少。鹅在与病鸭密切接触时也能感染致病，在有些地区甚至可引起流行，应引起广大养鹅户的高度重视。本病的传染源是（购入）病鸭、潜伏期感染鸭和病愈后带毒鸭（至少带毒 3 个月）。本病的传播途径主要是消化道，其次是生殖道、眼结膜和呼吸道，吸血昆虫和针头也可成为传播媒介。本病一年四季均可发生，通常春夏之际和购销旺季流行严重。

【临床症状】　本病潜伏期为3～5 天，病初病鸭精神委顿，缩颈垂翅，食欲减少或停食，体温升高达43℃以上，呈稽留热型。两脚麻痹无力，走动困难而静卧，并且不愿下水。病鸭的一个典型症状是流泪和眼睑水肿。病初为浆液性分泌物，沾湿周围羽毛，之后变成脓性，粘住上下眼睑不能张开。眼睑水肿或翻于眼眶外，眼结膜有充血、出血甚至溃疡。部分病例见有头颈肿胀，故本病俗称“大头瘟”（图 1-28）。鼻腔有浆液性或黏液性分泌物，呼吸困难，叫声嘶哑。发生腹泻，排绿色或灰白色稀粪，泄殖腔周围的羽毛沾污并结块，泄殖腔黏膜可因水肿而外翻。病程一般为2～5 天，慢性的可拖延 1 周以上，死亡

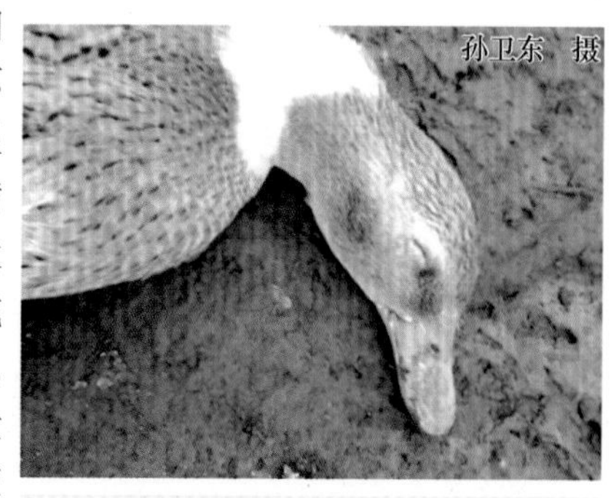

图 1-28　病鸭头颈肿胀，眼睑水肿

率高达90%以上。自然条件下感染鸭瘟的鹅也有上述相似的症状。

【剖检病变】 典型病例，肉眼可见急性败血病变。病死鸭体表皮肤有散在出血斑点，皮下组织发生不同程度的炎性水肿。头颈肿胀的病例可见皮下有浅黄色胶样浸润。食道黏膜有纵行排列的散在的条纹状出血（图1-29）或灰黄色溃疡灶或伪膜（图1-30），伪膜易刮落，刮落后留下不规则形态的浅溃疡斑痕。有些病例的腺胃与食道膨大部交界处或与肌胃交界处有灰黄色坏死带或出血带，腺胃黏膜与肌胃角质层下充血、出血。肠道外观可见明显的环状出血带（图1-31），剪开可见肠道黏膜出血或有大的出血斑。直肠和泄殖腔黏膜呈弥漫性出血，黏膜表面常有黄绿色或灰黄色坏死结痂，泄殖腔黏膜水肿。肝脏和脾脏早期有出血斑点（图1-32），后期出现大小不等的灰黄色坏死灶，中间有小出血点。胆囊充盈，有时可见黏膜出现小的溃疡。有的病例见心肌（图1-33）和气管（图1-34）出血。产蛋母鸭卵泡充血、出血或整个卵泡呈暗红色，有时形成卵黄性腹膜炎。

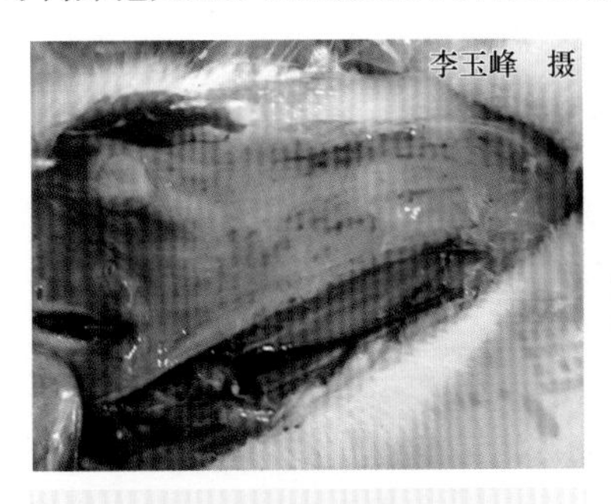

图1-29 病鸭食道黏膜有纵行排列的散在的条纹状出血

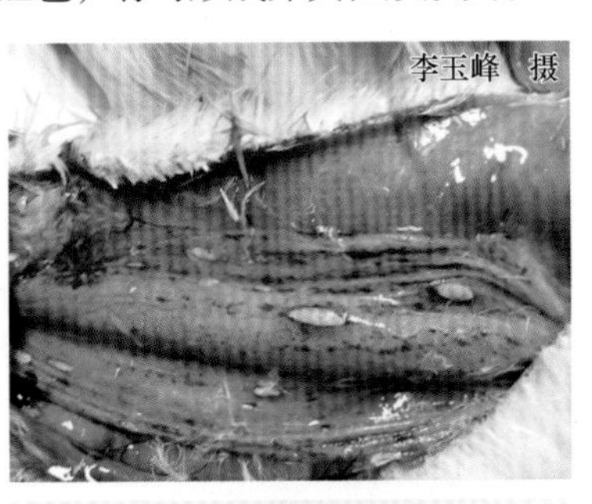

图1-30 病鸭食道黏膜有条纹状出血及灰黄色溃疡灶

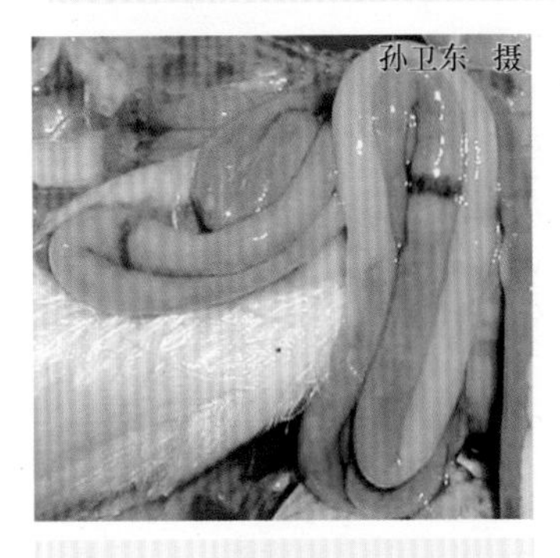

图1-31 病鸭肠道上有明显的环状出血带

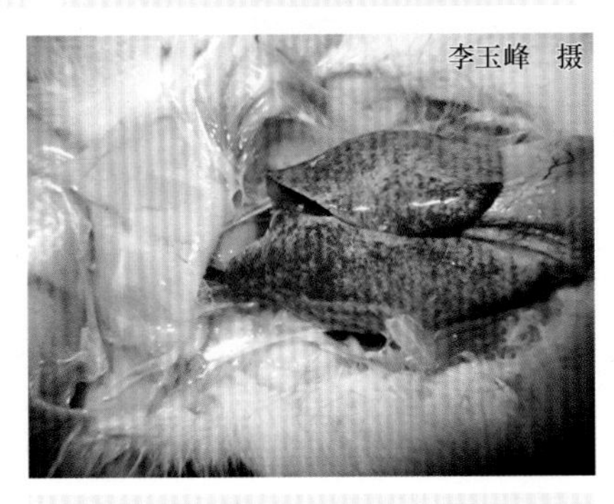

图1-32 病鸭的肝脏有出血斑点

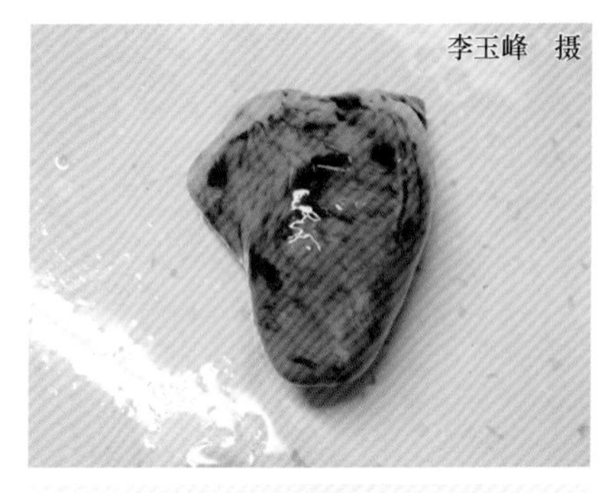

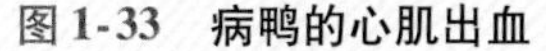
图 1-33　病鸭的心肌出血

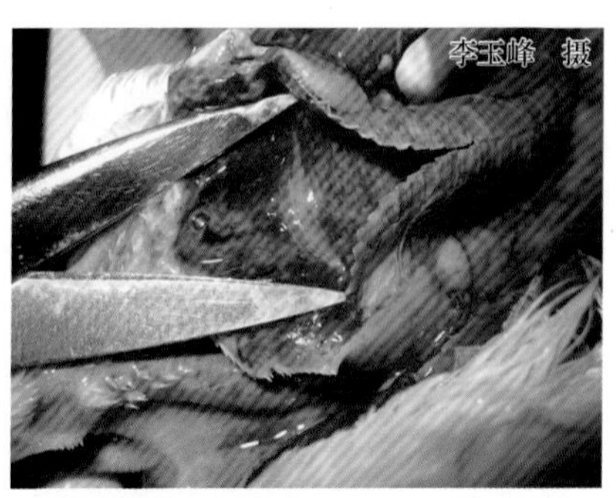

图 1-34　病鸭的气管出血

鹅感染鸭瘟后的病变与鸭的病变基本相似，口腔、咽部及食道黏膜表面有浅黄色斑块状溃疡灶（图 1-35）或条纹状坏死性伪膜（图 1-36），泄殖腔黏膜出血并伴有浅黄色坏死结痂（图 1-37）。肠道外观可见有明显的环状出血带（图 1-38），剪开可见肠道黏膜出血或有大的出血斑。

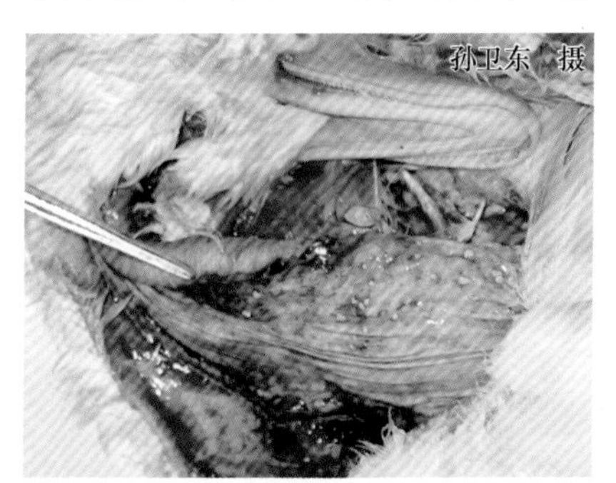

图 1-35　病鹅食道黏膜有浅黄色斑块状溃疡灶

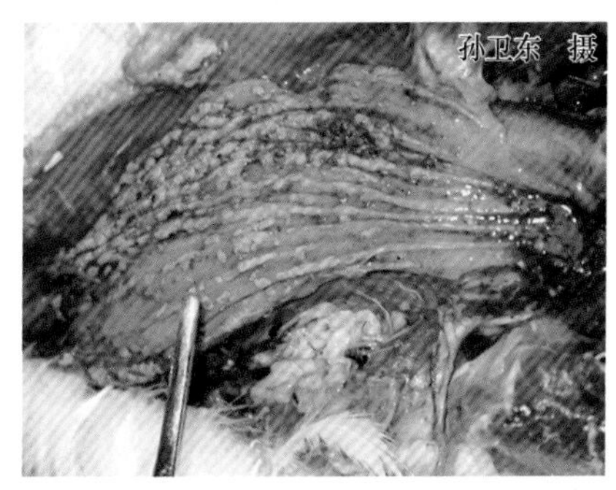

图 1-36　病鹅食道黏膜有条纹状坏死性伪膜

【诊断】

（1）临床诊断　根据流行特点、典型临床症状和病理剖检变化，如肿头、流泪、腹泻、体温升高、口腔或食道黏膜有灰黄色坏死伪膜或溃疡、泄殖腔黏膜出血或坏死、肝脏有不规则的大小不等的坏死点和出血点，即可做出初步诊断。

（2）实验室诊断　病毒的分离和鉴定、血清中和试验、酶联免疫吸附试验、免疫荧光抗体技术和聚合酶链式反应。

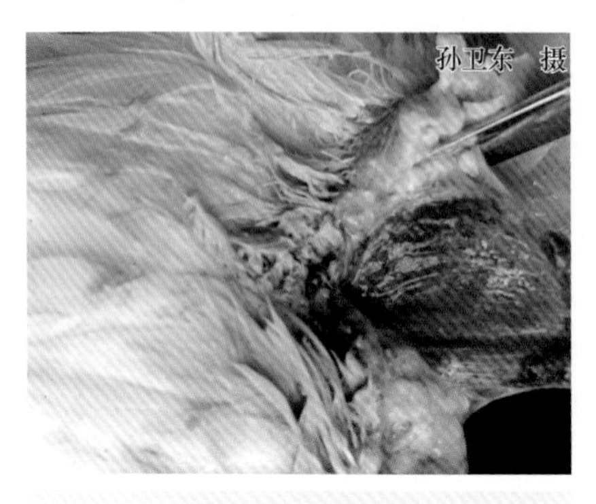

图 1-37　病鹅泄殖腔黏膜出血并伴有浅黄色坏死结痂

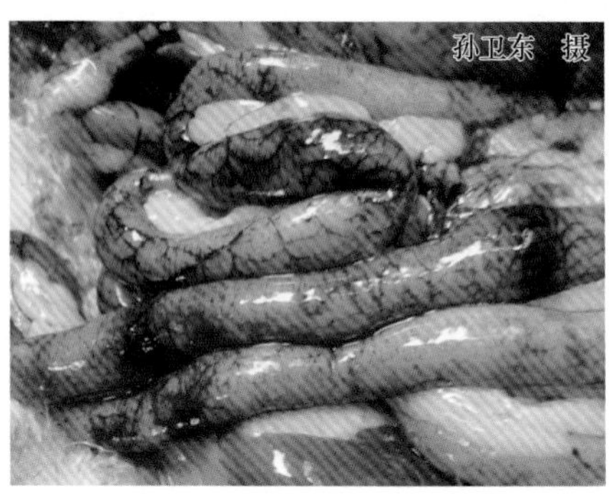

图 1-38　病鹅肠道上有明显的环状出血带

（3）类症鉴别诊断

1）与种鸭坏死性肠炎的鉴别诊断。种鸭坏死性肠炎病理变化中的肠黏膜充血、出血与鸭瘟有相似之处。种鸭坏死性肠炎的肠道病变多集中于空肠和回肠，而鸭瘟的肠道病变多在十二指肠和直肠，可作为鉴别之一。患鸭瘟的鸭的食道黏膜有灰黄色坏死伪膜或溃疡，患种鸭坏死性肠炎的鸭没有这一变化，可作为鉴别之二。

2）与念珠菌病的鉴别诊断。念珠菌病病理变化中也可见到口腔或食道黏膜有坏死性伪膜和溃疡，这一点与鸭瘟相似。但念珠菌病还伴有气囊的炎性变化，而鸭瘟则还可见泄殖腔黏膜出血或坏死、肝脏有不规则的大小不等的坏死点和出血点，可作为鉴别之一。流行病学方面，念珠菌病多发生于雏鸭，而鸭瘟自然流行时多见于成年鸭，可作为鉴别之二。

3）与球虫病的鉴别诊断。球虫病的出血性肠炎与鸭瘟有相似之处。但球虫病的肠道变化还表现为肠内容物为浅红色或鲜红色黏液或胶冻状黏液，而鸭瘟无这一变化，可作为鉴别之一。球虫病发生于高温高湿季节，而鸭瘟则多流行于春夏之际和购销旺季，可作为鉴别之二。患鸭瘟的鸭的食道黏膜和泄殖腔黏膜有黄褐色坏死伪膜或溃疡，患球虫病的鸭则没有这一变化，可作为鉴别之三。

4）与维生素 A 缺乏症的鉴别诊断。维生素 A 缺乏症病理变化中的口腔或食道黏膜有灰黄色的伪膜，这一点与鸭瘟相似。但维生素 A 缺乏症往往使肾脏、心脏、肝脏、脾脏表面有尿酸盐沉积，而鸭瘟无此病理变化，可作为鉴别之一。维生素 A 缺乏症无传染性，而鸭瘟具有很强的传染性，可作为鉴别之二。

【预防】

（1）疫苗免疫接种 国内已成功研制出鸭瘟鸡胚化弱毒疫苗和鸭瘟油乳剂灭活苗。

种（蛋）鸭于15～20日龄进行首免，每只肌内注射0.5～1只份；30～35日龄进行二免，每只肌内注射1.5～2只份；产蛋前15～20天再加强免疫1次，每只肌内注射2～3只份，以后每隔4～6个月免疫1次。种鸭也可注射鸭瘟油乳剂灭活苗，14～23日龄每只颈部皮下（腿内侧皮下）注射0.5毫升，免疫期可达8个月。肉鸭免疫参照种（蛋）鸭的前两次免疫即可。在鸭瘟流行地区，健康鹅群也应免疫接种鸭瘟疫苗。

（2）其他预防措施 饲喂全价日粮；实行严格的环境卫生和消毒措施（0.3%过氧乙酸、2%氢氧化钠溶液、0.5%～1%漂白粉溶液等）；严格检疫，建立卫生检疫制度；不从疫区引进青年种鸭，若要引进，需要检疫无病后并至少隔离观察2周以上，确保无疫后才可混群放养。防止健康鸭或鹅到有鸭瘟流行地区和野生水禽出没的区域放牧，避免接触具有传染性的病鸭、病鹅、饲料、用具等。采取全进全出的饲养方式。坚持自繁自养，控制疫情发生。

【治疗】

（1）用疫苗做紧急接种 一旦暴发本病，必须对所有受到鸭瘟传染威胁的鸭群或鹅群进行详细观察和检查。对正常无病的鸭或鹅进行2倍剂量的鸭瘟鸡胚化弱毒疫苗紧急接种。

（2）加强隔离和消毒 禁止病鸭和病鹅向外流通和上市销售。隔离病鸭（鹅）和同群鸭（鹅），禁止放牧。对鸭（鹅）舍及其活动场所、周围鸭（鹅）舍进行彻底消毒，可选用0.3%过氧乙酸、2%氢氧化钠溶液、0.5%～1%漂白粉溶液等对鸭（鹅）、过道、水源等每天消毒1次，连续消毒1周。对重症鸭（鹅）应立即扑杀，并连同病死鸭（鹅）、粪便、污水、羽毛及垫料等进行无害化处理。

（3）药物治疗 宜采取抗体疗法，同时配合抗病毒、抗感染辅助疗法。

① 立即注射鸭瘟高免血清或卵黄抗体，每只颈背皮下注射1～2毫升，严重病例可再注射1次。也可用高免蛋按每天每只鸭1个蛋黄，拌入料中，连用2次。

② 早期肌内注射禽用基因干扰素，每只0.01毫升，每天1次，连用2天，有一定疗效。

③ 早期每只成年鸭肌内注射聚肌胞，每只1毫克，每3天用1次，连用2～3次，有一定疗效。此外，还可选用舒维宁（按每千克体重0.4毫升

肌内注射，每天1次，连用3天）或阿昔洛韦（按每千克饲料用100~200毫克，连用5天）。

④ 每只成年鸭肌内注射青霉素15万单位、链霉素10万单位、利巴韦林（病毒唑）3.5毫升，每天1次，连续3天。

⑤ 每只成年鸭按板蓝根注射液1~4毫升、维生素C注射液1~3毫升、地塞米松1~2毫升，一次肌内注射，每天2次，连用3~5天。也可选择双黄连注射液或柴胡注射液等。

⑥ 每只成年鸭利巴韦林（病毒唑）2~4毫升、维生素C注射液1~3毫升、硫酸阿米卡星（丁胺卡那霉素）0.5毫升，一次肌内注射，每天2次，连用3~5天。

⑦ 中草药防治方一：党参50克、车前子50克、朱砂50克、巴豆50克、白蜡50克、桑螵蛸50克、枳壳50克、乌药50克、甘草50克、蜈蚣10条、全蝎10条、生姜250克、滑石250克、神曲200克、桂枝100克、良姜100克、川芎100克、肉桂150克、白酒0.5~1.0升、小麦（或稻谷）10千克，将药物用布包好，与小麦同时放入锅内，加水以浸没小麦和药物为度。先用武火煮沸，后用文火煎煮，待小麦吸尽汁液后，再拌白酒喂鸭或鹅，喂后4小时内不可让鸭或鹅下水。以上为400只鸭或鹅的剂量，也可根据鸭群或鹅群的数量灵活掌握用量。

⑧ 中草药防治方二：射干60克、大蒜2.5千克、红糖250克、巴豆仁60克、乌梅60克、生大黄90克、良姜120克、车前子120克、甘草90克、蜈蚣5条，共研细末，加白酒500毫升和稻谷25千克，放在锅里煮熟，第2天上午再把药谷拌上10支80万单位青霉素和100片0.25克的土霉素（研细），喂鸭2~3天，吃完后休息2小时，再赶鸭下水。

⑨ 中草药防治方三：砒霜30克、大黄75克、蜡树根100克、水杨柳根250克、水灯芯500克、积雪草500克、切碎加水煎汁、拌稻谷5千克文火烘干，分2次喂，每次间隔6小时，可喂100只成年鸭或鹅。

⑩ 中草药防治方四：仙鹤草250克、银花100克、黄柏150克、石膏150克、防风150克、钩藤100克、水5千克、煎汁供200只鸭或鹅饮用，每天2次，连服3天。不饮的病鸭或病鹅，每只每次灌服15毫升。治疗期间不让病鸭或病鹅下水。

其他治疗方法请参照低致病性禽流感防治措施部分的相关叙述。

【诊治注意事项】 ①免疫的种鸭可以通过蛋将抗体传给雏鸭，雏鸭到13日龄时，抗体大多消失，即无免疫力；雏鸭1日龄注射弱毒疫苗，免疫期最多为1个月；2月龄以上的鸭，弱毒疫苗免疫后3~4天可开始产生免疫力，免疫期可达6个月。②紧急接种过程中，尽量做到一只鸭（鹅）换一个注射针头，最多也不能超过5只鸭（鹅），否则容易散播病原和扩大疫情；若注射针头不够，可一边注射，一边把换下来的针头立即投入正在加热煮沸的水锅内进行灭菌，同时做到注射部位准，剂量足，免疫密度达到100%；患病鸭（鹅）群紧急接种疫苗后的第2~3天，死亡数量有所增加，以后逐日减少，约1周左右，鸭（鹅）群的死亡明显减少，疫情可得到控制；而对病鸭（鹅）和可能已受感染的潜伏期鸭（鹅）必须停止放牧，立即隔离，并在严格消毒的情况下，视病情采取抗体疗法或淘汰处理，不宜紧急接种疫苗。③ 对已经进行疫苗紧急预防接种的鸭（鹅），不宜再注射鸭瘟高免血清或卵黄抗体，也不宜同时使用抗病毒药物、干扰素、聚肌胞等，更不能将它们与疫苗一起混合注射；若同时使用抗生素，也不宜将其与疫苗一起混合注射，而应分别注射。

三、鸭病毒性肝炎

鸭病毒性肝炎（duck viral hepatitis，DVH）又称雏鸭病毒性肝炎，是雏鸭的一种高度致死性病毒性传染病。临床上以发病急，传播快，病程短，出现角弓反张，肝炎和肝脏出血，死亡率高为特征。本病是目前鸭育雏阶段最为重要的传染病之一。

【病原】 鸭病毒性肝炎病毒属小RNA病毒科，目前有3个血清型，即Ⅰ、Ⅱ、Ⅲ型。Ⅰ型在世界各国养鸭的地区多有发生，Ⅱ型主要发生于英国，Ⅲ型目前只局限于美国，三个血清型之间无抗原相关性，没有交叉保护和交叉中和作用。目前，我国报道的主要是血清Ⅰ型及其变异株。

【流行特点】 在自然条件下，病毒性肝炎只发生于鸭，主要见于1~3周龄的雏鸭，临床上以10日龄前后为高发阶段，4~5周龄的雏鸭很少发生，5周龄以上的雏鸭及成年鸭即使在病原污染的环境中也不会发病，但可感染成为带毒者（传染源）。易感鸭群在野外或舍饲条件下，可通过消化道和呼吸道感染，一旦感染便迅速传播。种蛋无垂直传递本病的作用。本病一年四季均有发生，但以冬春两季多见。鸭群一旦发病，疫情则迅速蔓延，雏鸭的发病率达100%，1周龄以内的雏鸭病死率高达95%，而1~3周龄的雏鸭病死率则低于50%。

【临床症状】 本病的潜伏期为1~2天。临床上表现为发病急，死亡快。患鸭精神沉郁、行动迟缓、跟不上群，呆滞，打瞌睡，蹲伏或侧卧，食欲废绝。多数鸭在发病几小时后出现神经症状，即运动失调，头向后仰，呈角弓反张之状（故有“背脖病”之称）（图1-39），随后出现全身性抽搐，两脚呈痉挛性蹬踢，通常在出现抽搐症状后数分钟内死亡。鸭群往往表现出尖峰式死亡，疾病暴发后，死亡率迅速上升，2~3 天达到高峰，然后迅速下降，甚至停息。有少数病鸭腹泻，排黄白色或灰绿色稀粪（图 1-40）。严重病鸭的喙部和足蹼趾尖呈紫红色。

图 1-39　病鸭呈角弓反张之状

图 1-40　病鸭排黄白色（左）或灰绿色稀粪（右）

【剖检病变】　剖检病（死）鸭，眼观变化主要为肝脏明显肿大，质地脆弱，色泽暗淡或稍黄（图 1-41），肝脏表面有明显的出血点（图 1-42）或出血斑（图 1-43），有时可见有条状或刷状出血带（图 1-44）。胆囊肿胀呈长卵圆形，充满胆汁，胆汁呈茶褐色或浅绿色。脾脏有时肿大，表面有斑驳状花纹。有相当一部分病例的肾脏见充血和

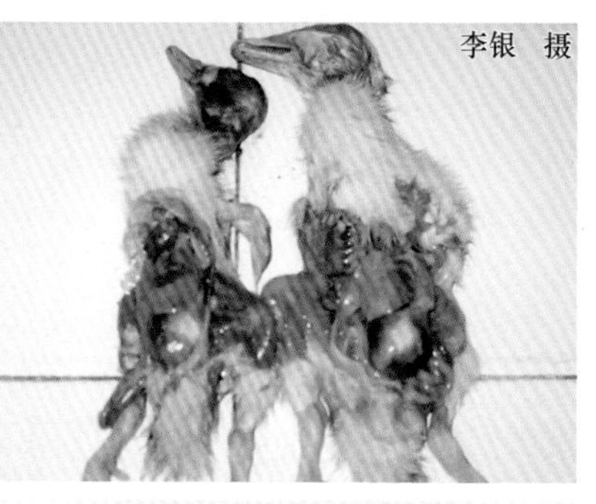

图 1-41　病鸭的肝脏色黄

肿胀。有时见胰腺出现坏死小点。有的病例见直肠黏膜出血（图 1-45）。

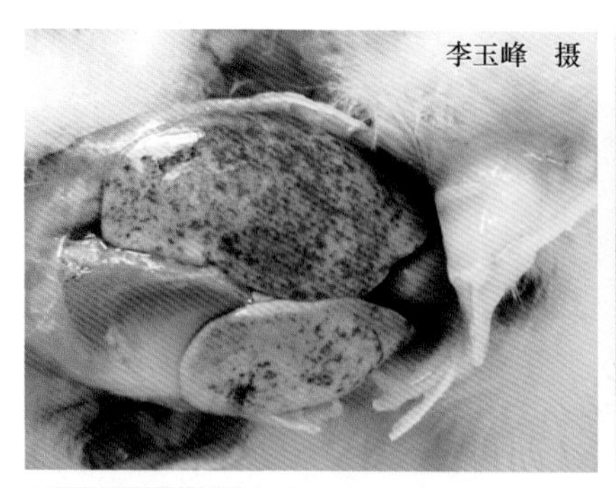

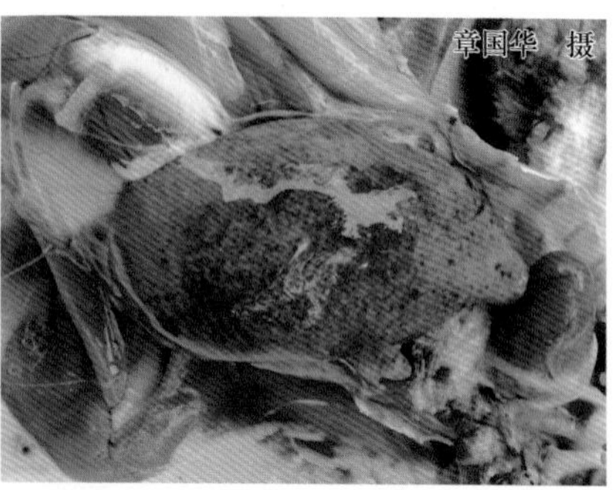

图 1-42　病鸭的肝脏表面有明显的出血点

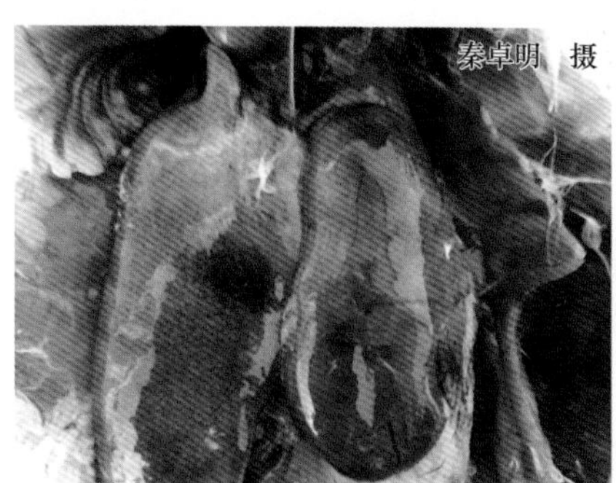

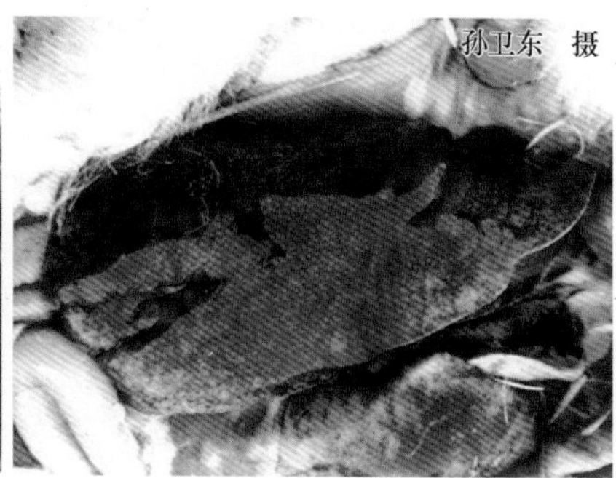

图 1-43　病鸭的肝脏表面有明显的出血斑

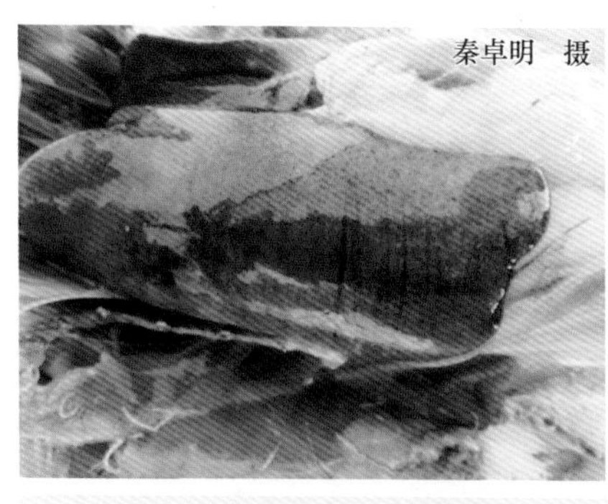

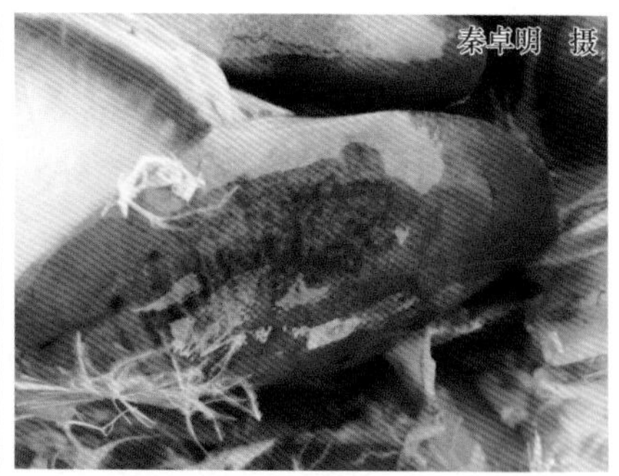

图 1-44　病鸭的肝脏表面有条状或刷状出血带

图 1-45　病鸭直肠黏膜出血

【诊断】

（1）临床诊断　根据特征性临床症状和病理变化特征，如发病急、死亡快、发病日龄明显、死前角弓反张，以及肝脏有明显的出血点或出血斑等，即可做出初步诊断。

（2）实验室诊断　病毒的分离和鉴定、雏鸭接种试验及血清学检测等。

（3）类症鉴别诊断　临床上对鸭病毒性肝炎的诊断应注意与鸭瘟、禽巴氏杆菌病、禽流感、鹅副黏病毒病、鸭疫里默氏杆菌病等类似疫病及黄曲霉毒素中毒、雏鸭煤气（一氧化碳）中毒、急性药物中毒等相区别。

与鸭瘟、禽巴氏杆菌病、禽流感、鹅副黏病毒病、鸭疫里默氏杆菌病的鉴别诊断见本书禽流感类症鉴别诊断部分的叙述。

【预防】

（1）免疫接种　目前使用的疫苗有鸭病毒性肝炎鸡胚化弱毒疫苗（Ⅰ、Ⅲ型）和鸭胚组织灭活油乳剂苗，但生产实践中，一般使用弱毒疫苗。建议参考以下免疫程序。

1）种鸭：①非流行地区，在产蛋前 30 天用鸭病毒性肝炎弱毒疫苗进行首免，每只皮下或肌内注射 2 只份，隔 14 天后进行二免，所产种蛋孵出的雏鸭 4 日龄时，母源抗体滴度最高，以后逐步下降，可维持 8 ~ 10 天。②严重流行地区，在产蛋前一个半月，隔 2 周注射 1 次鸭病毒性肝炎弱毒疫苗，共 2 次，然后在产蛋前 15 天用鸭病毒性肝炎油乳剂灭活疫苗加强免疫 1 次，9 个月内，所产种蛋孵出的雏鸭的母源抗体可维持 2 ~ 3 周。

2）雏鸭：①有母源抗体的雏鸭（即种鸭实施免疫接种后所产的蛋孵出的雏鸭），在 7 ~ 10 日龄时每只皮下接种 2 ~ 3 只份。②无母源抗体的雏鸭（种鸭在开产前未接种过疫苗或从非疫区引入的种蛋或鸭苗），在 1 ~ 3 日龄（最好是在出壳后 24 小时之内）接种 1 次雏鸭肝炎弱毒疫苗；或在雏鸭出生后24小时内先皮下注射抗鸭病毒性肝炎高免卵黄抗体或高免血清0.5~1.0毫升，到7~10日龄再用鸭病毒性肝炎弱毒疫苗接种。

（2）抗体被动免疫 雏鸭在发病早期用鸭病毒性肝炎精制卵黄抗体或自制的高免血清或高免卵黄可起到预防和治疗作用。

（3）加强饲养管理和卫生消毒 请参考鸭瘟预防部分的相关叙述。

【治疗】 宜采取抗体疗法，同时配合抗病毒、保肝和护肝等辅助疗法。

（1）抗体疗法 用鸭病毒性肝炎高免血清或卵黄抗体，5日龄以下每只皮下注射0.5~1.0毫升，6~15日龄每只注射1.0~1.5毫升，16日龄以上每只注射2毫升。与此同时，若防止继发和并发细菌性疾病（如禽巴氏杆菌病、鸭疫里默氏杆菌病、大肠杆菌病等），可选用高敏感的抗菌药物[如硫酸阿米卡星（丁胺卡那霉素），按每千克体重2.5万~3万国际单位]混入卵黄抗体或血清中同时注射，可起到降低死亡率和制止疫情发展的作用。

（2）抗病毒 本病的发生往往是由于从疫区或疫场购入雏鸭或种蛋所致，因此要慎重对待引种。其他请参考禽流感和鸭瘟治疗部分的相关叙述。

（3）保肝和护肝 ①中药益肝汤：板蓝根25克、大青叶25克、栀子50克、黄芪40克、黄柏30克、龙胆草30克、当归10克、柴胡10克、钩藤10克、甘草10克，车前草适量为引，文火煎至5000毫升，分2次饮用，每只2~5毫升，每天1剂，连用2~3天。预防用每只每天2毫升，分2次饮用，连用5天。②自拟龙胆黄香汤：龙胆草80克、黄连80克、藿香80克、茵陈70克、黄柏70克、黄芩70克、金银花60克、柴胡60克、白术60克、厚朴60克、陈皮60克、苦参50克、栀子50克、甘草30克，煎汤后取药液1份加水9份，让病雏鸭自饮（以上为500只雏鸭的剂量），每天上午和下午各1次，每天1剂，连饮2剂。③茵陈大枣汤：茵陈30克、栀子20克、连翘15克、白术20克、粉葛根15克、广木香20克、薄荷10克、甘草10克、大枣20枚，水煎取汁供100只雏鸭1天饮用，每天分2次水煎，饮用2次，每天1剂，连用3天。

【诊治注意事项】 ①接种弱毒疫苗后48小时开始产生免疫力，120小时产生较强免疫力，免疫持续期可达50~60天或更长；当采用鸭病毒性肝炎的Ⅰ、Ⅲ型弱毒株制备的疫苗或高免血清或高免卵黄抗体免疫的鸭群，仍然不能控制鸭病毒性肝炎的发生时，在排除了疫苗及抗体的质量和其他并发症等因素之后，可考虑采用当地的鸭病毒性肝炎病毒分离株制备疫苗，或者用病死鸭的病理组织制成组织灭活疫苗进行预防接种。②本病抗体治疗的效果一方面取决于治疗时间的早晚，另一方面取决于抗体效价的高低，对重症或发病中后期病鸭的治疗效果较差。

四、鸭呼肠孤病毒病

鸭呼肠孤病毒病（duck reovirus infection）又称雏番鸭“花肝病”，是由番鸭呼肠孤病毒引起的、对雏番鸭有着较高发病率和死亡率的一种传染病。临床上以腹泻、肝脏表面形成大量灰白色小点或花斑点等为特征。自1997年年底以来，本病在福建、广东、河南、广西、江苏、浙江等地相继暴发，给番鸭养殖业带来了严重的经济损失。

【病原】 病原为番鸭呼肠孤病毒，属呼肠孤病毒科正呼肠孤病毒属。

【流行特点】 本病可发生于雏番鸭、雏半番鸭、雏鹅，其他品种鸭不感染本病。本病多发生于7～35日龄的雏番鸭，以10～25日龄的雏番鸭最易感，发病率为60%～90%，病死率为50%～80%。日龄越小则发病率和死亡率越高。在饲养雏番鸭的地区均有本病发生，本病既可经水平传播，也可经垂直传播，但其发生无明显的季节性，天气骤变、卫生条件差、饲养密度高等因素易诱发本病。

【临床症状】 病鸭精神高度沉郁、不愿活动；全身乏力，软脚，多蹲伏；食欲和饮欲减退；腹泻，排白色或绿色稀粪。病程一般为2～14天，死亡高峰在发病后的5～7天。重症鸭呼吸急促，病鸭机体脱水，迅速消瘦，最后因衰竭死亡。

【剖检病变】 剖检病鸭或病死鸭见最具特征的病变为肝脏（图1-46）、脾脏表面密布大量针尖大的白色坏死点，使肝脏和脾脏呈现花斑状（故称“花肝病”）。此外，小肠（图1-47）、胰腺、肾脏及肠道壁均可见数量不等

图1-46 病番鸭（左）和半番鸭（右）肝脏表面密布大量针尖大的白色坏死点

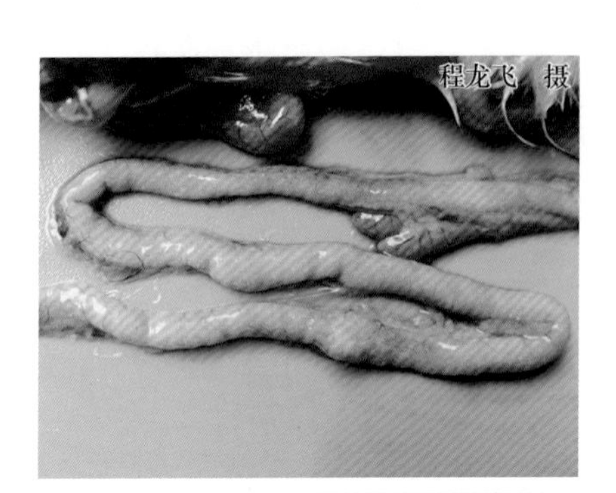

图 1-47 病番鸭小肠壁有数量不等的针尖大白色坏死点

的白色坏死点。病程略长的病例可见心包炎，表现为心外膜增厚，与胸骨粘连及心包积液。病程 1 周以上的病鸭常见跗关节肿大、发热，切开可见肌腱水肿及关节液增多或干酪样渗出物。

【诊断】

（1）临床诊断 一般根据发病日龄及番鸭的典型病变，如软脚、肝脏和脾脏肿大并出现白色坏死点，可做出初步诊断。

（2）实验室诊断 病毒的分离和鉴定、中和试验等。

（3）类症鉴别诊断

1）与禽巴氏杆菌病的鉴别诊断。青年鸭（鹅）或成年鸭（鹅）禽巴氏杆菌病的发病率和死亡率比雏鸭高，而鸭呼肠孤病毒病则是雏鸭易感，发病率和死亡率高，这在流行病学上是重要的鉴别之一。禽巴氏杆菌病表现为肝脏肿大，有灰白色针尖大的坏死灶，与鸭呼肠孤病毒病有相似之处，但禽巴氏杆菌病还表现出心冠脂肪组织有出血斑、心包积液及十二指肠黏膜严重出血等病变，鸭呼肠孤病毒病则在脾脏、胰腺及肾脏可见与肝脏相似变化，可作为鉴别之二。禽巴氏杆菌病病例的肝脏触片、心包液涂片，革兰氏染色或亚甲蓝染色见有许多两极染色的卵圆形小杆菌，用肝脏和心包液接种鲜血培养基能分离到巴氏杆菌，而鸭呼肠孤病毒病均为阴性，可作为鉴别之三。

2）与禽沙门氏菌病的鉴别诊断。二者均使肝脏和肠壁上有大量灰白色的坏死点，但除此外，禽沙门氏菌病病例的肝脏常呈古铜色，肠黏膜呈糠麸样坏死。而鸭呼肠孤病毒病病鸭还表现为脾脏、胰腺及肾脏的灰白色坏死点，可作为鉴别之一。用禽沙门氏菌病病例的肝脏接种麦康凯培养基平板，能长出白色菌落，而鸭呼肠孤病毒病无细菌生长，可作为鉴别之二。

3）与鸭疫里默氏杆菌病的鉴别诊断。鸭疫里默氏杆菌病的心包炎与鸭呼肠孤病毒病有相似之处，但鸭疫里默氏杆菌病病例还表现为肝周炎和气囊炎，鸭呼肠孤病毒病则没有肝周炎和气囊炎的变化，可作为鉴别之一。流行病学方面，鸭疫里默氏杆菌病多发生于1~8周龄各品种水禽，鸭呼肠孤病毒病则发生于7~35日龄雏番鸭、雏半番鸭和雏鹅，可作为鉴别之二。

【预防】

（1）疫苗免疫接种 目前有些单位已研制成功预防本病的弱毒苗和油乳剂灭活疫苗。

1）种番鸭：在产蛋前两周用上述疫苗进行首免，3个月后再加强免疫1次。

2）雏番鸭：种番鸭经过免疫后所产的蛋孵出的雏番鸭，应在10日龄前后进行免疫；未经免疫的种番鸭所产的蛋孵出的雏番鸭，应在5日龄之内进行免疫。留种用的雏番鸭，在5~7日龄时用油乳剂灭活疫苗进行首免；2月龄时进行二免；产蛋前15天进行三免，3个月后再加强免疫1次。

（2）被动免疫 在本病流行区域，或者已被本病病毒污染的孵化场，雏番鸭孵出后1~2天皮下注射抗鸭呼肠孤病毒病高免卵黄抗体0.5~1.0毫升。

（3）其他预防措施 加强雏番鸭的饲养管理工作，尤其是做好育雏室的保温工作，是预防本病的主要措施之一。做好种鸭的净化工作，患过本病的鸭群不能留作种用，加强种鸭场、孵化室及种蛋的消毒工作。

【治疗】

（1）加强隔离和消毒 封闭鸭舍，避免闲杂人员进入。进入鸭舍的设备、用具要消毒；鸭舍周围环境消毒，可采用2%氢氧化钠、0.3%次氯酸钠、1%农福、复合酚消毒剂等喷洒；鸭舍内带鸭消毒，0.3%过氧乙酸、复合酚消毒剂、氯制剂等效果良好。

（2）药物治疗 发生本病时，通过注射鸭呼肠孤病毒病高免卵黄抗体，可收到满意的效果。对于有并发感染的病例，结合应用广谱抗菌药物可明显提高疗效。

① 尽早注射鸭呼肠孤病毒病高免卵黄抗体（1.0~2.0毫升/只）。

② 复方金刚乙胺，用于饮水（50 克/250 千克），每天 1 次，连用 3 ~ 5 天。

③ 对于病程较长且表现为关节炎的病鸭，可添加地塞米松及阿尼利定（安痛定），还应注意防止病鸭打堆或互相踩踏。

其他防治方案可参考低致病性禽流感、鸭瘟、鸭病毒性肝炎等的治疗方案。

【诊治注意事项】 在卵黄抗体中加入广谱抗生素，如阿莫西林（按每千克体重 15 ~ 20 毫克）、硫酸阿米卡星（按每千克体重用 2.5 万 ~ 3 万国际单位）等肌内注射，可预防或治疗继发感染。

五、鸭短喙-侏儒综合征

鸭短喙-侏儒综合征（duck short beak and dwarf syndrome）又称大（长）舌病或鸭短喙-长舌综合征，是由新型番鸭细小病毒或新型鹅细小病毒引起的一种病毒性传染病。临床上以生长迟缓、鸭喙变短变形、舌头外露下垂、跛行、瘫痪、腹泻及翅和腿易折断为主要特征。出栏鸭残次率高（最高达 60%）及出栏体重小（仅为正常鸭的 1/3 ~ 1/2），对我国养鸭业造成了较大的经济损失。

【病原】 病原为新型番鸭细小病毒（NG-MDPV）或新型鹅细小病毒（NG-GPV）。

【流行特点】 2015 年前本病主要感染番鸭、半番鸭、台湾白鸭。2015 年 3 月以来，山东省高唐、新泰、邹城及江苏的沛县等地区的樱桃谷肉鸭养殖场陆续出现了短喙-长舌的特征性症状，鸭的发病日龄在 14 天至出栏。鸭群发病率为 5% ~ 20%，严重的可达 50% 左右。病鸭为 13 ~ 40 日龄，死亡率低。患病的出栏肉鸭体重较正常的出栏肉鸭体重轻 20% ~ 30%，严重者仅为正常鸭体重的 50%。部分病鸭出现单侧行走困难、瘫痪等症状。发病日龄越小，大群的发病率越高。此外，本病可造成鸭采食困难，导致料肉比增高，养殖经济效益明显降低。

【临床症状】 病鸭的舌头常伸出并露在喙（嘴）的外面（图 1-48），使鸭无法采食及饮水，鸭常常因无法进食而死亡。有的病鸭出现跛行、瘫痪、腹泻，病鸭腿短，体型明显偏小（图 1-49），全身骨质疏松，易断腿和断翅。病鸭常见流泪、咳嗽、打呼噜症状。

图 1-48 鸭的舌头常伸出并露在喙（嘴）的外面

图 1-49 鸭腿短，体型瘦小

【剖检病变】 剖检时，多数除见喙、舌病变外，全身骨质沉着不良，内脏器官萎缩。部分病鸭见心包积液，胸肌、腿肌出血，胰腺肿大并伴有出血点，肺脏充血、出血，胸腺轻微出血。

【诊断】

（1）临床诊断 一般根据发病日龄、临床症状及病理变化可做出初步诊断。

（2）实验室诊断 在临床上，新型番鸭细小病毒、新型鹅细小病毒引起的鸭短喙-侏儒综合征难以区别，可通过病毒分离和鉴定及基因组测序加以鉴别。

（3）类症鉴别诊断 本病呈现的短喙症状与肉鸭喹乙醇（或氟喹诺酮类药物）中毒、鸭感光过敏等表现的临床症状相似，应注意区别。本病呈现的生长迟缓与鸭圆环病毒感染引起的鸭生长迟缓类似，应注意区别。

1）与肉鸭喹乙醇（或氟喹诺酮类药物）中毒的鉴别诊断。肉鸭喹乙醇（或氟喹诺酮类药物）中毒可发生在任何品种和年龄的鸭群，并且有使用喹乙醇（或氟喹诺酮类药物）的病史，可作为鉴别之一。耐过或康复鸭一般不会出现严重的生长发育障碍，可作为鉴别之二。

2）与鸭感光过敏的鉴别诊断。鸭感光过敏一般只在无毛的区域（如喙、脚蹼等）出现病变，并且与饲料中含有光能物质有关，同时在阳光的直射下才会发病，可作为鉴别之一。耐过或康复鸭一般不会出现生长发育不良及钙质沉着不良或骨质疏松现象，可作为鉴别之二。

【预防】 在相应的疫苗开发生产之前，可尝试小鹅瘟鸭胚化弱毒疫苗免疫肉种鸭：肉种鸭产蛋前 15 ~ 20 天，经肌内注射 2 只份/只，产蛋中期加强免疫接种1次，2～4只份/只，可使雏鸭出生后获得一定的特异性抵抗力（天然被动免疫力）。另外，加强鸭舍及环境的卫生消毒工作，对易感日龄鸭群可适当添加抗病毒及提高免疫能力的中药制剂。从源头上控制病毒的数量和提高鸭自身的抗病力，有一定的效果。

【治疗】 患病鸭可尝试抗病毒中药制剂治疗，适宜使用抗生素防治细菌继发感染。

【诊治注意事项】 应明确引起本病的其他诱发因素（如霉菌毒素中毒，钙、磷、微量元素（尤其是锰）、维生素（尤其是维生素A、维生素D）缺乏或比例配合不当引起的骨骼代谢障碍，饮水或饲料中氟含量严重超标，光照强度过大、高温潮湿、通风量差、密度大，使用含氟抗生素，饲料中含有光能物质等在发病中的作用，并采取相应的治疗措施，如调整药物预防程序，饲料或饮水中适当添加复合多维素、微量元素和优质骨粉，完善饲养管理。

六、鸭坦布苏病毒病

鸭坦布苏病毒病（duck tembusu virus disease）又称鸭黄病毒病、鸭出血性卵巢炎或鸭产蛋下降-死亡综合征等，是由鸭坦布苏病毒引起的一种急性、烈性传染病。临床上以蛋鸭采食量下降、产蛋量骤然减少（5天内减蛋超过90%或停产）为主要症状，以卵泡膜出血、充血及卵泡变形为主要病理特征。本病自2010年春季在我国主要蛋鸭饲养区出现以来，给我国水禽业造成了严重的经济损失。

【病原】 病原为鸭坦布苏病毒，属黄病毒科黄病毒属的恩塔亚病毒群。该病毒对外界环境的抵抗力不强，50℃以上加热1小时以上即可使病毒失活；并且病毒对酸碱敏感，当pH低于7或高于10时其活性会迅速降低。常用的消毒剂，如3%氢氧化钠溶液、2%福尔马林及1%高锰酸钾溶液等对该病原都具有良好的灭活作用。

【流行特点】 鸭坦布苏病毒病除了引起蛋鸭发病外，该病毒还可引起种鸭、肉鸭及鹅发病，发病鸭中又以麻鸭感染最多，其次为樱桃谷、番鸭等。鸭坦布苏病毒通过库蚊传播，鸟类特别是家禽为其储存宿主。从鸭场内死亡麻雀体内检出鸭坦布苏病毒，提示病毒可经鸟类传播。从泄殖腔可分离到病毒，表明该病毒能经粪便排毒，污染环境、饲料、饮水、器具、运输工具等而造成传播。病鸭卵泡膜中鸭坦布苏病毒的检出率高达93%，推测该病毒可能会经卵垂直传播。该病毒在种鹅中可通过鹅胚传到下一代。

【临床症状】 患病蛋鸭和种鸭的主要临床表现是发病初期采食量突然下降，短短数天之内可下降到原来的50%甚至更多，产蛋率随之大幅下降，可从高峰期的90%～95%下降到5%～10%。病鸭体温升高，排黄白色稀薄粪便（图1-50），发病率最高可达100%，死淘率为1%～10%，个别养殖场可达到50%以上。本病在流行的早期，发病种鸭一般不会出现神经症状，而在流行的后期则神经症状明显，表现为瘫痪、翻滚、站立不稳及共济失调（图1-51）。野鸭也有类似的转圈、运动失调、角弓反张等神经症状（图1-52）。发病期间所产种蛋的受精率、孵化率严重下降。本病病程为1～1.5个月，可自行逐渐恢复。首先采食量在15～20天开始恢复，黄白色粪便逐渐减少，产蛋率也缓慢上升，状况较好的鸭群，尤其是刚开产和产蛋高峰期的鸭群，多数可恢复到发病前水平，但老鸭一般恢复缓慢且难以恢复到原来水平。种鸭恢复后期多数表现一个明显的换羽过程。商品肉鸭和育成期种鸭最早可在20日龄之前开始发病，以出现神经症状为主要特征，表现为站立不稳、倒地不起和步态不稳（图1-53），病鸭仍有饮食欲，但多数因饮水、采食困难而衰竭死亡，死淘率一般为5%～10%。

孙卫东　摄

孙卫东　摄

图1-50　病鸭排出黄白色稀粪

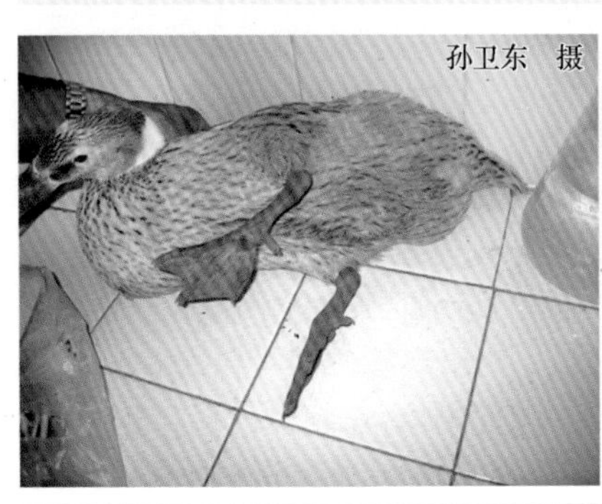
孙卫东　摄

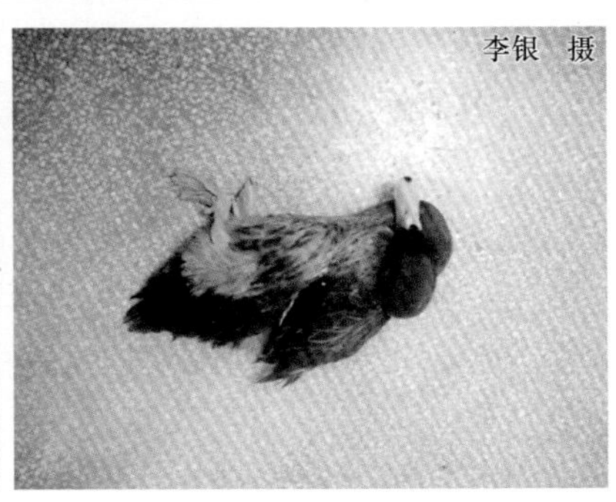
李银　摄

图1-51　病蛋鸭站立不稳、翻滚、共济失调、瘫痪

图 1-52　病野鸭转圈、共济失调（左）和角弓反张（右）

图 1-53　病肉鸭站立不稳、倒地不起、行走无力

【剖检病变】　剖检病死蛋鸭可见病变主要在卵巢，初期可见部分卵泡充血和出血，中后期可见卵泡严重出血、变性和萎缩（图 1-54），严重时破

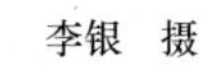

图 1-54　病蛋鸭卵泡充血、出血（左）和卵泡变性、萎缩（右）

裂，引发卵黄性腹膜炎，少部分鸭输卵管内出现胶冻样或干酪样物。肝脏轻微肿大，有出血或瘀血，胆囊充盈（图1-55），有些鸭的肝脏表面有针尖状白色坏死点。部分鸭的脾脏肿大，表面有灰白色坏死点（图1-56）。小肠黏膜出血。

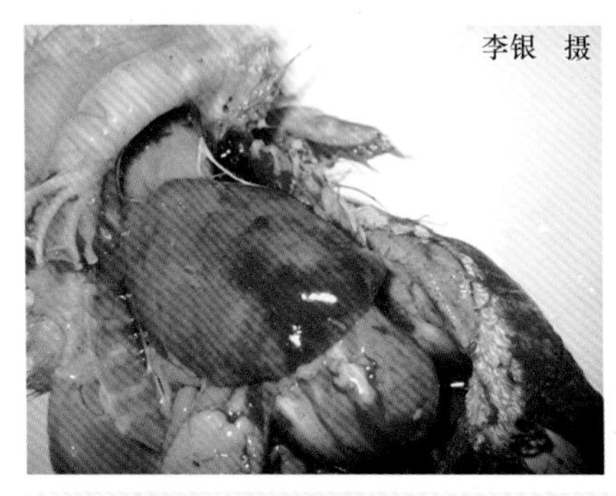

图1-55 病鸭肝脏轻微肿大，出血或瘀血（左）；胆囊充盈（右）

【诊断】

（1）临床诊断 一般根据临床症状和剖检病变可做出初步诊断。

（2）实验室诊断 病毒分离和鉴定、血清学检测［中和试验、酶联免疫吸附试验（ELISA）、间接免疫荧光法（IFA）等］、分子生物学检测（PCR及全基因序列测定等）。

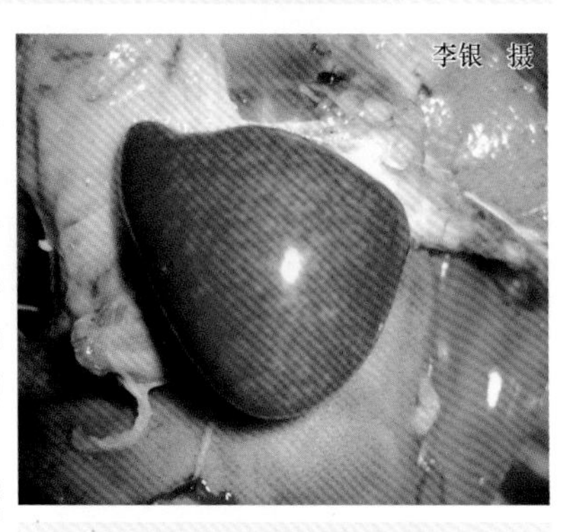

图1-56 病鸭的脾脏肿大，表面有灰白色坏死点

（3）类症鉴别诊断 本病的产蛋量下降与禽流感、鸭产蛋下降综合征、禽霍乱和鸭卵黄性腹膜炎有相似之处，应注意鉴别。

1）与禽流感的鉴别诊断。禽流感可引起不同品种、不同日龄鸭群感染发病，有的毒株自然感染时可使鸭群的发病率和死亡率高达100%。发病后2~3天鸭群大批死亡，蛋鸭产蛋率大幅下降。急性死亡的病鸭全身皮肤充血、出血，腹部皮下脂肪有散在性出血点；胰充血、出血，并且有点状坏死、液化，心冠脂肪出血等。对禽流感病毒分离后进行血凝试验和血凝抑制试验，有血凝活性，可被阳性血清抑制；鸭坦布苏病毒则无血凝活性，据此可做出初步诊断。采用禽流感通用引物对分离病毒进行RT-PCR扩增，可确诊流感。

2）与鸭产蛋下降综合征的鉴别诊断。鸭产蛋下降综合征主要引起蛋鸭或种鸭发病，一般病鸭无明显症状，采食量稍有减少，主要表现为产蛋下降，蛋鸭产蛋率可降至产蛋高峰期的50%左右，期间软壳蛋、薄壳蛋和畸形蛋大量增加，一般不引起病鸭死亡。病鸭的主要病变在卵巢，表现为卵泡充血、出血、萎缩、坏死，其他组织脏器则无明显病变。采集病鸭血清进行血凝抑制试验或采集病料进行病毒分离试验，发病鸭血清抗体效价很高，分离的鸭腺病毒有血凝活性；鸭坦布苏病毒则无血凝活性，据此可做出鉴别诊断。也可直接提取发病鸭的病变卵巢或分离病毒的DNA，用产蛋下降综合征引物进行PCR扩增，鉴定出鸭腺病毒。

3）与禽霍乱的鉴别诊断。禽霍乱多发于青年鸭及成年鸭，发病率较低，但死亡率较高。病鸭多呈心肌出血，肝脏肿大，表面散布灰白色、针尖大小的坏死点等。采集病鸭肝脏涂片，进行瑞氏染色，镜检可见两极着色的蓝色杆菌，对病鸭用敏感抗生素治疗有较好疗效，而鸭坦布苏病毒病用抗生素治疗无效，据此可做出鉴别诊断。

4）与鸭卵黄性腹膜炎的鉴别诊断。鸭卵黄性腹膜炎是由大肠杆菌引起的产蛋鸭群特别是高产期蛋鸭的一种常见多发性疾病。本病的发病率较低，病鸭临床表现为排绿色稀粪，严重者脚软不能站立而伏卧于地面，驱动时能勉强爬动。主要病变为腹膜增厚，有大量黄白色渗出物附着于腹膜，卵泡充血、出血，绝大部分病例的输卵管中有大小不一、像煮熟样的蛋白团块滞留，部分卵泡破裂并充满整个腹腔。鸭卵黄性腹膜炎引起的产蛋率较低，用敏感的抗菌药物治疗有较好的疗效，而鸭坦布苏病毒病用抗生素治疗无效，据此可做出鉴别诊断。

【预防】

（1）疫苗接种 ①灭活疫苗：以鸭坦布苏病毒灭治疫苗免疫的产蛋鸭，免疫3周后进行攻毒保护试验，结果显示免疫组的产蛋率仅下降10%左右，而未免疫组的产蛋率下降达40%以上，表明该灭活疫苗使产蛋鸭对抵抗鸭坦布苏病毒的感染起到较好的保护作用。②基因工程疫苗：基因工程疫苗是指通过将表达保护性抗原的基因插入到表达载体中，再将其在合适的表达系统中表达出抗原蛋白，经纯化等处理后制备成的疫苗。目前还没有用于鸭坦布苏病毒病预防的商品化基因工程疫苗存在于市场上。③弱毒疫苗：以弱毒株研制了预防或治疗鸭坦布苏病毒病的疫苗，无论是作为活疫苗还是灭活疫苗，在免疫雏鸭和产蛋鸭后，对强毒攻击的保护率都达到100%。

（2）生物安全措施 养殖场应建在背风向阳、排水方便的地方，远离公路、活鸭交易市场、屠宰场及畜禽养殖场、畜产品加工厂等病毒易存在的地区；严禁从疫区引进种鸭；病死鸭及粪便要及时处理并实行焚烧等无害化处理。由于坦布苏病毒属于蚊媒病毒类，因此要做好杀虫、灭鼠、控制飞鸟的工作，夏秋两季养殖场要做好驱蚊、灭蚊；同时，养殖场周围要保持清洁，污水、垃圾及卫生死角等要及时彻底清除。加强饲养管理，定期消毒。注意天气变化，及时通风，保湿保温。调整鸭群的饲养密度。定期消毒使用过的采食、饮水器具及设备等，由于坦布苏病毒可在鹅、鸡组织中分离到，因此，应避免不同禽类的混养。

【治疗】 本病目前尚无有效的治疗措施。因此，发病后可用抗病毒中药（如黄芪多糖、双黄连等）对症治疗，也可适当添加一定量的复合维生素，以提高鸭群的免疫力。具体可参考下面疗法：①疫毒干扰素（主要成分：板蓝根、黄连、金银花及连翘等18味中药提取物配合阿昔洛韦、聚肌胞等）、金叶清瘟（主要成分：黄连、黄芩、黄柏、栀子、金银花、黄芪多糖、金丝桃素、溶菌酶和维生素C）+氨苄西林，按推荐剂量混合饮水，连用5天，或者黄芪多糖口服液，连饮7天。②板青颗粒（主要成分：板蓝根、黄芪、淫羊藿和甘草等）+百病消（主要成分：头孢喹肟、黄芪甲苷、增效剂和维生素E等）+克霉唑等，按推荐剂量混合拌料，连用5天。③清开灵（按0.2毫升/千克体重）+注射用头孢噻呋钠（按0.1毫升/千克体重），混合肌内注射，每天1次，连用5天。

七、小鹅瘟

小鹅瘟（gosling plague，GP）又名鹅细小病毒病，是由鹅细小病毒引起的雏鹅和雏番鸭的一种急性、亚急性、高度接触性传染病。临床上以废食、传播快、发病率与病死率高、纤维素性坏死性肠炎等为特征，是当前危害养鹅生产的主要传染病，我国将其列为二类动物疫病。

【病原】 病原为鹅细小病毒，存在于病禽的肝脏、脾脏、肾脏、脑、心血管、肠管及肠内容物中。该病毒不能凝集鸡、鸭、鹅、小鼠、兔和羊等的红细胞，但能凝集黄牛精子。

【流行特点】 在自然条件下，鹅细小病毒能感染出壳后3~4日龄至20日龄的各种鹅（包括白鹅、灰鹅、狮头鹅与雁鹅），其他动物，除番鸭外，均无易感性。1周龄以内的雏鹅死亡率可达100%，10~20日龄的雏鹅死亡率通常不超过60%，1月龄以上的雏鹅则极少发病。病雏鹅和带毒成年鹅是本病的传染源。病毒主要通过消化道感染。健康雏鹅通过与病鹅、带毒鹅的直接接触或采食被病鹅、带毒鹅排泄物污染的饲料、饮水及接触被污染的用具和环境（如鹅舍、孵化厂等）都可以引起本病的传播。本病一年四季均有发生，但以冬春两季多见。

【临床症状】 本病的潜伏期为3~5天。根据病程长短可分为最急性、急性和亚急性3种病型。

（1）最急性型　常发生于1周龄以内的雏鹅，通常无前驱症状而突然死亡，或一发现就已经精神沉郁、呆滞、极度虚弱，或倒地后两腿乱划，不久死亡。本病在雏鹅群中传播迅速，几天内即蔓延全群。

（2）急性型　发生于1周龄以上至15日龄的雏鹅，表现为精神不振，离群独居，嗜睡，食欲减少或废绝（图1-57），腹泻并排出灰白色或浅黄绿色混有气泡或纤维碎片的稀粪，泄殖腔周围羽毛常被稀粪沾污（图1-58），喙端和蹼的色泽变深发绀。病初饮欲增强，继而拒饮，甩头，呼吸用力，病程为1～2天。濒死前头颈伏地、两肢麻痹，或出现扭颈抽搐，或出现勾头、仰头、角弓反张等神经症状。

图1-57　病鹅精神不振，嗜睡，食欲减少或废绝

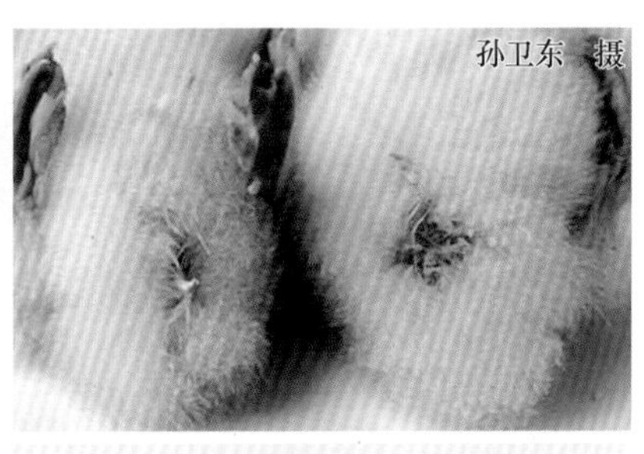

图1-58　病鹅腹泻，泄殖腔周围羽毛常被稀粪沾污

（3）亚急性型　常发生于15日龄以上的雏鹅，表现为精神委顿、缩头垂翅、行动迟缓、食欲不振、消瘦、腹泻。病程通常为3～7天。少数幸存者能自行康复，但在一段时间内生长不良。

【剖检病变】　死于最急性型的雏鹅，仅见小肠前端黏膜肿胀、充血，覆有大量浓厚的浅黄色黏液，有时可见黏膜出血。胆囊扩张，充满稀薄的胆汁。死于急性型的雏鹅，机体脱水，皮下组织充血，心肌苍白，肝脏肿大。具有神经症状的病死雏鹅，可见脑血管充血，大脑表面有散在的出血点。病程在2天以上的雏鹅可出现肠道病变，整个小肠黏膜严重脱落，尤其在小肠的中后段，靠近卵黄蒂和回盲部的肠段，外观较正常的肠管增粗2～3倍，质地坚实，似香肠状（图1-59），剪开病变肠管，可见肠腔中形成浅灰白色或浅黄色纤维素凝固肠栓，充满肠腔（图1-60）。形成肠栓的肠壁光滑、变薄（图1-61）。据临床观察，出现肠栓的雏鹅日龄最早为6日龄。用剪刀剪开肠栓，中心为深褐色干燥的肠内容物。有些病例在小肠并不形成典型的凝固栓子，而是在肠黏膜表面附有散在的纤维素性凝固碎片。亚急性型病例，肠道的变化更为显著，严重者肠栓从小肠中后段至直肠内（图1-62）。病鹅肝脏肿大，呈深紫红色或黄红色网格状（图1-63）。胆囊肿大，胆汁充盈，颜色变深。有的病例可见气囊炎（图1-64）。有的病例见脾脏和胰腺水肿、充血（图1-65），偶见灰白色坏死点。

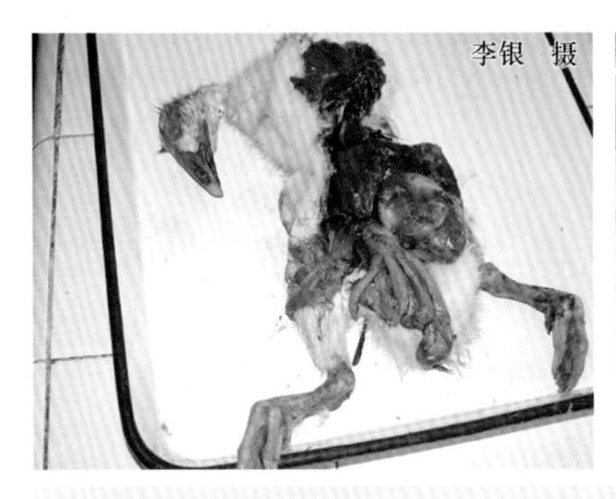

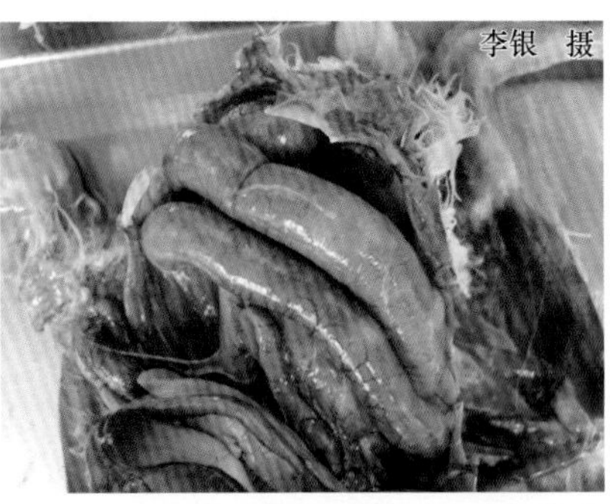

图1-59　病鹅小肠的中后段较正常的肠管增粗2~3倍，质地坚实，似香肠状

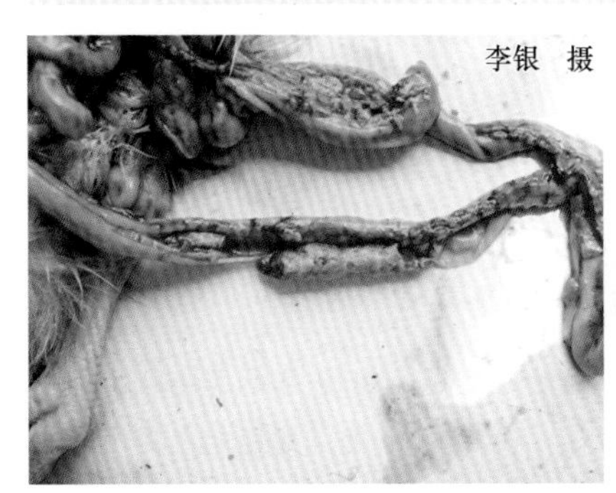

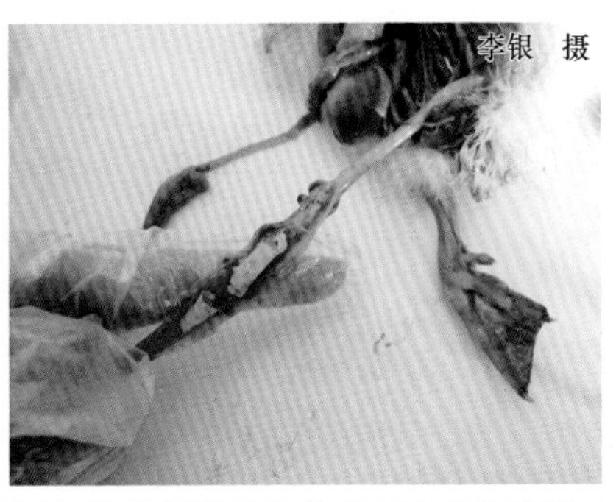

图1-60　病鹅肠腔中形成浅灰白色或浅黄色纤维素凝固肠栓，充满肠腔

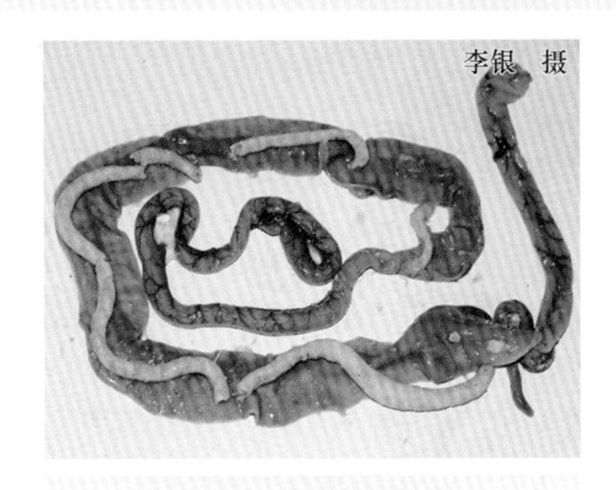

图1-61　病鹅形成肠栓的肠壁光滑、变薄

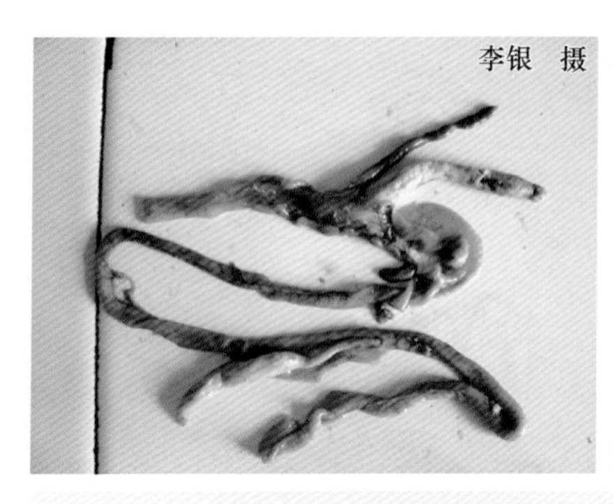

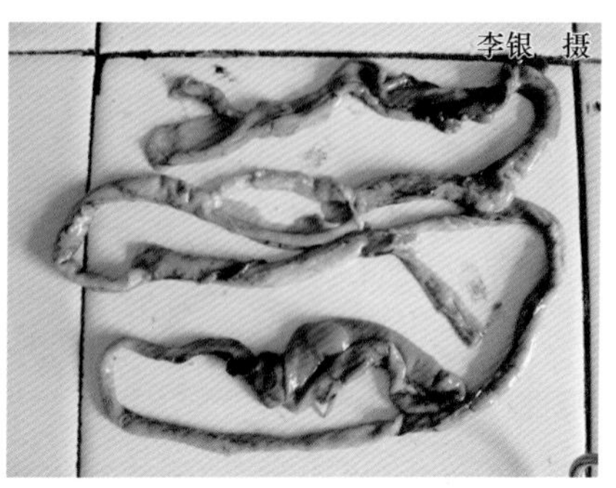

图 1-62　重症病例肠道内的肠栓从小肠中后段至直肠内

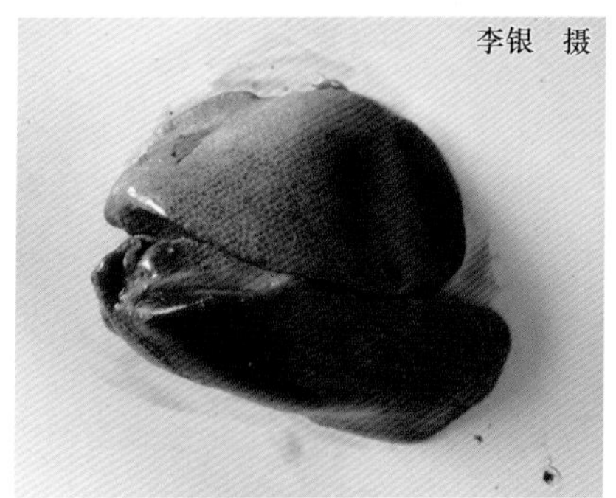

图 1-63　病鹅的肝脏肿大，呈黄红色网格状

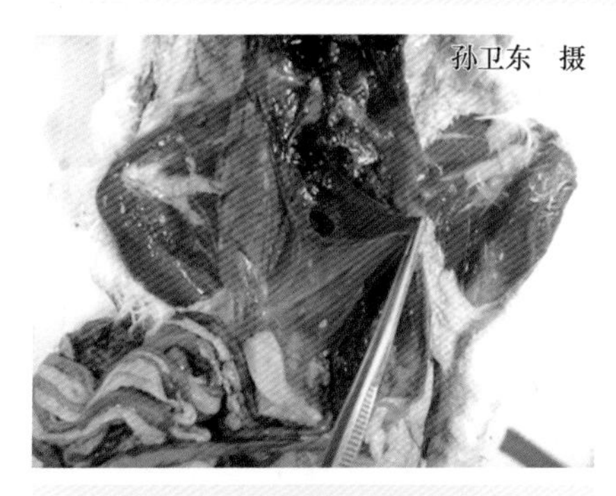

图 1-64　病鹅伴发气囊炎

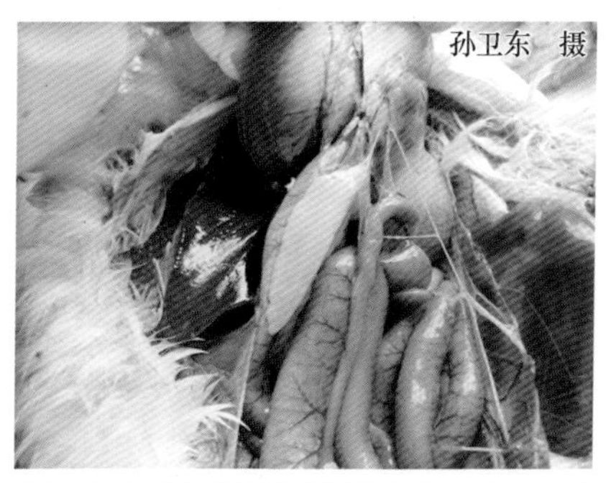

图 1-65　病鹅的胰腺水肿、充血

有时小日龄雏番鸭的肠管外壁上见环状出血带，外观似蚯蚓样（图 1-66），肠腔内积有脱落的肠黏膜碎片或黏稠内容物，形成浅灰白色或浅黄色纤维素凝固肠栓，肠壁变薄，内壁光滑，呈浅红色或苍白色（图 1-67）。

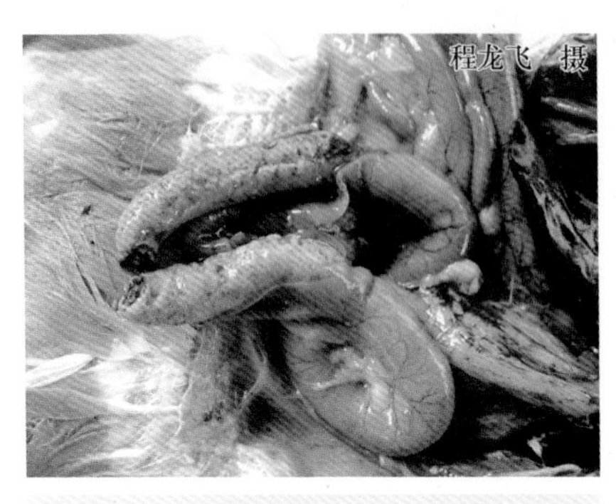

图1-66　病番鸭的肠管外壁上见环状出血带，肠腔内有浅黄色纤维素凝固肠栓

图1-67　病番鸭肠腔中有纤维素凝固肠栓，肠壁变薄，呈苍白色

【诊断】

(1) 临床诊断　本病通过流行特点、临床症状和特征性的消化道病变，一般可做出初步诊断。

(2) 实验室诊断　病毒的分离和鉴定、病毒中和试验、琼脂扩散试验等。

(3) 类症鉴别诊断　临床上对雏番鸭小鹅瘟的诊断应注意与雏番鸭细小病毒病、鹅副黏病毒病相区别。

【预防】

(1) 免疫接种　种鹅在产蛋前15天，用1∶100稀释的小鹅瘟鸭胚化GD弱毒疫苗或鹅胚化弱毒疫苗1毫升进行皮下或肌内注射（若用冻干苗，则按瓶签只份），免疫15天后所产种蛋孵出的雏鹅可获得天然被动免疫力，免疫期可持续4个月，4个月后再进行免疫。未经免疫或免疫后4个月以上的种鹅群所产种蛋，雏鹅出壳后24小时内，用鸭胚化GD弱毒疫苗做1∶100～1∶50稀释进行免疫，每只雏鹅皮下注射0.1毫升，免疫后7天内实行严格的隔离饲养，严防感染强毒。

(2) 被动免疫　在本病流行区域，或已被本病病毒污染的孵化场，雏鹅孵出后立即皮下注射抗小鹅瘟高免血清或高免卵黄抗体0.5～1.0毫升。

(3) 加强饲养管理和卫生消毒　①小鹅瘟主要是通过孵化传播的。因而孵化的一切用具及场舍在每次用后，必须彻底清洗消毒，最好用甲醛熏蒸消毒收购来的种蛋及发生过本病的孵化室，再进行孵化。死亡的雏鹅或雏番鸭应采用无害化方法处理。用具及场舍彻底消毒后，最好用甲醛-高锰酸钾混合液熏蒸、消毒一定时间后，再行使用。刚出壳的雏鹅或雏番鸭，不要和新收进的种蛋及大鹅接触，以防被感染。②加强饲养管理，改善饲养条件，饲料中加入抗菌药（或饮水中加入 0.05% 环丙沙星或 0.1% 卡那霉素），防止继发感染。加强消毒，交替使用过氧乙酸、百毒杀、次氯酸钠对环境、用具、场地及鹅群或番鸭群进行彻底消毒。在饲料中加入多种微量元素及维生素，提高雏鹅或雏番鸭的抗病能力。尽量避免从疫区引进种鹅或种番鸭及雏鹅或雏番鸭。

【治疗】 宜采取抗体疗法，同时配合抗病毒、抗感染等辅助疗法。

① 立即注射抗小鹅瘟高免卵黄液或高免血清，每只注射 1.5～2.0 毫升，严重病例可再注射 1 次。其保护率可高达 80%～85%。

② 中草药防治方一：取适量新鲜鱼腥草，捣汁灌服或自饮，病重鹅每只每次 1～2 毫升，分早、中、晚 3 次灌服，连服 3～5 天。或者每只鹅喂服白胡椒 2 粒，连服 3～5 天，可能有一定疗效。

③ 中草药防治方二：马齿苋 120 克、黄连 50 克、黄芩 80 克、黄柏 80 克、连翘 75 克、双花 85 克、白芍 70 克、地榆 90 克、栀子 70 克（200 只鸭的用量），水煎取汁，灌服或拌料混饲，每天 2 次，连用 3～4 天。

④ 中草药防治方三：板蓝根 30 克、金银花 20 克、黄芩 30 克、柴胡 20 克、官桂 10 克、赤石脂 5 克、生地 20 克、赤芍 10 克、水牛角 5 克（为 100 只雏鹅的剂量，以每只每天用药 1.0～1.5 克计总量）。以上药物水煎取汁，加适量水稀释供鹅自饮或拌料饲喂；也可共研末，以开水焖泡 30 分钟，滤液供鹅自饮，药渣拌料饲喂。病重鹅每天灌药 1.5～2.0 克，连用 2～3 天。

其他防治方案请参考禽流感、鸭瘟、鸭病毒性肝炎等的治疗方案。

【诊治注意事项】 如果在抗血清中加入干扰素，效果更好。如果伴有呼吸道感染，可加入硫酸阿米卡星（丁胺卡那霉素）等一起注射。

八、副黏病毒病

副黏病毒病（paramyxovirus infection）是由副黏病毒侵害鹅或鸭的一种急性病毒性传染病。本病对鹅的危害更大，常引起大批死亡，尤其是雏鹅，死亡率可达 95% 以上，是目前水禽病防治的重点。

【病原】 病原为副黏病毒，属副黏病毒科腮腺炎病毒属禽副黏病毒Ⅰ型。该病毒能凝集鸡及其他多种动物的红细胞。

【流行特点】 本病对各年龄的鹅或鸭均具有较强的易感性，并且日龄越小，发病率和死亡率越高。2 周龄以内的雏鹅或雏鸭的发病率和死亡率可达 100%，随着日龄的增长，发病率和死亡率均有所下降。不同品种的鹅或鸭均可感染致病。此外，本病毒对鸡也有较强的易感性。产蛋鹅或产蛋鸭感染后可引起产蛋率下降。病禽是本病的主要传染源，健康的鹅或鸭通过接触病禽或其他污染物，经消化道和呼吸道传播。本病的发生无明显的季节性，但以冬春两季多见。

【临床症状】 本病的潜伏期一般为3～6天。病鹅或病鸭精神委顿，缩头垂翅，头颈顾腹。食欲不振或废绝，饮水增多，随后排出白色（图1-68）或青绿色（图1-69）稀粪，个别带暗红色。行走无力，不愿下水，喜卧。少数病鹅或病鸭有甩头、咳嗽等呼吸道症状。青年病鸭（鹅）及成年病鸭（鹅）有时将头顾于翅下，或者用喙尖抵地，严重者常见口腔流出水样液体。部分鹅或鸭出现扭头、转圈、勾头或仰头、抽搐等神经症状（图1-70）。雏鹅或雏鸭常在发病后1～3天死亡，青年和成年鹅或鸭的病程稍长，一般为3～5天。

图1-68 病鹅排出白色稀粪

图1-69 病鸭排出青绿色稀粪

图1-70 患病鸭（左）、鹅（右）出现扭头、勾头或仰头等神经症状

【剖检病变】 病死鹅机体脱水，眼球下陷，脚蹼干燥。常见腺胃黏膜出血（图1-71），腺胃与食道交界处常有出血（带）（图1-72），肌胃内一般空虚，肌胃角质膜呈棕褐色或浅墨绿色（图1-73），角质膜易脱落，角质膜下常有出血斑（图1-74）或溃疡灶。肠道黏膜（尤其是十二指肠）有不同程度的出血（图1-75）。有的病例外观肠道浆膜可见黄豆大小的出血性病灶（图1-76），剪开肠管见散在的浅黄色痂块，芝麻至黄豆大小，剥离后呈现出血面和溃疡灶（图1-77）。肝脏轻度肿大、瘀血。脾脏肿大、瘀血，有大小不等的白色坏死灶（图1-78）。部分病例的胰腺肿大，有散在的灰白色坏死灶（图1-79）。

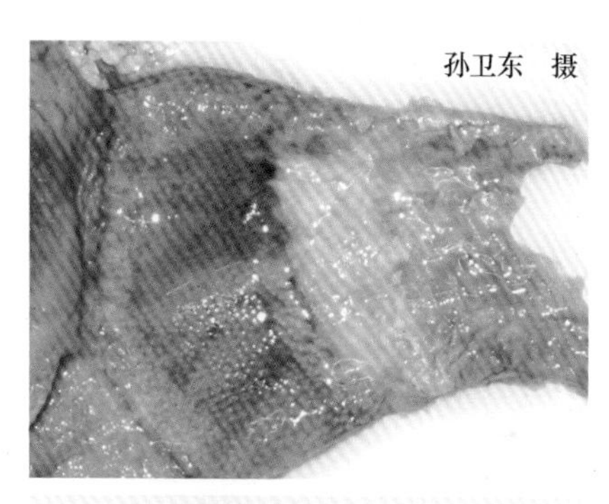

图1-71 病鹅腺胃乳头及黏膜出血

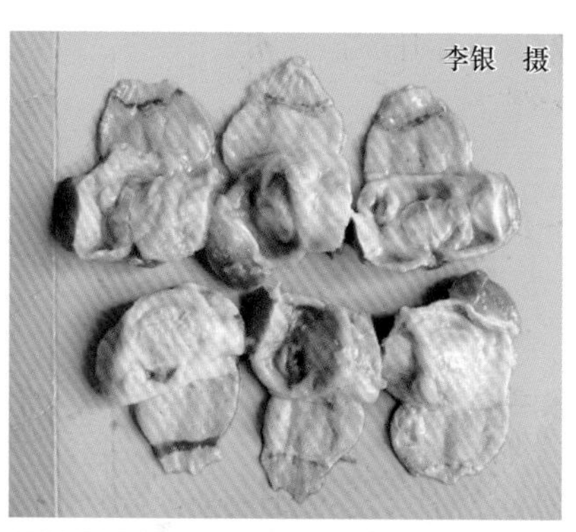

图1-72 病鹅腺胃与食道交界处常有出血（带）

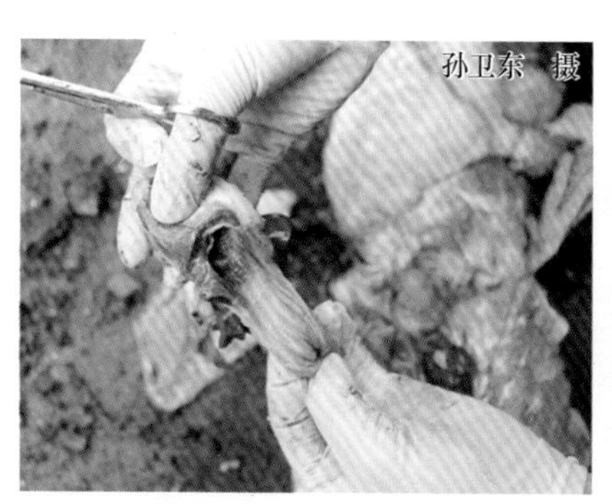

图1-73 病鸭肌胃空虚，角质膜呈浅墨绿色

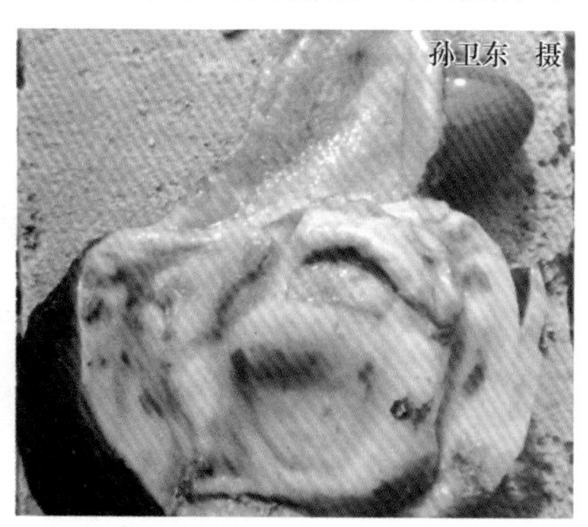

图1-74 病鸭肌胃角质膜易脱落，角质膜下常有出血斑

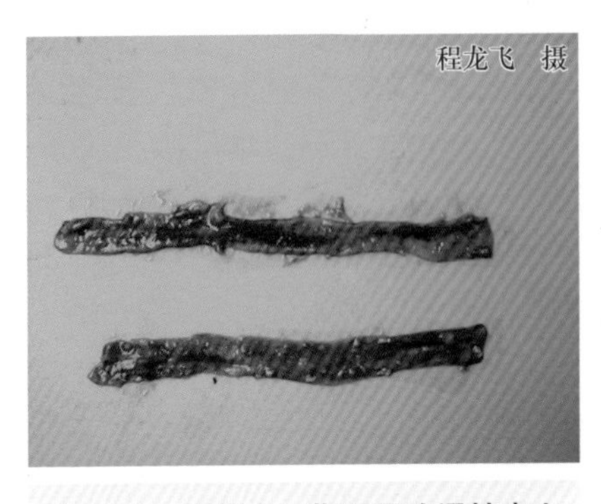

图 1-75 病鹅十二指肠呈弥漫性出血

图 1-76 病鹅肠道浆膜可见黄豆大小的出血性病灶

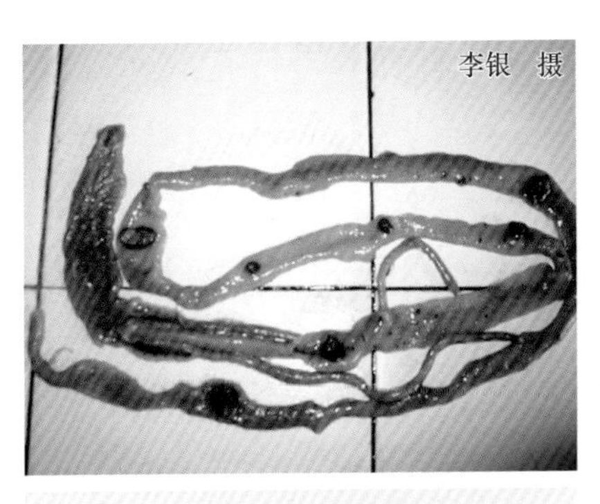

图 1-77 剖开病鹅肠道后呈现的出血面和溃疡灶

李银 摄

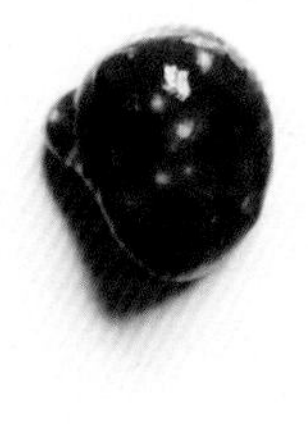

图 1-78 患病鸭（左）、鹅（右）的脾脏肿大、出血、坏死

李银 摄

图 1-79 病鹅的胰腺肿大，有散在的灰白色坏死灶

【诊断】

（1）临床诊断 根据临床症状、病理变化，结合高发病率和死亡率的流行特点，可做出初步诊断。

（2）实验室诊断 病毒分离和鉴定、鹅胚接种试验和人工感染试验等。

（3）类症鉴别诊断 在临床上应注意与鸭病毒性肝炎、禽流感、鸭疫里默氏杆菌病相区别，具体内容请参考禽流感中类症鉴别诊断的叙述。

【预防】

（1）疫苗免疫接种 在本病流行地区，对健康鹅群或鸭群用鹅副黏病毒油佐剂灭活疫苗，在10～14日龄每只雏鹅或雏鸭肌内注射0.3毫升，青年或成年鹅或鸭每只肌内注射0.5毫升，具有良好的保护作用。

（2）其他预防措施 避免鸡、鹅、鸭混养，因为高频率接触的饲养方式，有利于不同种属动物间的病原体相互传染和为适应性进化提供有效的途径。避免与野鸟接触。饲喂全价日粮。做好清洁卫生和消毒工作，尽量减少和避免病原的侵入。构建鹅群或鸭群的生物安全，是防疫工作的关键。禁止到本病流行的地区引种。

【治疗】 本病目前尚无有效的治疗药物。鹅群或鸭群一旦发病，应立即将病鹅或病鸭隔离、淘汰，死鹅或死鸭实施无害化处理。鹅群或鸭群紧急接种副黏病毒油佐剂灭活苗。此外，对轻症病鹅或病鸭在隔离的基础上，宜采取抗体疗法，同时配合抗病毒、抗感染等辅助疗法。

① 立即注射新城疫高免卵黄抗体，每只皮下或肌内注射1毫升，严重病例可再注射1次。若在卵黄液中加入利高霉素或干扰素，效果更好。

② 将利巴韦林（病毒唑）10克和阿米卡星10克混合拌入40千克饲料中饲喂。

③ 中草药防治：生石膏200克、生地40克、水牛角40克、栀子20克、黄芩20克、连翘20克、知母20克、丹皮15克、赤芍15克、玄参20克、淡竹叶15克、甘草15克、桔梗15克、大青叶100克，以上为200只雏鹅或雏鸭的剂量，煎水饮服，每天1剂，连用3天。

其他治疗方案可参考低致病性禽流感、鸭瘟、鸭病毒性肝炎等的治疗方案。

【诊治注意事项】 在治疗患病鹅或鸭前应将其隔离，并对场地、笼具等严格消毒，可使用碘制剂进行消毒，每天1次，连用5天。

第二章

鸭鹅细菌及真菌性疾病

一、传染性浆膜炎

传染性浆膜炎（infectious serositis）又称鸭疫里默氏杆菌病，是由鸭疫里默氏杆菌引起的一种严重危害鸭、鹅等禽类的一种高致病性、接触性传染病，临床上呈急性或慢性败血症，病变以纤维素性心包炎、肝周炎、气囊炎、脑膜炎及部分病例出现干酪性输卵管炎、结膜炎、关节炎为特征。鸭或鹅养殖场一旦传入本病，病原即在发病场持续存在，引起不同批次的幼龄鸭或鹅感染发病，并且难以扑灭，是当前危害水禽养殖业的主要传染病之一。

【病原】 病原是鸭疫里默氏杆菌，属黄杆菌科，为革兰氏阴性（图2-1）、无鞭毛、不运动、不形成芽孢的小杆菌，不能在普通琼脂和麦康凯琼脂上生长，兼性厌氧，对营养要求苛刻，能在兔血琼脂或巧克力琼脂上生长，菌落为圆形、光滑湿润、奶油色（图2-2）。现有21个血清型，各血清型之间无或少交叉保护。

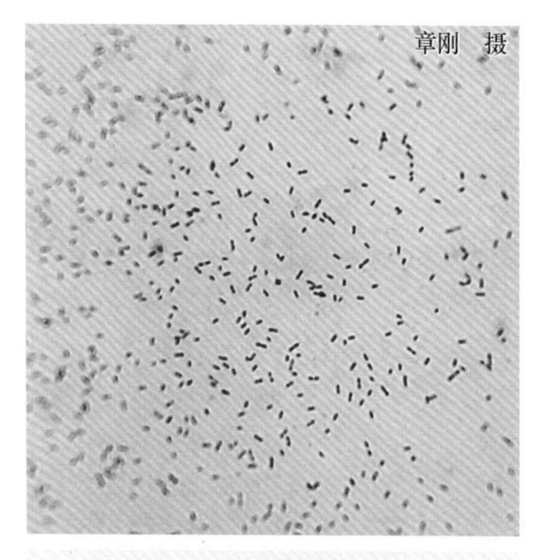

图2-1 鸭疫里默氏杆菌为革兰氏阴性菌

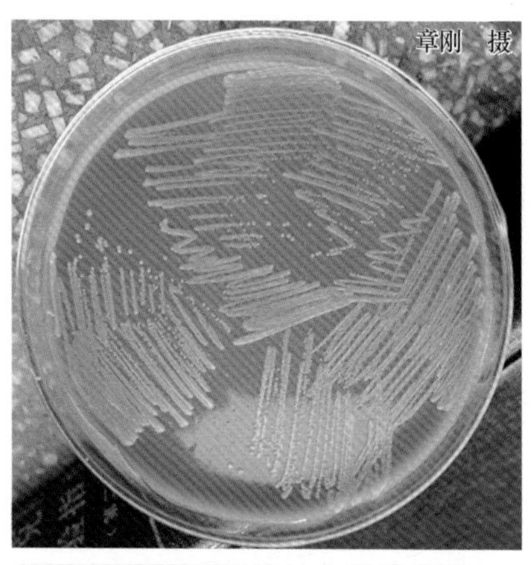

图2-2 鸭疫里默氏杆菌在兔血琼脂上的菌落为圆形、光滑湿润、奶油色

【流行特点】　不同品种的鸭或鹅均易感，但以雏鸭最易感，尤其是肉雏鸭，其次是鹅。在临床上，2～6周龄的肉雏鸭多发，1周龄以下或8周龄以上的鸭很少发病；鹅发病主要见于3～5周龄，偶尔也见于青年鹅。本病一年四季均有发生，但以低温、阴雨潮湿的季节多见，在我国较为潮湿的南方地区更常见。本病病程较长，初期为败血症而死亡，后转为慢性经过。由于受不同菌株毒力差异、其他病原微生物的继发或并发感染、环境条件的改变、饲养管理水平等应激因素的影响，本病所造成的发病率和死亡率相差较大，发病率为5%～100%，死亡率为5%～70%或更高，日龄较小的鸭或鹅的发病率及死亡率明显高于日龄较大的鸭或鹅。患病鸭或鹅通过呼吸道和粪便排出细菌，污染周围环境而成为传染源，病菌可通过污染的饲料、饮水、飞沫、尘土经呼吸道、消化道、刺破的皮肤伤口等多种途径传播。

【临床症状】　本病的潜伏期一般为1～3天，有时长达1周以上。根据病程可分为最急性型、急性型和慢性型。

（1）最急性型　往往出现在发病初期，常无任何症状而突然死亡。

（2）急性型　急性型多见于2～3周龄的幼龄鸭或鹅。病鸭主要表现为精神沉郁，缩颈垂翅，厌食，不愿走动或伏卧不起。眼睛分泌物增多，眼眶周围的羽毛潮湿（图2-3）、粘连。鼻腔流出浆液性或黏液性分泌物，分泌物凝固后堵塞鼻孔（图2-4），使病鸭呼吸不畅。病鸭死前神经症状明显，如头颈震颤或阵发性痉挛，角弓反张，最后抽搐死亡。雏鹅感染后，主要表现为精神不振，翅膀下垂，一侧或两侧下颌窦肿胀，严重者面部红肿，眼结膜潮红、水肿，一般伴有呼吸道症状。

图2-3　病鸭眼分泌物增多，眼眶周围的羽毛潮湿

图2-4　病鸭鼻腔流出的分泌物凝固后堵塞鼻孔，死前震颤、痉挛

（3）慢性型　慢性型多见于日龄在4周龄以上的鸭或鹅，尤其是肉鸭，病程可达1周或1周以上。患病鸭食欲不振或废绝，多伏卧，不愿走动，常伴有呼吸道症状，腹泻，排出黄绿色稀粪。有的病例（主要见于肉鸭）引起脑膜炎，头颈歪斜（图2-5），遇有惊恐时常出现痉挛、转圈或倒退；有的病鸭较瘦弱，生长发育不良，有的还伴有脑膜炎的后遗症。鹅发生的慢性型病例主要见于青年鹅，常常表现为一侧或两侧窦腔炎和面部肿胀，病初精神欠佳，食欲不振，不愿行走，伏卧时头颈顾腹，有时出现呼吸困难。其病程较长，死亡率较低。

图2-5 病鸭头颈歪斜

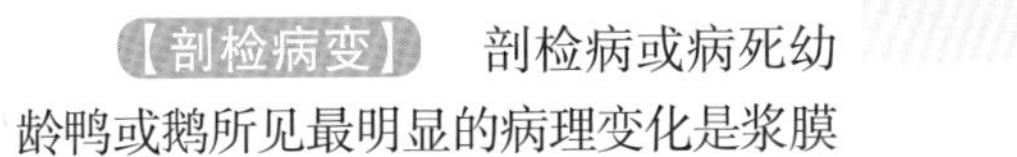

【剖检病变】 剖检病或病死幼龄鸭或鹅所见最明显的病理变化是浆膜面出现广泛的纤维素性渗出物，常可覆盖全身的浆膜，以心包、肝脏和气囊表面常见（俗称“三炎”病变）（图2-6）。急性病例的心包积液明显增多，常伴有数量不等的白色絮状纤维素性渗出物；心包膜增厚，上有一层浅黄色或灰黄色的纤维素性渗出物；病程稍长的病例，纤维素性渗出物使心外膜与心包膜粘连，难以剥离（图2-7）。肝脏肿大、质脆，表面覆盖着一层厚薄不均的浅黄色或灰黄色的纤维素性膜（图2-8），病程短的纤维素性渗出物易剥离（图2-9），病程长的则不易剥离。气囊混浊、增厚，有浅黄色纤维素性渗出物附着（图2-10）。脾脏肿大，表面斑驳呈大理石样（图2-11）。感染严重和病程较长的病例见输卵管阻塞（图2-12）。有神经症状的病例，可见脑膜血管呈树枝状充血(图2-13)，脑水肿，有出血斑点；中枢神经系统严重感染的病例可出现纤维素性脑膜炎。局部感染的皮肤病变主要表现为局部颜色变深或发黄，切开后在皮肤和脂肪层之间有黄色渗出液。出现腹泻的病死鸭或鹅，常脱水，眼球下陷。部分慢性病例常出现单侧或两侧跗关节肿大，关节液增多。

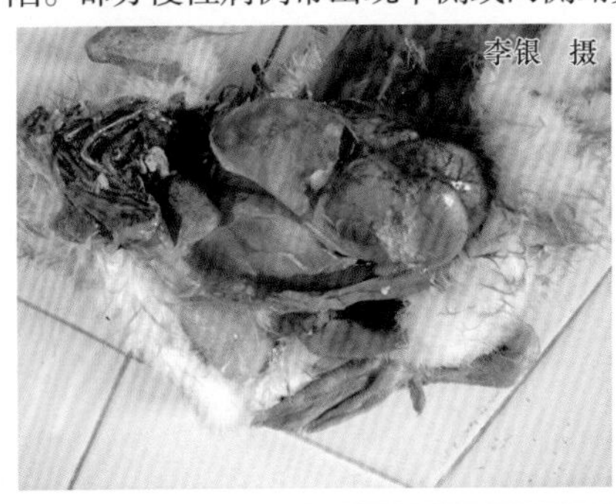

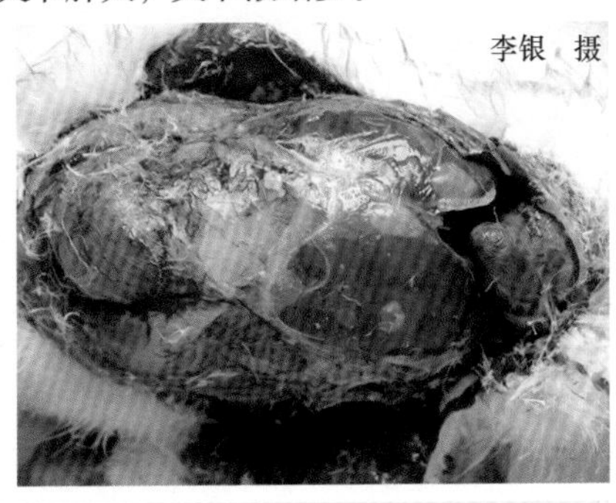

图2-6 患病鸭（左）、鹅（右）的心包、肝脏和气囊出现广泛的纤维素性渗出物

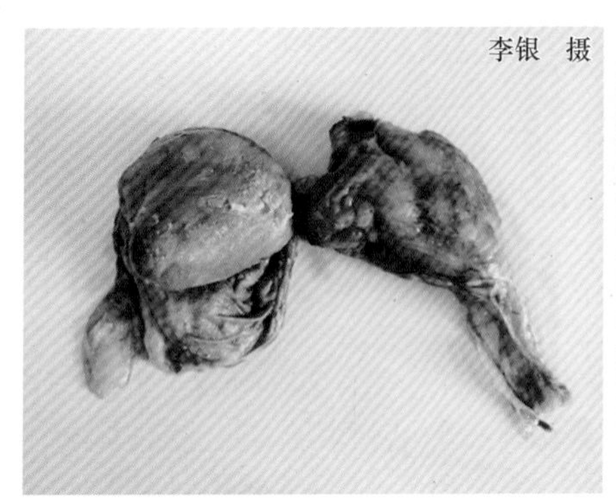

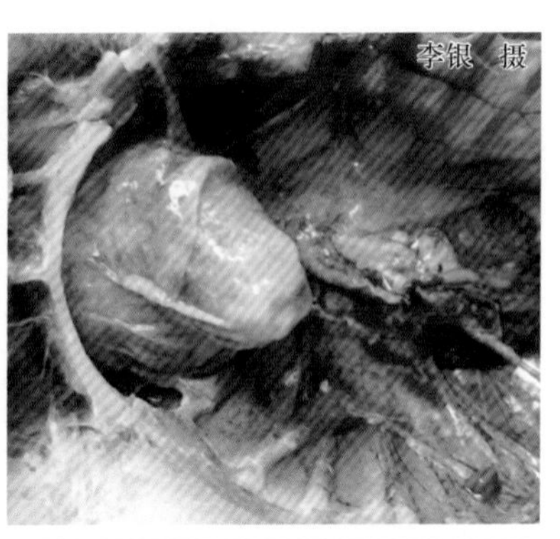

图 2-7　患病鸭（左）、鹅（右）的心包膜上有一层纤维素性渗出物

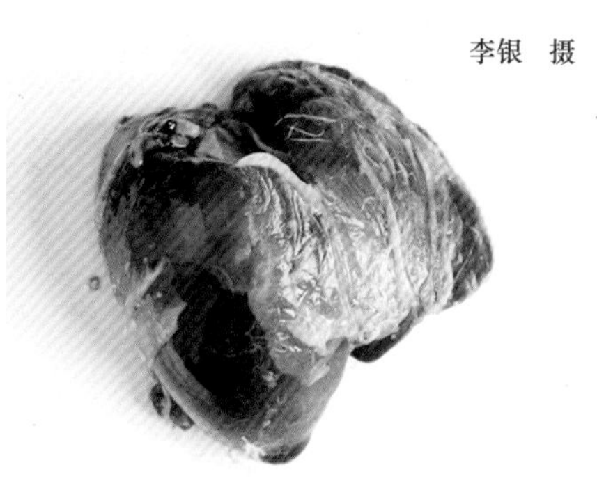

图 2-8　患病鸭（左）、鹅（右）的肝脏表面覆盖着一层纤维素性膜

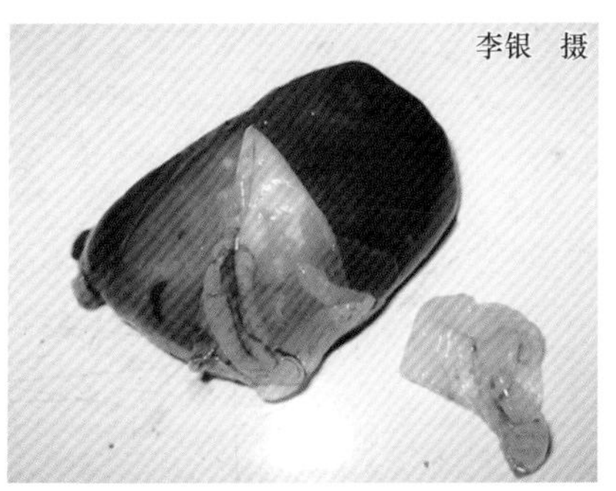

图 2-9　肝脏被膜上的纤维素性渗出物易剥离

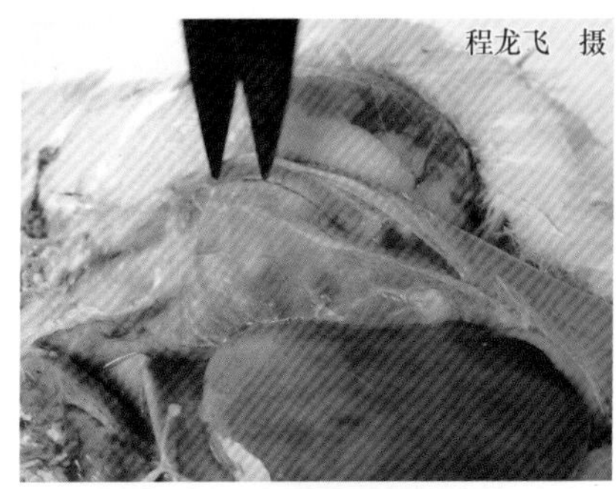

图 2-10　病鸭气囊上有一层纤维素性渗出物

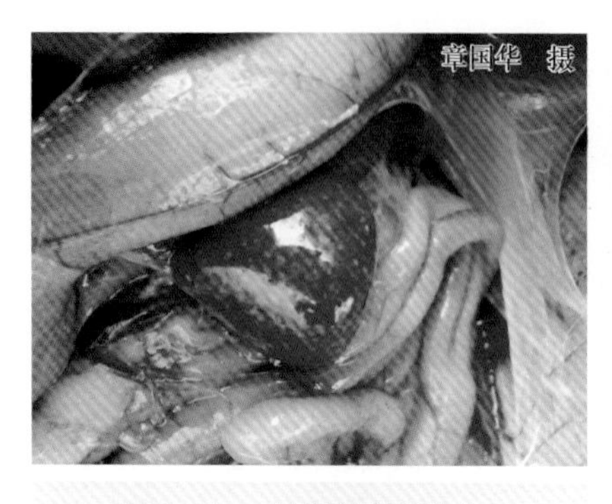

图 2-11　病鸭的脾脏肿大，表面斑驳呈大理石样

图 2-12　病鸭输卵管阻塞

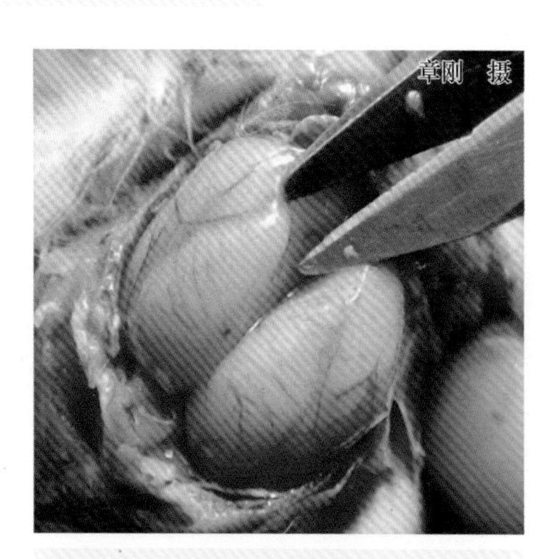

图 2-13　病鸭脑膜血管呈树枝状充血

【诊断】

（1）临床诊断　根据流行病学特点、临床症状和病理变化可做出初步诊断。

（2）实验室诊断　细菌的分离和鉴定、PCR 鉴定及免疫荧光抗体诊断等。

（3）类症鉴别诊断

1）与禽大肠杆菌病的鉴别诊断。禽大肠杆菌性败血症的病变表现为心包炎、肝周炎和气囊炎，与鸭疫里默氏杆菌病的病变非常相似，但患大肠杆菌病的鸭的心脏和肝脏表面附着的渗出物较厚，一般为干酪样，而患鸭疫里默氏杆菌病的鸭的心脏和肝脏表面附着的渗出物较薄，一般较湿润，

可作为鉴别之一。患鸭疫里默氏杆菌病的鸭表现出头颈震颤、斜颈等神经症状，而患大肠杆菌病的鸭一般不表现出神经症状，可作为鉴别之二。用肝脏接种麦康凯平板，鸭疫里默氏杆菌不能生长，而大肠杆菌能长出亮红色菌落，可作为鉴别之三。

2）与禽衣原体病的鉴别诊断。禽衣原体病病理变化中的心包炎、肝周炎和气囊炎，与鸭疫里默氏杆菌病的病变非常相似，但患禽衣原体病的鸭的粪便呈黄绿色水样，气味恶臭，而鸭疫里默氏杆菌感染的病鸭常排白色黏稠样粪便，可作为鉴别之一。鸭疫里默氏杆菌病感染的病鸭表现出头颈震颤、斜颈等神经症状，而患禽衣原体病的鸭不表现出神经症状，可作为鉴别之二。用肝脏接种巧克力琼脂，禽衣原体不能生长，而鸭疫里默氏杆菌能生长，可作为鉴别之三。

3）与鸭呼肠孤病毒病的鉴别诊断。病程较长的鸭呼肠孤病毒病病鸭表现的心包炎与鸭疫里默氏杆菌病有相似之处，但鸭疫里默氏杆菌病病鸭还表现肝周炎和气囊炎，鸭呼肠孤病毒病则没有肝周炎和气囊炎的变化，可作为鉴别之一。流行病学方面，鸭呼肠孤病毒病发生于7~35日龄的雏番鸭、雏半番鸭和雏鹅，鸭疫里默氏杆菌病则多发生于1~8周龄各品种鸭和鹅，可作为鉴别之二。

4）与禽沙门氏菌病的鉴别诊断。鸭疫里默氏杆菌感染的病鸭常排白色黏稠样粪便，而禽沙门氏菌感染的病鸭常排绿色或浅绿色水样粪便或黑褐色糊状粪便，可作为鉴别之一。二者病程较长后均可引起鸭喘气、消瘦和神经症状，但剖检时鸭疫里默氏杆菌感染的病鸭可见心包炎、肝周炎和气囊炎，而沙门氏菌感染的病鸭偶见心包炎，以肝脏呈古铜色、表面有灰白色小坏死点及盲肠肿胀、内有干酪样物质形成的栓子为特征，可作为鉴别之二。用肝脏接种麦康凯平板，鸭疫里默氏杆菌不能生长，而禽沙门氏菌能长出白色菌落，可作为鉴别之三。

5）与禽流感的鉴别诊断。禽流感表现出的神经症状与鸭疫里默氏杆菌病有相似之处，但禽流感表现出的心冠脂肪、心肌出血，胰腺出血、表面有大量针尖大小的白色坏死点或透明样液化灶等，与鸭疫里默氏杆菌病的病变完全不同，可作为鉴别之一。禽流感则发生于各日龄鸭，而鸭疫里默氏杆菌病多发生于1~8周龄各品种鸭，可作为鉴别之二。用肝脏接种巧克力琼脂，鸭疫里默氏杆菌能生长，而禽流感无细菌生长，可作为鉴别之三。

6）与副黏病毒病的鉴别诊断。副黏病毒病感染的病鸭表现出扭头、转圈或歪脖等神经症状，与鸭疫里默氏杆菌病相似，但副黏病毒病表现出的胰腺轻微出血或有白色坏死点，以及腺胃黏膜脱落和腺胃乳头轻微出血，与鸭疫里默氏杆菌病完全不同，可作为鉴别之一。用肝脏接种巧克力琼脂，鸭疫里默氏杆菌能生长，而副黏病毒不生长，可作为鉴别之二。将病料接种易感鸭胚，死亡胚尿囊液具有血凝活性并能被禽Ⅰ型副黏病毒抗血清所抑制，可认为是副黏病毒所致，而鸭疫里默氏杆菌病的病料不会引起鸭胚死亡，可作为鉴别之三。

7）与鸭病毒性肝炎的鉴别诊断。多数鸭病毒性肝炎病毒感染的鸭在临死之前表现的神经症状与鸭疫里默氏杆菌病有相似之处，但病鸭的肝脏明显肿大，质地脆弱，色泽暗淡或稍黄，肝脏表面有明显的出血点或出血斑，有时可见有条状或刷状出血带。而鸭疫里默氏杆菌病感染的病鸭表现为心包炎、肝周炎和气囊炎，可以此鉴别。

【预防】

（1）免疫接种　已经报道使用的疫苗包括1、2、4和5型铝胶复合佐剂四价灭活疫苗、甲醛灭活苗、油乳剂灭活疫苗、蜂胶灭活疫苗、荚膜多糖苗、左旋咪唑灭活苗及鸭传染性浆膜炎、大肠杆菌病二联蜂胶灭活疫苗（图2-14）等均有一定的免疫效果。但鸭疫里默氏杆菌的血清型较多，不同血清型之间几乎没有交叉保护，故在鸭、鹅生产中应考虑使用当地主要流行菌株制作的多价灭活疫苗或自家场灭活疫苗。建议参考免疫程序：①肉鸭或肉鹅，在3~7日龄时颈背皮下注射灭活疫苗，每只0.3~0.5毫升，也可于2日龄时进行首免，7日龄时进行二免，每只注射1.0毫升；②祖代及父母代种鸭或种鹅，除上述首免、二免后，于产蛋前20~30日龄进行三免，160日龄进行四免，330日龄进行五免。

章刚　摄

中华人民共和国
新兽药注册证书
证号：（2012）新兽药证字 20 号
新兽药名称：鸭传染性浆膜炎、大肠杆菌病二联蜂胶灭活疫苗（WF株+BZ株）
注册分类：三类
研制单位：中国兽医药品监察所、山东华宏生物工程有限公司
根据《兽药管理条例》，该兽药符合规定，准予注册，特发此证。
发证日期：二〇[illegible]

图2-14　鸭传染性浆膜炎、大肠杆菌病二联蜂胶灭活疫苗新兽药证书

（2）加强饲养管理　雏鸭或雏鹅出壳后，每只滴喂复合维生素B液0.5毫升，1~7日龄用益生素拌料，必要时可考虑调整雏鸭或雏鹅的日粮。育雏、幼龄水禽转舍或由舍内迁至舍外或放牧于水中时，特别要做好保温工作，尤其在冬季，避免早上放牧，在舍内或在避风处设一小水池任其戏水，避免过度驱赶，而夏季要做好防暑降温工作。平时应做好环境卫生，及时清理粪便，在此基础上，每3~5天选择合适的消毒药带鸭或带鹅消毒一次。饲养密度要适中。圈养的禽舍要通风，避免过度拥挤，保持适当的温度和湿度。网上饲养的雏禽，应定期冲洗地面，减少污染。防止尖刺物

刺伤脚蹼。尽量不从本病流行的鸭场或鹅场引进种蛋和雏鸭或雏鹅，如必须引种，应做好疫病的调查。采用全进全出的饲养管理制度。必要时应当全场停养2~3周，对鸭舍或鹅舍进行彻底冲洗，然后用氢氧化钠溶液喷洒，用清水冲洗后，再用消毒药喷雾一次。

（3）药物预防 受本病污染的鸭场或鹅场，用磺胺喹沙啉等敏感药物在易感日龄前2~3天对雏鸭或雏鹅进行投药预防。

【治疗】 由于本病在水禽养殖场普遍存在，并且鸭疫里默氏杆菌易产生耐药性，故临床用药方案最好建立在药敏试验（图2-15）的基础上，并要定期更换用药或几种药物交替使用。在治疗时勿忘对病死鸭（鹅）、粪便的无害化处理，鸭（鹅）舍、场地及各种用具要进行彻底、严格的清洗和消毒，从源头上减少病原菌的数量。

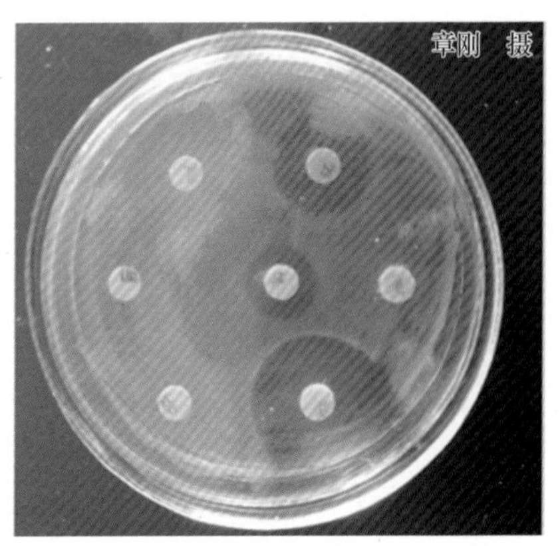

图2-15 鸭传染性浆膜炎药敏试验结果

① 5%氟苯尼考：按0.2%拌料饲喂，连用5天；重症用5%氟苯尼考注射液按每千克体重0.6毫升（即每千克体重30毫克）肌内注射，每天1次，连用2天。

② 磺胺类药物：在雏鸭或雏鹅易感日龄时，饮水中添加0.2%~0.25%磺胺二甲基嘧啶或饲料中添加磺胺喹噁啉0.1%~0.2%饲喂，连喂3天，停药2天，再喂3天，可预防本病或降低死亡率。也可选用磺胺喹沙啉等。

③ 硫酸阿米卡星（又称丁胺卡那霉素）：按每千克体重2.5万~3万单位，颈部或腹部皮下注射，每天1次，连用3天。或者选用青霉素和链霉素，按雏鸭各5000~10000单位，中幼鸭（鹅）各4万~8万单位肌内注射，每天2次，连用2~3天。或者选用硫酸新霉素，按0.01%~0.02%饮水，连饮3天。

④ 利高霉素：按药物有效成分的0.0044%拌料饲喂，连续3~5天。

⑤ 庆大霉素：按每千克体重3000~5000单位再加阿莫西林（按每千克体重20~50毫克）混合肌内注射，每天1~2次，连用2~3天。

⑥ 环丙沙星：按鸭或鹅每千克体重5~10毫克拌料饲喂，连用3天。也可选用盐酸二氟沙星拌料（每40千克饲料用5克），或按0.015%~0.02%饮水，每天1次，连用3天。

⑦ 中西药结合防治方一：中药，龙胆草140克、夏枯草140克、茯苓

120克、泽泻120克、牛膝120克、桂枝120克、藿香120克、苍术100克、白术100克、防风100克、荆芥100克、陈皮80克、甘草80克。西药，盐酸环丙沙星水溶性粉剂（2%，50克/包）250克，维生素AD_3E粉（500克/包，本品含维生素A 250万单位、维生素D_3 50万单位、维生素E 2克）500克。将以上中药煎汁2次，每次药液与以上西药混合拌料，分早、晚供1000~1200只15~20日龄雏鸭或雏鹅食用，每天1剂，连用3天以上。对不食的病鸭或病鹅尚可采用维生素C注射液10毫升、盐酸普鲁卡因青霉素80万单位混合液注射，每只1次注射1毫升，每天1次，连续2~3天，同时灌服中药煎汁与盐酸环丙沙星混合液。

⑧ 中西药结合防治方二：西药，氟甲砜霉素（原粉），每千克饲料250毫升混饲，供鸭、鹅自由采食，同时在饮水中加地塞米松（每12.5千克体重加地塞米松5毫克），供鸭、鹅自由饮用，连用3天。中药方清瘟败毒饮，生石膏15克、知母10克、水牛角30克、黄连5克、生地10克、黄芩6克、焦山栀6克、焦大黄6克、枳实6克、赤芍10克、丹皮10克、玄参10克、连翘10克、竹叶3克、桔梗6克、生甘草6克，以上药共煎水，供总体重为50千克的鸭、鹅自由饮用，连用3天。对严重病例，用硫酸阿米卡星（丁胺卡那霉素）与地塞米松混合肌内注射，同时灌服上述中药煎剂，每天2次，连用3天。

⑨ 中草药防治方法：龙胆草20克、茵陈20克、栀子10克、黄柏10克、黄芩10克、大黄6克、苍术8克、香附10克、甘草6克（为100只鸭1天的用量）。水煎取汁，加入饮水或拌料饲喂；不食的雏鸭或雏鹅，将药汁滴服，每天1剂，连用3~5天。

【诊治注意事项】 ①由于灭活疫苗注射后需10~15天产生免疫力，最佳保护率出现在免疫后15~20天，因此，在产生免疫力之前，为了防止本病和大肠杆菌的侵入，可在注射灭活油苗当天开始在饲料中添加抗菌药物，每隔3天投一次药，4次为一疗程；在注苗前1天开始，连续3天在饮水中添加维生素C（1吨水加100克），可减少应激反应；油乳剂灭活苗切忌注射腿肌和胸肌，以免使注射部位产生硬结块，从而影响鸭只的活动和降低肉的品质，正确的注射部位应在颈部下1/3处背部中央或腹股沟皮下，若是蜂胶疫苗，由于容易吸收，则可以胸部肌内注射。②水质的污染和水源性传播是引发本病的主要因素，故应注意做好饮水的消毒，确保水的质量；对利用水塘（水库）、河流、鱼塘等水域进行鸭、鹅养殖的，可将漂白粉投撒水面，对污染严重的水域，可先用新鲜生石灰投撒水面，然后再进行水体的消毒；对于放牧的鸭、鹅，应尽可能避免在受污染的水域放牧；

与此同时采用一些新的养殖模式，如鸭（鹅）舍与运动场相结合的旱养模式，鸭（鹅）舍地面用垫料，运动场地面用粗沙；或采用旱地平养与戏水池相结合模式，这些措施对控制本病均有良好的效果。③在饮水给药前，应停水1小时，同时增加饮水器的数量；每次喂完抗菌药物之后，为了调整肠道微生物区系的平衡，应喂微生态制剂2～3天；多黏菌素B和卡那霉素似乎对鸭疫里默氏杆菌具有天然耐药性。

二、巴氏杆菌病

巴氏杆菌病（pasteurellosis）又称禽霍乱或禽出血性败血症，是由多杀性巴氏杆菌引起的一种急性或慢性接触性、败血性传染病。本病急性发作时，病程短促、死亡率高，以高热、腹泻和呼吸困难为特征，虽然许多抗菌药物能迅速控制本病，但停药后极易复发，造成的损失极大。慢性型主要表现为关节炎。本病是危害水禽养殖业的主要传染病之一。

【病原】 病原为多杀性巴氏杆菌，属巴氏杆菌科巴氏杆菌属。本菌主要以其荚膜抗原（A、B、C、D）和菌体抗原（阿拉伯数字表示）区分血清型。引起鸭、鹅等水禽发病的多杀性巴氏杆菌多为5：A、8：A和9：A。该菌为革兰氏阴性菌。用病禽组织触片或血液及细菌分离培养物涂片，瑞氏或亚甲蓝染色，菌体具有两极浓染的特征；菌体呈卵圆形或短杆状，单个或成对排列。

【流行特点】 各种家禽和野禽均可感染本病，水禽中以鸭、鹅的易感性强，常呈急性经过。本病常为散发性，间或为地方流行性。本病的潜伏期为0.5～3天。1月龄以上的鸭发病率较高，往往在几天内大量死亡，成年种鸭发病较少。强毒力菌株感染后多呈败血性经过，急性发病，病死率高，可达30%～40%；较弱毒力菌株感染后病程较慢，死亡率也不高。病禽和带菌禽是本病的主要传染源。健康鸭、鹅带菌的比例很高，常因应激因子的作用（如断水断料、突然改变饲料、环境条件差、营养缺乏、寄生虫感染、天气骤变等）致使鸭、鹅的抵抗力下降而发病。本病主要通过消化道和呼吸道传染，污染的笼具、料盆及其他用过的设备，都可能将本病传入鸭群或鹅群。本病流行无明显的季节性，鸭多发于炎热的7～9月，鹅多发于秋季、冬季和早春季节。

【临床症状】 根据病程的长短，临床上分为最急性、急性和慢性3种类型。

（1）最急性型 最急性型常见于流行初期，鸭、鹅常无明显症状而突然死亡。常见鸭、鹅在放牧途中突然倒地，迅速死亡；或当晚表现健康，次日早晨已死于舍（棚）内；或在运输途中突然死亡。死亡的通常是健壮或高产的产蛋鸭或鹅。

（2）急性型 患病鸭、鹅的体温升高，精神委顿，不愿下水游泳，即使下水，行动缓慢，常落在鸭群或鹅群的后面或独蹲一隅，闭目瞌睡。羽毛松乱，两翅下垂，缩头弯颈（图2-16），食欲减少或不食，渴欲增加，嗉囊内积食不化。口、鼻的分泌物增多而引起呼吸困难，病鸭或病鹅摇头企图甩出喉头黏液（一般常称之为“摇头瘟”）。发生剧烈腹泻，排出腥臭的灰白色或浅绿色稀粪，有的粪便混有血液。产蛋鸭、鹅的产蛋量下降。患病的鸭、鹅通常在出现症状后1～2天死亡。

图2-16　病鸭翅下垂，缩头弯颈

（3）慢性型 往往由急性病例演变而来，表现为消瘦、腹泻、鼻炎、关节炎和肉髯肿大。病程稍长者可见一侧或两侧局部关节肿胀，跛行，行动受限或完全不能行走，还有见到掌部肿如核桃大，局部穿刺可见暗红色液体，切开见有脓性和干酪样坏死。产蛋鸭、鹅的产蛋量下降。

【剖检病变】 最急性型的病例往往无明显的剖检病变，有时仅见到肠炎和心冠脂肪出血。急性型病例尸僵完全，喙部发绀，皮肤发绀或有少量的出血斑点。剖检见心包内充满透明橙黄色渗出液或心包液中混有纤维素样絮片（图2-17），心冠脂肪（图2-18）及心内膜（图2-19）有出血斑点。肺呈多发性肺炎，间有气肿和出血。肝脏、脾脏肿大，质地变脆，

图2-17　病鸭心包积液

表面密布大量针尖状的灰白色坏死点（图2-20）或间有出血点，胆囊常肿大。脾脏略肿，有出血点（图2-21）。肠道黏膜，尤其是十二指肠黏膜呈弥漫性充血、出血，肠内容物呈胶冻样，含有脱落的黏膜碎片和浅红色液体（图2-22），肠淋巴集结肿大、出血呈环状（图2-23）。胰腺肿大，有出血点，腺泡较明显。腺胃黏膜（图2-24）、肌胃及全身浆膜常有出血斑。皮下组织及腹部脂肪也常见出血斑点。有的病例还可见胸腔积液（图2-25）。鼻腔黏膜充血或出血。产蛋鸭卵泡出血、破裂。剖检慢性病例见关节囊增厚，内含暗红色、混浊的黏稠液体，病程长的可见关节囊粗糙，常附着黄白色干酪样物质。

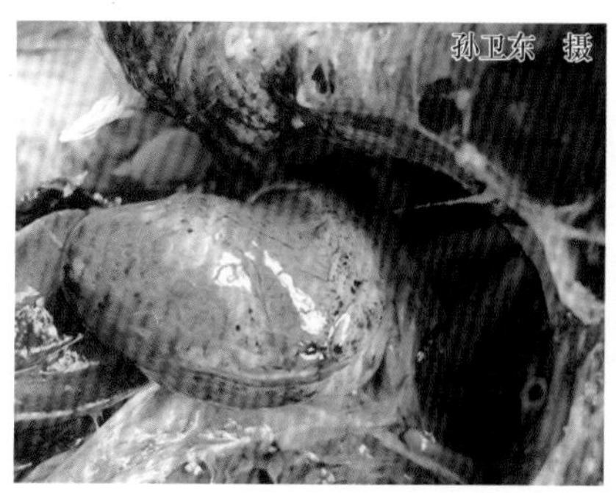

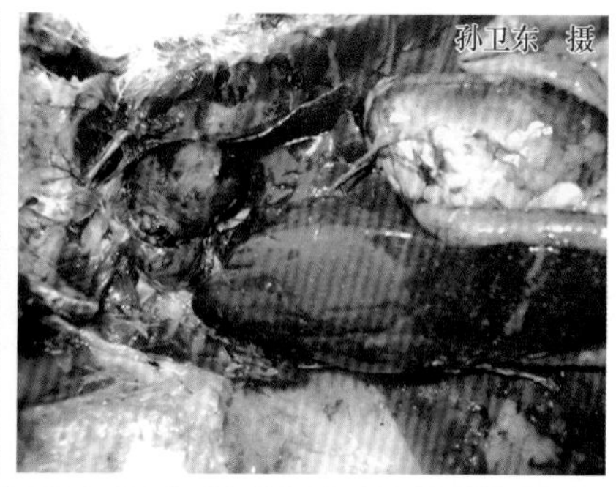

图2-18　患病鹅（左）、鸭（右）心冠脂肪出血

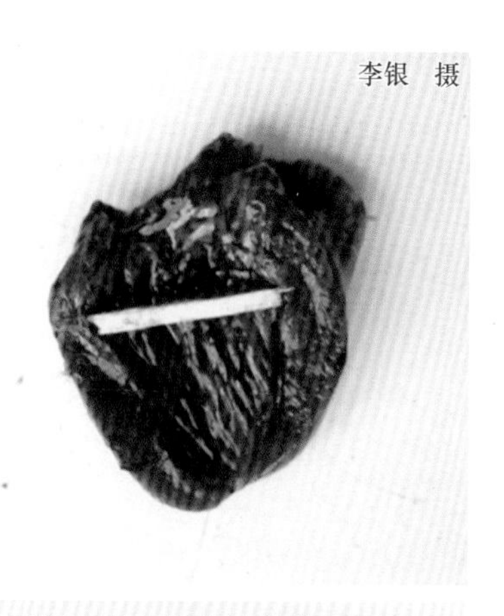

图2-19　病鸭心内膜出血

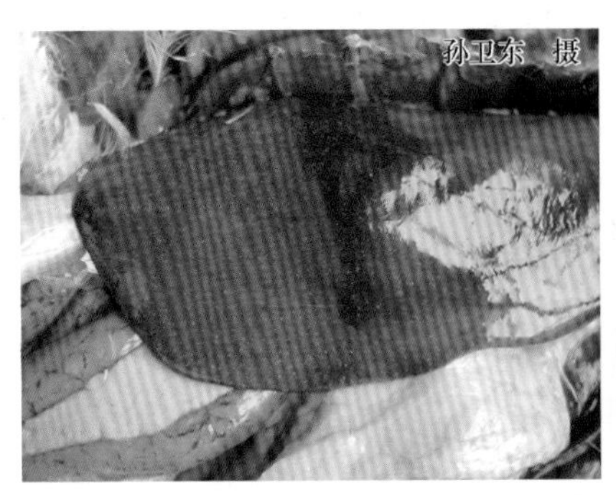

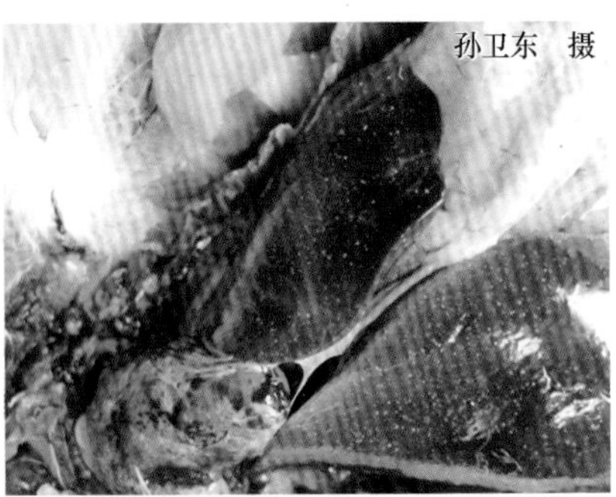

图 2-20　患病鸭（左）、鹅（右）的肝脏表面有大量针尖状的灰白色坏死点

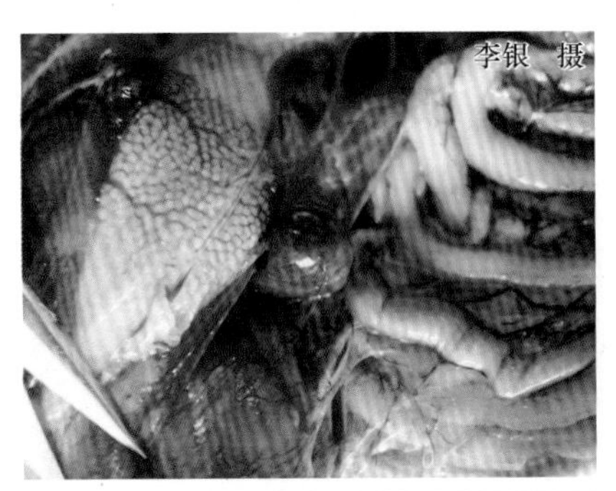

图 2-21　病鸭脾脏略肿、出血

图 2-22　病鸭肠道黏膜充血、出血，肠内容物呈胶冻样

图 2-23　病鸭肠淋巴集结肿大、出血呈环状

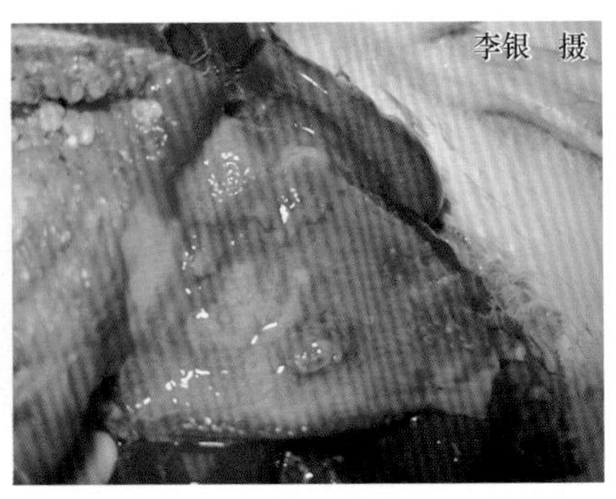

图 2-24　病鸭腺胃黏膜脱落、出血

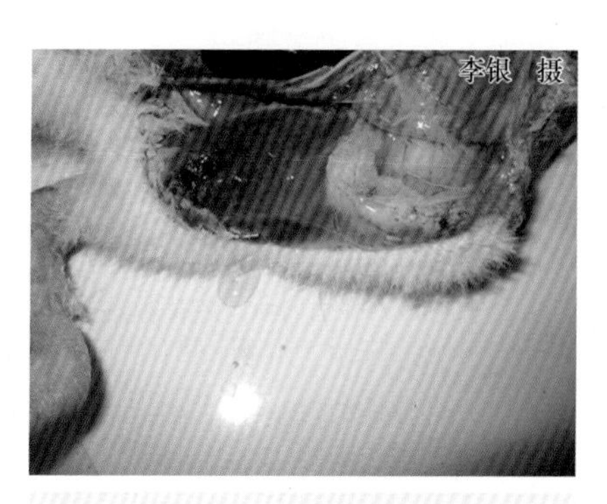

图 2-25 病鸭胸腔积液

【诊断】

（1）临床诊断 根据特征性病理变化，如心冠脂肪出血、肝脏表面有大量针尖大小灰白色坏死点及肠内容物呈胶冻样等即可做出初步诊断。

（2）实验室诊断 细菌的分离和鉴定、免疫荧光技术、琼脂扩散试验及酶联免疫吸附试验等。

（3）类症鉴别诊断 临床诊断上应注意与鸭伪结核病的区别。鸭伪结核病病理变化中的心冠脂肪出血与鸭巴氏杆菌病有相似之处，但鸭伪结核病肝脏表面有小米粒大小黄白色坏死灶，而巴氏杆菌病表现的肝脏坏死灶为灰白色针尖大小且数量多，可作为鉴别之一。流行病学方面，鸭伪结核病多发生于幼龄鸭，而巴氏杆菌病则多发生于青年和成年鸭或鹅，可作为鉴别之二。此外，与沙门氏菌病、传染性浆膜炎、衣原体病的区别，请参考传染性浆膜炎中类症鉴别诊断相关内容的叙述。

【预防】

（1）疫苗免疫接种 目前使用的疫苗有禽霍乱灭活疫苗、禽霍乱氢氧化铝甲醛灭活疫苗、禽霍乱油乳剂灭活疫苗、禽霍乱蜂胶灭活疫苗、禽霍乱荚膜亚单位疫苗和禽霍乱弱毒疫苗等。肉鸭或肉鹅于 20～30 日龄免疫 1 次即可；蛋（种）鸭或鹅于 20～30 日龄进行首免，开产前半个月进行二免，开产后每半年免疫 1 次。

（2）被动免疫 可用猪源抗禽霍乱高免血清在鸭或鹅发病前做短期预防接种，每只鸭或鹅皮下或肌内注射 2～5 毫升，免疫期为 2 周左右。

（3）平时其他预防措施 不从发病鸭群或鹅群购入或引进鸭或鹅，不和病鸭和病鹅接触。加强饲养环境的清洁、消毒工作。及时淘汰禽多杀性巴氏杆菌的储存宿主（病鸭或病鹅及康复但仍携带病菌的鸭或鹅）和减少应激都是非常有效的控制本病的预防措施。

【治疗】

（1）加强隔离、消毒和紧急接种 封闭鸭（鹅）舍，隔离病鸭或病鹅；将死鸭或死鹅掩埋或焚烧，清理的粪便应堆肥发酵处理后运出；紧急接种禽霍乱荚膜亚单位苗或禽霍乱蜂胶灭活疫苗（每只鸭或鹅肌内注射2～3只份）。

（2）药物治疗 应根据细菌的药敏试验结果选用敏感抗菌药物。

① 磺胺类药物：磺胺二甲基嘧啶、磺胺二甲基嘧啶钠等混在饲料中用量为0.1%～0.2%，混在水中用量为0.04%～0.1%，连喂2～3天。

② 青霉素加链霉素：使用剂量是：体重0.5～1.5千克的鸭或鹅，各用5万～10万单位；体重1.5～3千克的鸭或鹅，各用10万～15万单位；体重3千克以上的鸭或鹅，各用20万～25万单位，混合后肌内注射，每天1次，连用3天。

③ 土霉素或四环素类药：按每千克体重40毫克，肌内注射，连用2～3天。或在饲料中添加0.05%～0.1%喂服，连用3～5天。

④ 阿莫西林（羟氨苄青霉素）：按每千克体重10～15毫克内服或肌内注射给药，每天2次。或者按每升水100～150毫克给药，现配现用，连用5天。

⑤ 复方大观霉素（复方壮观霉素）：按300千克水50克混饮，或与150千克饲料混饲，连用3～5天，重症药量加倍。

⑥ 中草药防治方一：穿心莲50克、石菖蒲50克、花椒100克、山叉苦50克、乌梅50克、山芝麻100克、大黄50克、金银花50克、黄柏50克、黄芩50克、野菊花100克、甘草30克，水煎取汁或混合粉碎，按1%混入饲料中投喂，连用2～3天。

⑦ 中草药防治方二：茵陈100克、半支莲100克、白花蛇舌草200克、大青叶100克、藿香50克、当归50克、生地150克、车前子50克、赤芍50克、甘草50克（为100只鸭或鹅3天的用量），水煎取汁，分3～6次饮服或拌入饲料，病重不食者灌服少量药汁。

⑧ 中草药防治方三：黄连解毒汤加减：黄连20克、黄芩20克、黄柏20克、栀子20克、薄荷30克、菊花30克、石膏30克、柴胡30克、连翘30克，煎汁拌料饲喂，幼龄鸭或鹅每只每次0.5～0.8克，成年鸭或成年鹅每只每次1.0～1.5克，每天2次，连服2～3天。

⑨ 中草药防治方四：藿香30克、黄连30克、苍术60克、大黄30克、黄芩30克、乌梅60克、厚朴60克、黄柏30克、板蓝根80克。除了大黄、乌梅分别研末另包外，余药共研细末，混匀将药末拌入饲料内喂服。每只

成年鸭或成年鹅治疗药为每次1～1.5克，预防量减半，每天2次。病初用大黄不用乌梅，若发现已腹泻3天后，用乌梅不用大黄。预防时，大黄、乌梅同用。

其他防治方案可参考传染性浆膜炎、大肠杆菌病、沙门氏菌病等的治疗方案。

【诊治注意事项】 ①禽巴氏杆菌的抗原结构很复杂，商品性或非商品性的疫苗只能针对同型菌株提供较为满意的免疫保护，而对异型菌株的攻击则没有或极少交叉免疫保护，这是禽霍乱菌苗免疫不能令人满意的主要原因之一；在注射疫苗的同时，分点肌内注射青霉素加链霉素，但千万注意别把青霉素和链霉素加入疫苗中一起注射，因为病禽注射疫苗后3～4天可产生免疫力，而青霉素和链霉素注射很快起作用，这一方案的效果甚佳。②磺胺嘧啶和磺胺噻唑的疗效则差些，大剂量（0.5%）的磺胺连用3天以上则有毒性作用，影响鸭或鹅的食欲，随后将发生肉鸭或肉鹅增重慢，蛋鸭或蛋鹅产蛋量下降等，磺胺类药物若同增效剂混用（按5:1混合），则可降低磺胺用量为0.025%，可服用较长时间；为巩固疗效和防止用药后病情反弹，建议在用药后，鸭群或鹅群死亡减少或停止时，不要马上停药，应再用2～3天药，停2～3天，再用2天预防剂量的药。③防控巴氏杆菌病单靠疫苗或药物的观点是不全面的，明智的做法是采用综合性的防控措施，即认真搞好卫生，防止病原的侵入；加强饲养管理，提高鸭或鹅的抗病能力；及时注射疫苗，建立鸭群或鹅群的免疫保护；及时进行药敏试验，合理使用药物，防止并发症等。

三、大肠杆菌病

大肠杆菌病（colibacillosis）是指由致病性大肠杆菌引起鸭或鹅全身或局部感染的一种细菌性传染病，在临床上有脐炎、眼结膜炎、气囊炎、心包炎、败血症、关节炎、生殖道感染等主要特征。大肠杆菌在自然界中分布极广，凡是有哺乳动物和禽类活动的环境，其空气、水源和土壤中均有本菌的存在。各种血清型的大肠杆菌是人和动物肠道内的定居菌群，具有全球分布性。本病是水禽较为常见的疾病之一。

【病原】 病原是埃希氏大肠杆菌，为大肠杆菌科埃希氏菌属的代表种。大肠杆菌根据三种抗原（O、K、H）来进行血清分型，用O：K：H排列来表示其血清型。大肠杆菌为兼性厌氧菌，革兰氏染色阴性，在麦康凯琼脂上形成的菌落呈亮红色，在伊红亚甲蓝琼脂上形成黑色带金属光泽的菌落。大肠杆菌能在肉汤中迅速生长产生混浊。一些致病菌株在绵羊血平板上呈β-溶血。鸭或鹅常见的致病性血清型有O_1、O_2、O_6、O_7、O_8、O_{19}、O_{45}、O_{73}、O_{78}等。

【流行特点】 从胚胎到成年种（蛋）鸭或鹅，各日龄均可发生感染，但以2~6周龄的鸭或鹅多见。其感染发病率和死亡率与日龄、饲养管理不当、禽舍潮湿、环境卫生差等因素密切相关，发病率一般为5%~30%，在商品鸭或鹅中死亡率可高达50%，成年鸭或成年鹅主要以生殖道感染和腹膜炎比较多见，表现为零星死亡。大肠杆菌大量存在于动物肠道和粪便内，可通过直接或间接接触及粪便传播，还可通过消化道、呼吸道、伤口、生殖道、种蛋污染等途径感染和传播。种蛋污染可造成孵化期胚胎死亡和雏鸭或雏鹅早期感染死亡。患病水禽和带菌水禽是本病的主要传染源。本病一年四季均可发生，幼龄鸭或鹅以温暖潮湿的梅雨季节多发，而舍饲的肉用鸭或鹅则以寒冷的冬春两季多见。

【临床症状】

（1）卵黄囊炎和脐炎型 胚胎期感染表现为死胚增加。雏鸭或雏鹅多在3日龄以内发病，表现为腹部膨大，脐部发炎（大肚脐）、肿胀，有的脐孔破溃（图2-26）。患病雏鸭或雏鹅精神沉郁，喜卧，行动迟缓和呆滞，食欲不振或废绝，饮水少，常在发病后1~3天死亡。

（2）眼炎型 眼炎型常见于1~2周龄的幼龄鸭或鹅。病鸭或病鹅眼结膜发炎、流泪（图2-27），有的角膜混浊，眼角常有脓性分泌物，严重者出现封眼，逐渐消瘦，衰竭死亡。

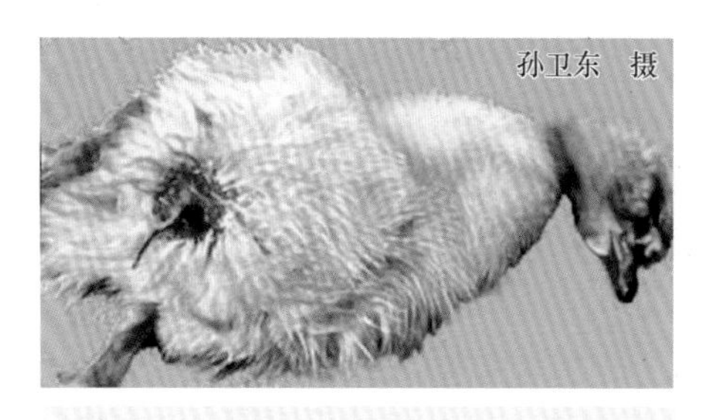

图2-26 病鸭脐部发炎、肿胀，脐孔破溃

图2-27 病鹅眼结膜发炎、流泪，眼角有分泌物

（3）脑炎型　脑炎型多见于10～50日龄的鸭或鹅。病鸭或病鹅食欲减退或废绝，死前扭颈，抽搐（图2-28）。

（4）关节炎型　病雏一侧或两侧跗关节或趾关节炎性肿胀，跛形，运动受限，吃食减少，常在3～5天衰竭死亡。

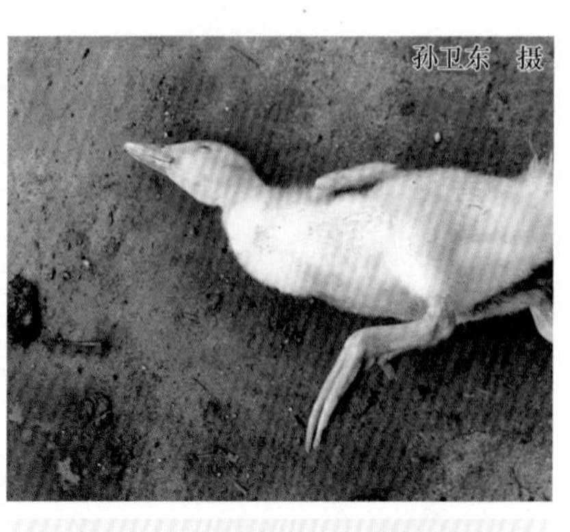

图2-28　患脑炎型大肠杆菌病的鸭死前扭颈，抽搐

（5）败血型　败血型可见于各种日龄的鸭或鹅，但以1～2周龄的幼龄鸭或鹅较为多见。最急性的常无任何临床症状而突然死亡；急性的常突然发病，精神委顿，食欲不振，渴欲增强，腹泻，喜卧，不愿活动。有的伴有呼吸道症状。病程为1～2天。

（6）浆膜炎型　浆膜炎型多见于2～6周龄的鸭或鹅。患病鸭或鹅精神委顿，食欲不振或废绝，出现气喘、咳嗽、甩头等呼吸道症状，眶下窦肿胀（图2-29），眼结膜和鼻腔常有分泌物（图2-30），缩颈垂翅，羽毛蓬松。本病常发生腹泻，泄殖腔周围羽毛沾有稀粪（图2-31），脚蹼失水干燥。少数病例腹部膨大、下垂、行动迟缓，触诊腹部有波动感。

图2-29　病鸭眶下窦肿胀

图2-30　病鹅的鼻腔有较多的黏性分泌物

（7）中耳炎型　临床上中耳炎型较为少见。患病鸭或鹅精神委顿，食欲不振或废绝，耳外有大量黏脓性分泌物（图2-32）。

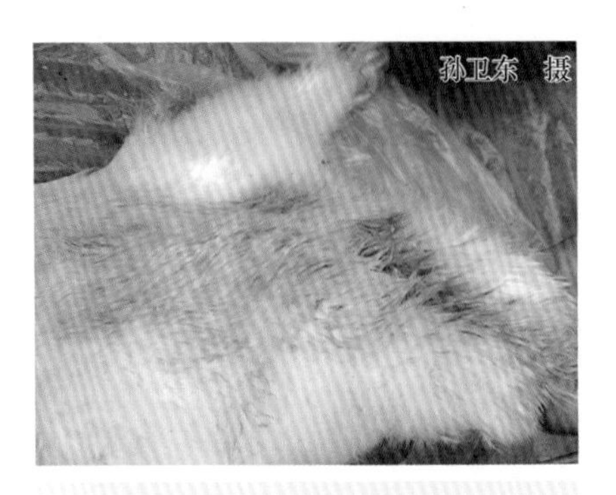

图 2-31 病鸭腹泻，泄殖腔周围羽毛沾有稀粪

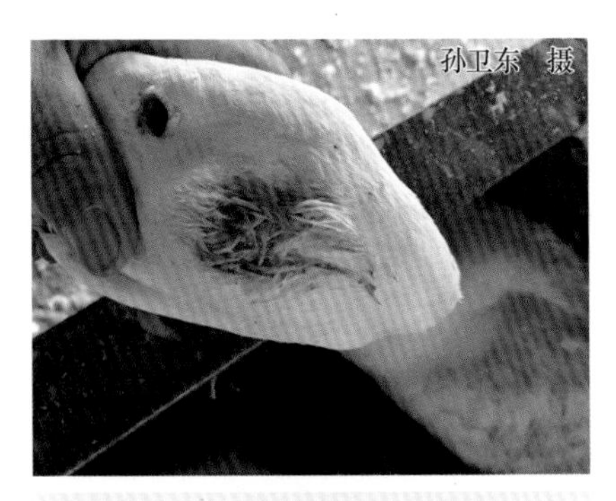

图 2-32 病鸭耳外有大量黏脓性分泌物

【剖检病变】 剖检感染死胚见胚胎尿囊液混浊（图 2-33），卵黄稀薄。死于卵黄囊炎和脐炎的幼龄鸭或鹅，剖检见卵黄囊膜水肿、增厚，卵黄稀薄、腐臭，呈污褐色或混有凝固的豆腐渣样物质（图 2-34），有的见卵黄吸收不良，卵黄囊表面血管充血。患眼炎型病死的雏鸭或雏鹅，剖检可见眼结膜肿胀，气囊轻度混浊。死于急性败血症的鸭或鹅，心包常有积液，心冠脂肪及心外膜有出血点。死于脑炎的鸭或鹅，剖检见脑膜血管充血，脑实质有点状出血。患眼炎、脑炎、败血症的病死鸭或鹅还可见肝脏肿大，胆囊扩张、充盈，肠道黏膜呈卡他性炎症。死于关节炎的鸭或鹅，剖检见跗关节或趾关节炎性肿胀，内有纤维素性或混浊的关节液。死于浆膜炎的鸭或鹅，其浆膜上往往有纤维素性膜覆盖（图 2-35），有的病例可见心包表面有一层灰白色或浅黄色纤维素性膜覆盖（图 2-36）；气囊混浊，有浅黄色纤维素性膜覆盖（图 2-37）；肝脏肿大，表面有灰白色或浅黄色纤维素性膜覆盖（图 2-38），病程短的纤维素性渗出物易剥离（图 2-39），

图 2-33 感染鹅胚死亡，尿囊液混浊

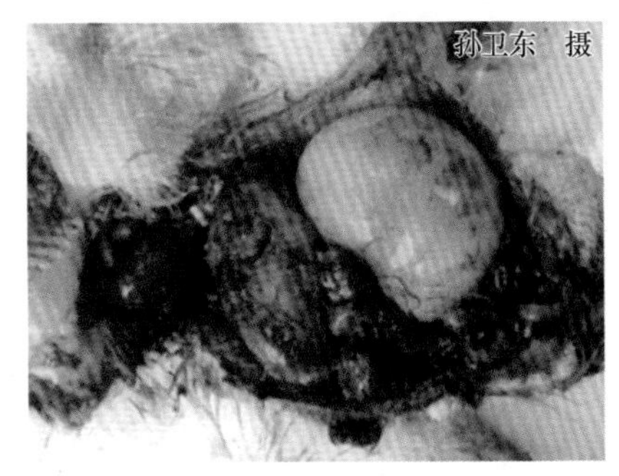

图 2-34 病例卵黄变性、凝固

病程长的则不易剥离。有的病例肝脏伴有坏死灶，病程较长的病例的腹腔内有浅黄色腹水（图2-40），肝脏质地变硬。

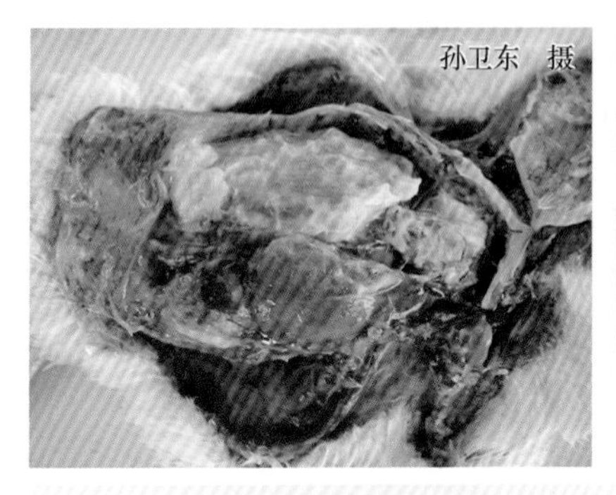

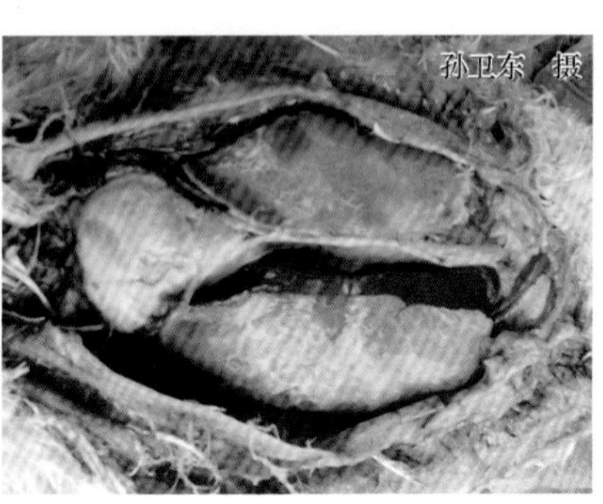

图2-35 患病鸭（左）、鹅（右）浆膜上有纤维素性膜覆盖

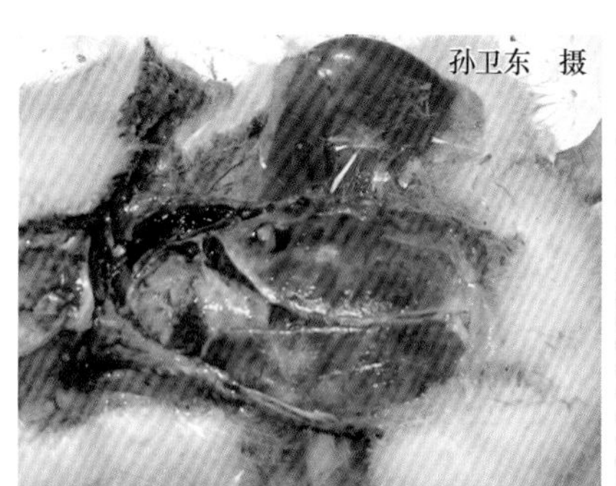

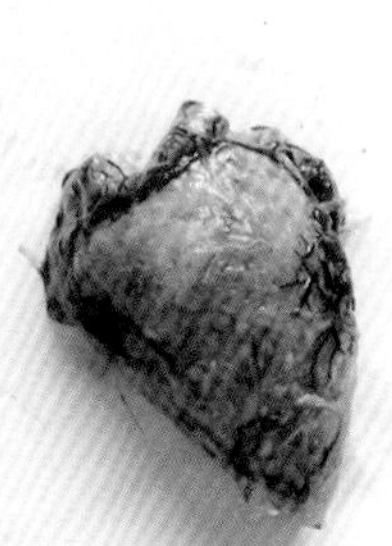

图2-36 患病鸭（左）、鹅（右）心包上有纤维素性膜覆盖

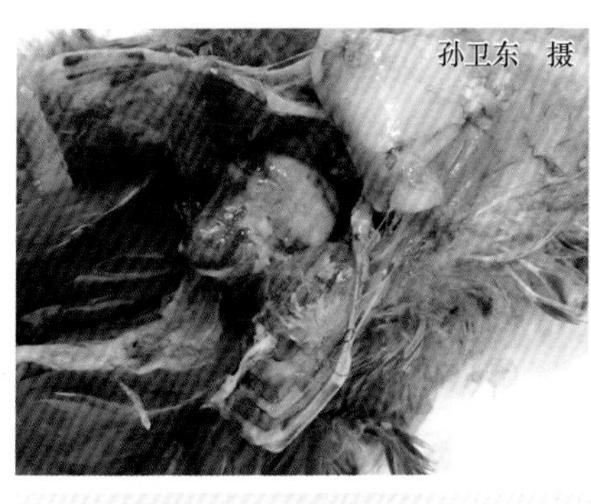

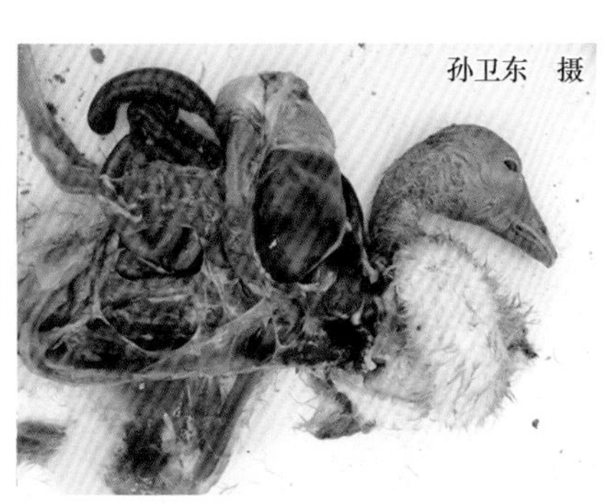

图2-37 患病鸭（左）、鹅（右）胸腹气囊上有纤维素性膜覆盖

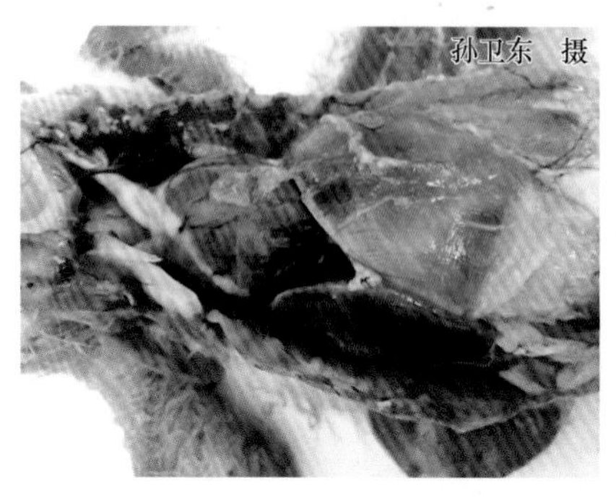

图 2-38　患病鸭（左）、鹅（右）肝脏被膜上有纤维素性膜覆盖

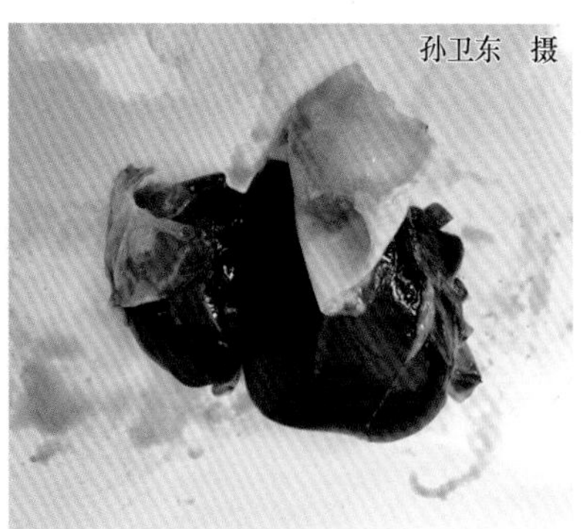

图 2-39　患病鸭（左）、鹅（右）肝脏上的纤维素性膜易剥离

图 2-40　病鸭腹腔内有浅黄色腹水

【诊断】

（1）临床诊断 根据流行特点、临床症状和病理变化可做出初步诊断。

（2）实验室诊断 细菌的分离、培养和鉴定。

（3）类症鉴别诊断 临床上对鸭大肠杆菌病的诊断应注意与沙门氏菌病、鸭传染性浆膜炎、鸭衣原体病等相区别。请参考鸭传染性浆膜炎中类症鉴别诊断相关内容的叙述。

【预防】

（1）疫苗免疫接种 疫苗免疫接种是预防鸭或鹅大肠杆菌病的重要手段之一，但由于大肠杆菌的血清型多而复杂，在水禽生产中也应考虑使用大肠杆菌多价油乳剂灭活苗或自家苗，商品肉鸭或肉鹅可选用鸭传染性浆膜炎、大肠杆菌病二联蜂胶灭活疫苗等。建议参考免疫程序：①雏鸭或雏鹅于7～10日龄进行首免，每只颈部皮下注射0.5毫升，肉鸭或肉鹅免疫1次即可。②种鸭或种鹅于7～10日龄进行首免，2月龄进行二免，每只肌内注射1毫升，产蛋前15～20天进行三免，每只注射1.5毫升，以后每隔半年免疫1次，每只2毫升。

（2）保持饮水和放牧水域的洁净 加强饮水的卫生监测，定期在饮水中加入含氯量0.125%的次氯酸钠溶液。保持戏水池中的水定期更换和消毒；对于利用水塘（水库）、河流、鱼塘等的养殖场（户）在枯水季节应注意补水，并做好水域的消毒，确保鸭或鹅接触的水的质量；对于放牧的鸭或鹅，应远离被污染的水域放牧。

（3）加强饲养管理 注意孵化厂和种蛋的卫生消毒，避免种蛋遭受病原菌的污染，对防控大肠杆菌病起着关键性的作用。保证鸭舍或鹅舍通风良好，饲养密度合理，在育成期和产蛋期还要有大于室内面积1/3以上的室外运动场。饲喂优质、无污染、无霉变的全价饲料。保持鸭舍或鹅舍干燥，及时清粪，地面育雏时要勤换垫料（草）。搞好鸭舍或鹅舍的常规消毒工作，并持之以恒。定期灭鼠。采取全进全出的饲养方式。严禁外来人员接触禽群。

（4）药物预防 药物预防有一定的效果，一般在雏鸭或雏鹅出壳后开食时，在饮水中加入庆大霉素，剂量为0.04%～0.06%，连饮1天，然后在饲料中添加微生态制剂，连用7～10天。

【治疗】

（1）加强隔离和消毒 封闭鸭舍，隔离病鸭。将病死鸭必须在指定的地点剖检、焚烧或做其他无害化处理。清理的粪便应堆积发酵处理后运出。

（2）药物治疗 由于大肠杆菌极易产生耐药性，因此在临床治疗时，应根据所分离细菌的药敏试验结果选择高敏药物；在未做药敏试验之前，可先选用本场、本地区过去少使用的药物治疗。要定期更换用药或几种药物交替使用，以防产生耐药性菌株。

① 庆大霉素：按每千克体重3000~5000单位计算，肌内注射，每天2次，连用3天；或按每2万~4万单位兑1升水，连饮2~3天。也可选用硫酸卡那霉素针剂，按每千克体重5~7.5毫克，肌内注射，每天1次；拌料15~30毫克/千克，饮水30~120毫克/升，连用2~3天。

② 盐酸沙拉沙星：按10克兑100千克水，10克拌40千克料，连用2~3天。也可选用25%恩诺沙星注射液，按每千克体重0.2毫升肌内注射，每天1次，连用3天。

③ 氨苄西林钠+舒巴坦钠（效价比2∶1）：按每千克体重10毫克（以氨苄西林计），一次肌内注射，每天2次，连用3天。也可选用氨苄西林，按每千克体重10~25毫克，一次内服，或者按药品说明书剂量肌内注射，每天1次，连用3天；或者用阿莫西林，按每千克体重10~15毫克，一次内服，每天2次，连用3天。

④ 盐酸多西环素（土霉素、金霉素、四环素等）：按每升水加50~100毫克饮用，连用3~4天。也可选用硫酸安普霉素（阿普拉霉素），按每升水250~500毫克饮用，连用5天；或盐酸大观霉素，按每升水500~1000毫克饮用，连用3~5天。

⑤ 磺胺甲基嘧啶和磺胺二甲基嘧啶：将两者混在饲料中投喂，用量为0.2%~0.4%，连用3天，再用量减半用1周。0.05%~0.1%磺胺喹噁啉也有较好的效果，连用2~3天后，停药2天，再用量减半用2~3天。也可选用磺胺甲基嘧啶与复方新诺明（0.3%拌料饲喂）。

⑥ 氟苯尼考（氟甲砜霉素）或甲砜霉素：按每千克体重20~30毫克，一次内服，每天2次，连用3~5天。

⑦ 新霉素：按10克兑50千克水，或每千克体重35~70毫克饮水，连用1~2天。

⑧ 中草药防治方一：三黄汤，黄连1份、黄柏1份、大黄0.5份，每天每只每次0.5~1.0克，拌料或饮水，连服3~5天。注意：也可选用加味三黄汤，黄连30克、黄芩30克、大黄20克、穿心莲30克、苦参20克、夏枯草20克、龙胆草20克、连翘20克、二花15克、白头翁15克、车前子15克、甘草15克，加水煎至10千克，去掉药渣，将药液加水40千克稀释后，供250只鸭自由饮用。也可将药烘干粉碎，按1%混料饲喂，连用3天。

⑨ 中草药防治方二：雄连散，黄连、黄芪、金银花、大青叶、雄黄等适量，每天每千克体重1.0～2.0克，拌料或饮水，连用3天。

⑩ 中草药防治方三：黄芩散，由黄芩、双花、板蓝根、栀子、山药、黄连、女贞子、丹皮、麻黄、杏仁、秦皮、地榆、乌梅、黄芪、甘草、赤芍、白术、半夏等组成。按一定比例取各药，制成每毫升含生药1克的药液，每天每只鸭灌服2毫升，连用3天，预防可减半用药量。

其他防治方案可参考传染性浆膜炎、鸭沙门氏杆菌病、鸭巴氏杆菌病等的治疗方案。

【诊治注意事项】①鸭或鹅首免后15天才能产生免疫力，故在产生免疫力之前，鸭或鹅应尽量避免接触被污染的水源，或每2～3天在饲料中投1次抗菌药物。②管理好种蛋，对控制大肠杆菌病的垂直传播起着重要的作用。及时拣蛋，种蛋在垫料上的停留时间不超过30分钟；种蛋一旦被粪便或其他污物所污染，若时间不长，可用被消毒液浸湿的毛巾擦干净，再浸入0.002%高锰酸钾溶液中1分钟，不用擦干，而是任其自然晾干放入储蛋室；倘若污染严重、时间长，特别是被雨水或其他来源的水喷湿的蛋，不能用作孵化，应及时废弃；蛋库要求温度保持在8～12℃，经常消毒，种蛋存放时间不能超过7天。③鸭或鹅放牧的水塘，可结合鱼病防治进行消毒；种鸭或种鹅经药物治疗以后，可给喂服高质量、含菌量高的微生态制剂。④近年来，在一些地区10～50日龄的番鸭、半番鸭、蛋鸭、后备鸭和家养野鸭发生大肠杆菌性脑炎（脑炎型大肠杆菌病），在数天内迅速波及全群，其发病率为80%～95%，死亡率达50%以上，其流行面有不断扩大的趋势，并且治疗效果不理想，应引起养殖者的注意。

四、鹅传染性腹膜炎

鹅传染性腹膜炎（infectious peritonitis in geese）又称鹅蛋子瘟、传染性卵黄性腹膜炎或鹅大肠杆菌性生殖器官病，是产蛋母鹅在产蛋期间发生的以输卵管发炎、卵泡破裂、卵子变形或变性为特征，最终导致弥漫性、卵黄性腹膜炎的一种细菌性传染病。病鹅治愈后往往失去种用价值，给养殖者造成较大的经济损失。

【病原】病原是某些致病血清型的大肠杆菌，常见的血清型有O_2K_{89}、O_2K_1、O_7K_1、$O_{141}K_{85}$、O_{39}等。从病鹅的变性卵子、腹腔渗出物及公鹅外生殖器官病灶中均可分离到病原菌。

【流行特点】本病发生于产蛋期的公鹅和母鹅，往往在产蛋初期或中期开始，贯穿整个产蛋期，发病率可达25%以上，死亡率在15%左右。病鹅所产种蛋的受精率和出雏率明显降低。通过带菌公鹅与产蛋母鹅交配传染是本病的主要传播途径。当母鹅停止产蛋后，本病的流行即终止。

【临床症状】

(1) 母鹅 病初表现为精神沉郁，食欲减退或废绝，独居或在水面漂浮，产软壳蛋或畸形蛋，产蛋率直线下降，泄殖腔周围的羽毛上沾有污物。最具特征的是，排泄物中混有黏性蛋白状物及凝固的蛋白和卵黄小凝块。到后期食欲废绝，消瘦，产蛋停止，腹部膨大，眼球凹陷，脱水，行走困难，最后衰竭死亡。

(2) 公鹅 主要症状是阴茎严重充血，肿大2~3倍，螺旋状的精沟难以被看清，其表面有大小不等的黄色脓性或干酪样结节；有的阴茎踝露体外不能缩回，剥除结痂呈出血性的溃疡面，失去配种能力。多数公鹅在泄殖腔周围也有同样的结节。

【剖检病变】 病死的母鹅常见眼球下限，喙端发绀。最主要的病变发生在生殖器官，有的病例的输卵管外观极度膨大（图2-41），蛋白分泌部有大小不等的凝固蛋白团块滞留（图2-42），输卵管的其他部位含有凝固的卵黄或蛋白块，或有干瘪的蛋壳。在一些急性病例中，有的病例出现成熟卵泡破裂，腹腔内充满带有浅黄色卵黄碎片的液体（图2-43），或形成卵黄性腹膜炎（图2-44）；有的病例出现卵泡变形、变性（图2-45）。输卵管黏膜充血（图2-46），输卵管黏膜和伞部有针尖大小的出血点，输卵管的不同部位有黄色或浅黄色纤维素性渗出物附着（图2-47）。公鹅的病变局限在外生殖器官部分，表现为阴茎表面有芝麻或绿豆大小的结痂，剥去结痂为溃疡灶，其他器官均无异常。

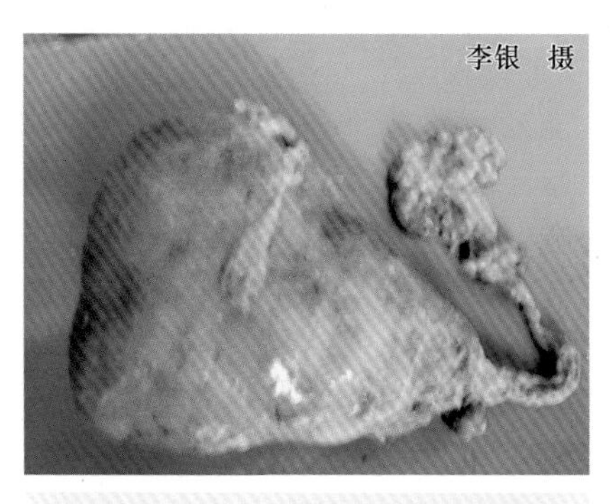

图2-41 病种鹅的输卵管极度膨胀

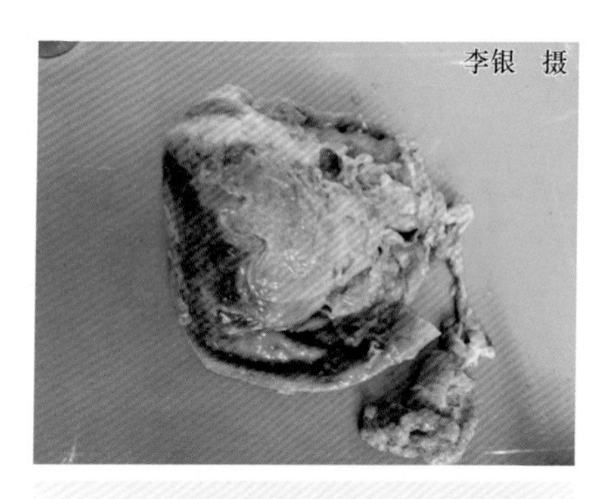

图 2-42　病种鹅极度膨大的输卵管内有凝固蛋白团块滞留

图 2-43　病种鹅的成熟卵泡破裂后腹腔内有带浅黄色卵黄碎片的液体

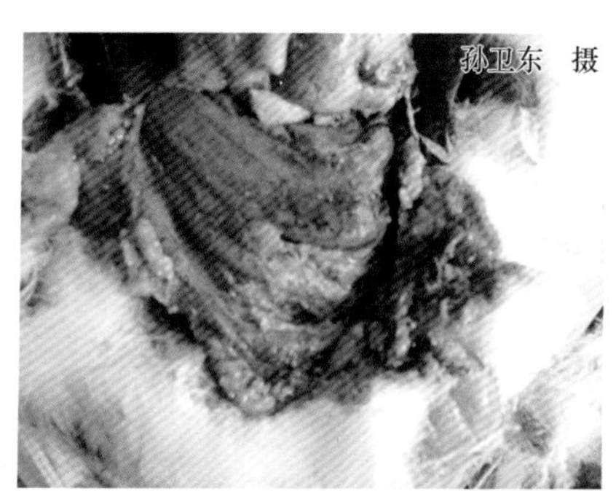

图 2-44　病种鹅的卵泡破裂后形成卵黄性腹膜炎

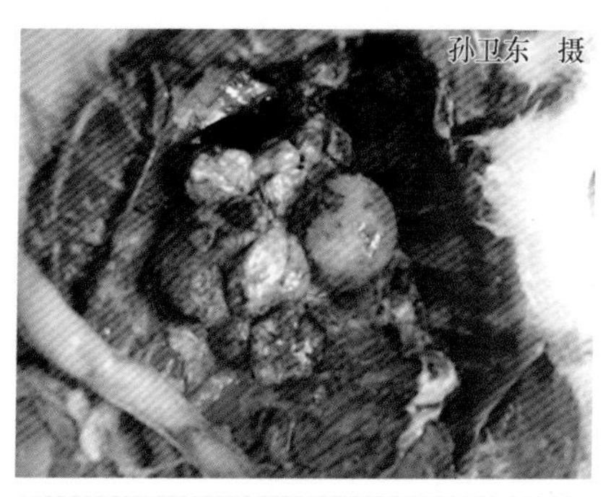

图 2-45　病种鹅的卵泡变形、变性

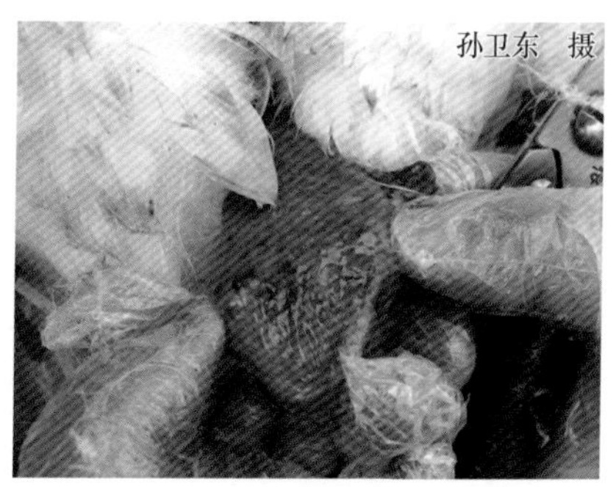

图 2-46　病种鹅的输卵管黏膜充血、出血

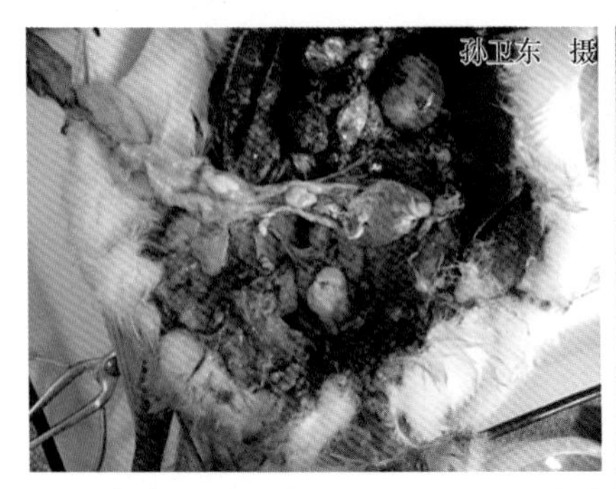

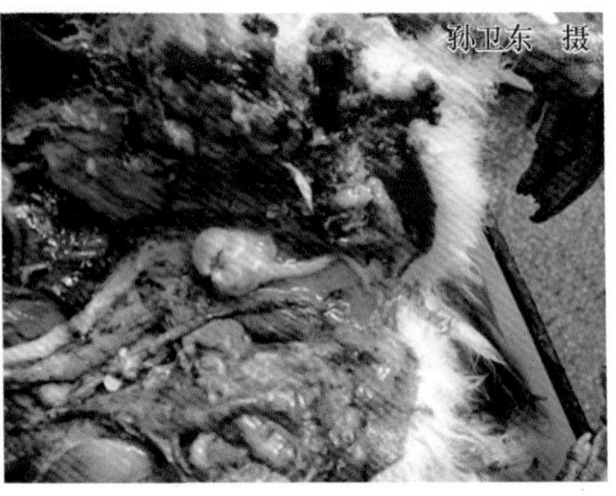

图 2-47 病种鹅输卵管的不同部位有黄色或浅黄色纤维素性渗出物附着

【诊断】

（1）临床诊断 一般根据临床症状，结合病鹅卵巢、输卵管等特征性病理变化即可做出初步诊断。

（2）实验室诊断 据病原分离、涂片镜检、生化试验、动物回归试验的结果确诊。

【预防】

（1）适时接种疫苗 在种鹅产蛋前15天注射疫苗可有效预防本病的发生。对已发病的鹅群做紧急预防接种，注射疫苗7天后，可有效控制本病的流行。

（2）精选鹅群，分群饲养 从流行病学调查的结果看，本病主要发生于产蛋期，也就是说从性成熟开始交配时发生本病，说明本病的传染途径主要通过交配。因此，鹅群在产蛋前半个月，在注射鹅传染性腹膜炎疫苗的同时要检查公鹅的生殖器官，凡是阴茎红肿或带有结痂的立即淘汰。母鹅泄殖腔周围潮湿，并带黏稠粪便的也要淘汰。种鹅要按公母比为1∶5的比例分群饲养，每群20只左右，既可提高种蛋的受精率，又能有效防止和控制鹅传染性腹膜炎的传播。

（3）选好场址是养好种鹅的关键 种鹅场应选择背风向阳且靠近河流、水库及水草丰盛的地方，水面应有一定的宽度和深度，最好是流动的河水，不能流动的水面深度应在1.5米以上，要防止被污染的水流入其中。若找不到合适的自然水面，可人工建造水池，一般水池宽3米，深0.6米，长度可根据场地情况灵活掌握，建议：水池不要建在地下，池底要高出地平面，两侧留出放水口，能注能排，排空后有利于消毒，始终保持水质清洁无污染。

【治疗】 将病鹅及疑似病鹅全部隔离饲养，将生殖器官有病变的公鹅和症状严重的母鹅及早淘汰。对鹅舍、用具用百毒杀或癸甲溴氨喷洒消毒，用生石灰粉对地面消毒，每天1次，连续5天；调整饲养密度，保持鹅舍通风良好，空气新鲜，温度适宜；对产生的粪便进行堆积发酵，对死鹅全部做无害化处理。在药敏试验的基础上选用下列药物进行治疗。

（1）对病情较轻的病鹅 采用土霉素拌料，每50千克饲料中加200克，预防量减半，连用3～5天；或氟苯尼考，每千克体重20～30毫克拌料（或每100克氟苯尼考兑水800千克，自由饮用），连用3～5天；或多西环素（强力霉素），每千克体重5～10毫克拌料，连用3～5天。

（2）对病情较重的病鹅 采用每只肌内注射硫酸链霉素10万单位，每天2次，连续5天；或每只肌内注射庆大霉素4万单位，每天2次，连续5天。

（3）中药疗法 ①取地榆80克，白头翁100克，金银花75克，黄芩70克，黄柏70克，连翘70克，白芍60克，栀子60克，黄连40克。加水5000毫升，煮沸后再用文火煮半小时，滤取药液，给200只鹅平分灌服，1天2次，每付药煎2次，连用3～5天。②取黄连20克、黄芩30克、黄柏30克、白头翁30克、紫花地丁30克、板蓝根30克、穿心莲20克、赤芍40克、藿香20克、雄黄5克、木通50克、知母30克、甘草30克、混合粉碎按1%比例混合饲料喂3～5天，对病情较重的也可一次煎水供鹅自饮，连用3～5天。

五、沙门氏菌病

沙门氏菌病（salmonellosis）又称水禽副伤寒，是由沙门氏菌属中的一些在血清学上有关系的种引起鸭、鹅的一种急性或慢性传染病。沙门氏菌病在世界上分布广泛，几乎所有养鸭和鹅的国家都有发生，是水禽的常见病。本病的病原菌可以传染给人，有可能引起食源性沙门氏菌中毒。

【病原】 病原属于肠杆菌科沙门氏菌属成员，血清型众多，其中鼠伤寒（大约占50%）、海德堡和肠炎沙门氏菌是主要的血清型。沙门氏菌为革兰氏阴性短杆菌，能在普通培养基、麦康凯平板（白色菌落）和SS琼脂平板上（黑色菌落）生长，在三糖铁斜面中培养后，上层培养基呈红色，下层培养基呈黄色并有局部黑色，培养基中有气泡。

【流行特点】 本病的发生常为散发性或地方流行性，不同品种和日龄的鸭或鹅均可感染发病，但临床上以3周内的幼龄鸭或鹅最易感，常发生急性败血症死亡，死亡率为10%～20%，严重者在80%以上。随着日龄

的增长，鸭或鹅对本病的抵抗力随之增强，3 月龄以上的鸭或鹅很少发病，但感染鸭或鹅多成为带菌者，其肠道内、种蛋外壳、种蛋内均长期带菌。患病和带菌的鸭或鹅及带菌种蛋是本病的主要传染源。本病的传播途径较多：一是垂直传播，包括直接经卵传播或附着在蛋壳上在孵化器内散播；二是经被污染的饲料传播（饲料中的鱼粉、肉粉或骨粉等可能含有沙门氏菌）；三是其他动物与人类的传播，许多动物特别是鼠类可成为健康的带菌者，从粪便中排出大量的病菌，污染鸭或鹅的饲料而造成传播，人类的传播多为机械性的传播。鸭舍或鹅舍的不良卫生状况和饲养管理不良时会增加本病的发病率和死亡率。

【临床症状】 根据感染鸭或鹅的不同日龄大致可分为急性和慢性 2 种类型。

（1）急性型 常发生在 3 周龄以内的幼龄鸭或鹅，尤其是雏鸭。1 周龄以内的患病鸭或鹅大多由带菌种蛋引起，也有部分是在孵化厂感染的。急性病例常不显任何症状，迅速死亡。多数病例表现为脐炎，腹部膨大，颤抖，喘气，眼半闭，缩颈垂翅，不愿走动，食欲减退或废绝，饮水增加，腹泻，粪便为绿色或浅绿色，有的为黑褐色糊状，泄殖腔周围的羽毛被粪便污染（图 2-48）。病鸭或病鹅常于数日内因脱水衰竭死亡或相互挤压而死。

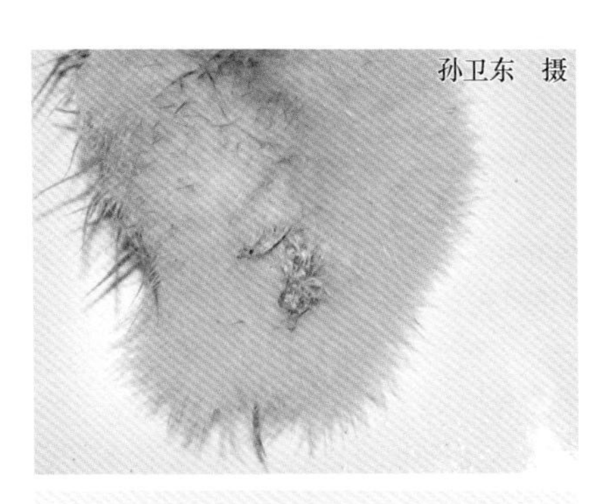
孙卫东 摄

图 2-48 病鸭腹泻，泄殖腔周围的羽毛被粪便污染

（2）慢性型 常发生在 1 月龄左右的幼龄鸭或鹅，表现为精神不振，食欲降低，粪便软稀；严重时腹泻带血，逐渐消瘦，羽毛松乱，也有喘气、关节肿胀、跛行等症状。通常死亡率不高，患病的鸭或鹅成为带菌者，当与其他病，如病毒性肝炎、大肠杆菌病或鸭巴氏杆菌病等并发或继发感染

时，可使病情加重，导致死亡。成年鸭或鹅一般无临床症状。

【剖检病变】 1周龄以内的幼龄鸭或鹅的主要病变是脐部炎症和卵黄吸收不良，卵黄黏稠，色深；肝脏稍种，有瘀血。2～3周龄的病死幼龄鸭或鹅，常见肝脏肿胀，呈古铜色（图2-49），表面常有散在的灰白色坏死点（图2-50）；胆囊肿大，充盈胆汁；脾脏明显肿大，有时出现针尖大的坏死点或呈斑驳花纹状（图2-51）；肠壁有灰白色坏死点，肠黏膜轻度出血，部分节段出现变性或坏死，盲肠内有干酪样物质形成的栓子（图2-52），剪开肠道见糠麸样渗出物（图2-53）；有的病例出现气囊混浊，常有浅黄色纤维素性渗出物附着（图2-54）。有的病程较长的病例常出现心包炎、肝周炎及气囊炎（图2-55）；肾脏色浅，肾小管内常有尿酸盐沉着。产蛋鸭或鹅可见卵子变形、变性，部分卵泡充血（图2-56）。

图2-49　患病鸭（左）和鹅（右）肝脏肿胀，呈古铜色

图2-50　病鸭肝脏肿胀，表面有散在的灰白色坏死点

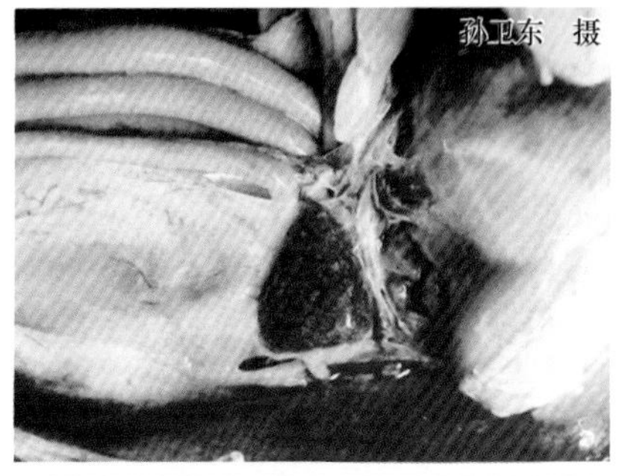

图2-51　病鸭脾脏肿大，出现针尖大的坏死点或呈斑驳花纹状

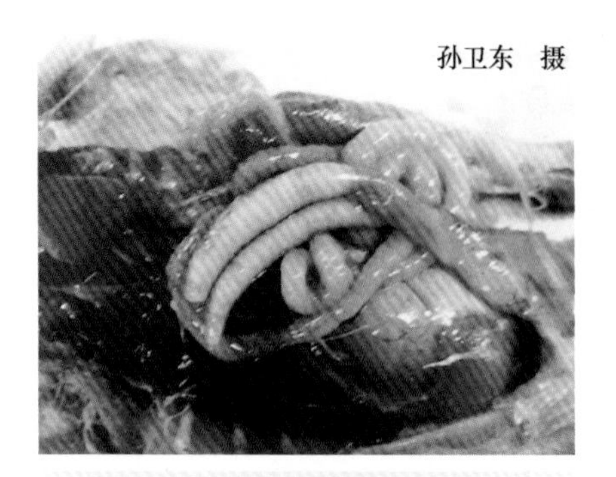

图 2-52　盲肠内有干酪样物质形成的栓子

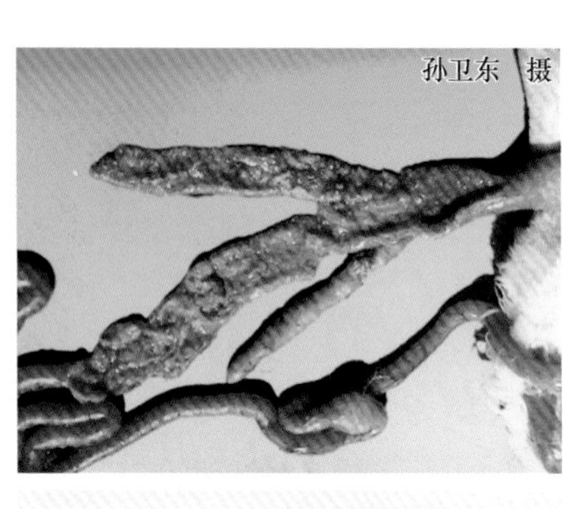

图 2-53　病鸭肠道黏膜有糠麸样渗出物

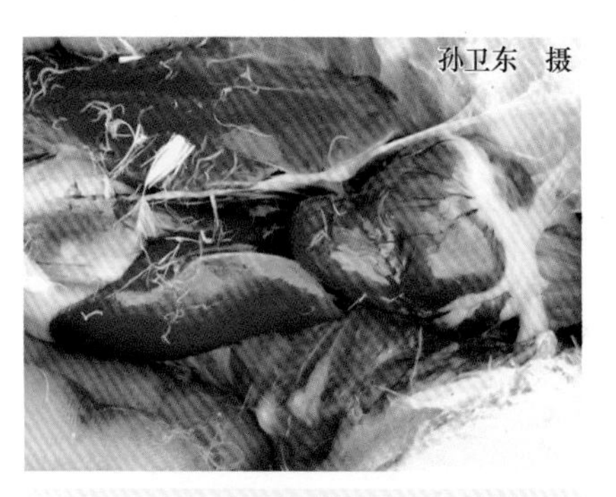

图 2-54　病鸭气囊混浊，有浅黄色纤维素性渗出物附着

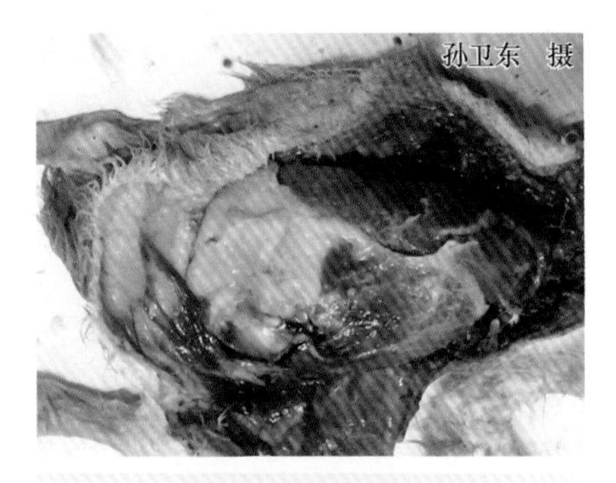

图 2-55　病鹅出现心包炎、肝周炎及气囊炎

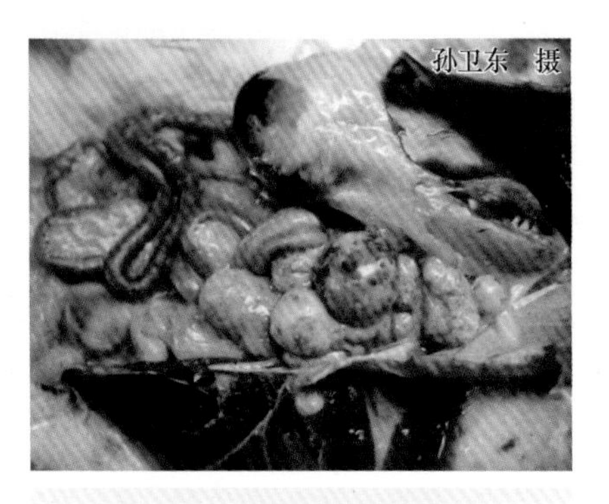

图 2-56　产蛋鹅见卵子变形、变性，部分卵泡充血

【诊断】

（1）临床诊断　根据本病的流行特点、临床症状和剖检病变可做出初步诊断。

（2）实验室诊断　细菌的分离和培养、生化试验、血清学诊断、动物回归试验等。

（3）类症鉴别诊断

1）与鸭呼肠孤病毒病的鉴别诊断。鸭呼肠孤病毒病病变中在肝脏和肠壁上出现大量灰白色的坏死点与鸭沙门氏菌病有相似之处，但患鸭呼肠孤病毒病的鸭还有脾脏、胰腺及肾脏的灰白色坏死点，而患沙门氏菌病的鸭的肝脏常呈古铜色，肠黏膜呈糠麸样坏死，可作为鉴别之一。用病鸭的肝脏接种麦康凯平板，鸭呼肠孤病毒病无细菌生长，而鸭沙门氏菌能长出白色菌落，可作为鉴别之二。

2）与鸭“白点病”的鉴别诊断。鸭“白点病”病变中的肝脏和肠壁上出现大量灰白色的坏死点与鸭沙门氏菌病有相似之处，但鸭“白点病”常伴有肠黏膜出血及出血环而患沙门氏菌病的鸭的肝脏常呈古铜色，肠黏膜呈糠麸样坏死，可作为鉴别之一。用病鸭的肝脏接种麦康凯平板，鸭“白点病”无细菌生长，而鸭沙门氏菌能长出白色菌落，可作为鉴别之二。

此外，与鸭巴氏杆菌病、鸭传染性浆膜炎、鸭大肠杆菌病、鸭衣原体病等相区别，其内容请参考传染性浆膜炎病中类症鉴别诊断的叙述。

【预防】

（1）疫苗的免疫接种　目前国内尚未见商品化的疫苗面世，国外曾介绍用结晶紫明矾疫苗预防鸭沙门氏菌病，保护率可达70%～100%，也有使用福尔马林灭活疫苗，在出壳后1天的雏鸭颈部皮下或胸肌注射0.2毫升，10天后按同样的剂量进行第2次注射。种鸭在产蛋前1个月注射1毫升，隔8～10天后再注射第2次，可以使抗体进入蛋内传递给雏鸭，使雏鸭出壳后20～25天获得天然被动免疫力。

（2）平时的综合性防治措施　首先应加强和改善养殖场的环境卫生，饲槽、水槽、鸭（鹅）舍、产蛋窝、运动场、水域等应经常消毒，保持清洁。幼龄鸭或鹅必须与成年鸭或鹅分开饲养，防止间接或直接接触传染。其次要加强鸭群或鹅群的饲养管理，提高鸭或鹅的抵抗力。再次，及时收集种蛋，清除蛋壳表面的污物，入孵前应熏蒸消毒，对疑似患沙门氏菌病的鸭或鹅所产的蛋一律不留作种用。每次孵化前后，必须对孵化厂及孵化器具进行彻底消毒。

【治疗】

（1）消毒 隔离发病鸭或鹅，并对鸭舍或鹅舍进行严格消毒。鸭舍或鹅舍周围环境消毒，可采用2%氢氧化钠、0.3%次氯酸钠、1%农福、复合酚消毒剂等喷洒；鸭（鹅）舍内带鸭（鹅）消毒可用过氧乙酸、复合酚消毒剂、氯制剂等。

（2）药物治疗 沙门氏菌易产生耐药性，有条件的最好进行药敏试验筛选出高敏药物。及时正确地使用药物进行投喂，可降低患病鸭或鹅的死亡率，有助于控制本病的发展和扩散。

① 金霉素和土霉素：金霉素按0.02%～0.06%的用量拌料饲喂，连用3～5天；土霉素按每千克饲料中添加100～140毫克饲喂，连用3～5天。

② 磺胺类药物：在每10千克饲料中混入抗生素2.5克进行大群治疗，或者加入0.5%磺胺嘧啶或磺胺甲基嘧啶，连续喂4～5天。

③ 新霉素：按每千克体重20～30克拌料，或者每千克体重15～20毫克饮水，连用3～5天。

④ 硫酸阿米卡星（丁胺卡那霉素）：按每只2000～4000单位肌内注射，每天2次，连用5天。

⑤ 头孢噻呋（速解灵）：1日龄雏鸭每只皮下注射0.1毫克，每天肌内注射2次，连用3天。

⑥ 盐酸沙拉沙星：按10克溶于100千克水中，连饮3～5天；或者10克拌40千克饲料，连喂3～5天。也可选用诺氟沙星可溶性粉剂，按1∶250兑水溶解，或者每80升水中加入50克，每天饮2次，连饮7日。

⑦ 畜禽生命宝：首次开食时连用3天，以后每天添加1次，连用3天；发生本病时，连用3～5天，可有效控制本病。

⑧ 中草药防治方一：血见愁240克、马齿苋120克、地锦草120克、墨旱莲150克，煎汁拌料或饮水，连服3天（500只鸭的用量）。

⑨ 中草药防治方二：白头翁15%、马齿苋15%、黄柏10%、雄黄10%、马尾连15%、诃子15%、滑石10%、藿香10%，按3%的比例拌料供预防用。对于病重雏鸭，每只取药0.5克与少量饲料混合制成面团填喂，连服3～5天。

⑩ 中草药防治方三：黄连30克、黄芩30克、黄柏30克、白头翁50克（100只鸭的用量），水煎取汁并兑温开水饮用，每天2次，饮药前先断水2～3小时，一般2天后即愈。

注意：其他防治方案可参考传染性浆膜炎、大肠杆菌病、巴氏杆菌病等的治疗方案。

【诊治注意事项】 ①禽沙门氏菌是人类沙门氏菌感染和食物中毒最主

要的来源。食物中毒的潜伏期为7～24小时，或可延至数日。吃入的细菌毒素的毒力越强，则潜伏期越短，症状出现越早。常突然发病，伴有头痛、寒战、恶心、呕吐、腹痛和严重腹泻。经治疗可在3～4天康复。因此，对于带菌鸭或鹅的肉和蛋应加强卫生检验和无害化处理等措施，防止发生食物中毒。②接运幼龄鸭或鹅的用具及运输工具，应在使用前后进行消毒，特别注意彻底搞好饲槽和饮水器的清洁和消毒，严防雏鸭或雏鹅早期感染沙门氏菌。

六、葡萄球菌病

葡萄球菌病（staphylococcosis）是由金黄色葡萄球菌引起鸭或鹅的一种急性或慢性环境性传染病，是鸭或鹅养殖中常见的一种细菌性疾病，特别是饲养管理水平差时容易发生。感染本病可引起增重减缓、产蛋量下降和屠宰加工淘汰，并且不时有死亡发生，给水禽养殖业造成很大的经济损失。

【病原】 病原是金黄色葡萄球菌，是微球菌科葡萄球菌属中的一种。该菌耐盐性强，在含10%～15%氯化钠的培养基中也能生长，故可用高盐培养基分离金黄色葡萄球菌。该菌革兰氏染色阳性，显微镜下呈堆状或葡萄串状排列，但在脓汁中或生长在液体培养基中的球菌常呈双球或短链排列。本菌抵抗力极强，在干燥的脓汁或血液中可存活2～3个月，80 ℃ 30分钟才能将其杀死，煮沸可迅速使其死亡。

【流行特点】 各品种水禽均可感染，发病日龄为10～60日龄，一般在40日龄以上。环境、病鸭（鹅）、病愈鸭（鹅）和健康带菌鸭（鹅）都可能是传染源。伤口（皮肤、黏膜损伤）的接触性感染是本病传播的主要途径，也可通过直接接触和空气传播，还可通过种蛋传播；此外，在孵化环境中存在大量的细菌或免疫接种操作消毒不严也可造成本病的传播。本病一年四季均可发生。管理不善、垫料（草）粗糙（或含有尖锐异物）、笼具破旧且缺乏维修、运动场不平整或消毒药物（如生石灰）处置不当、鸭（鹅）舍潮湿或污秽、环境卫生差、通风不良、饲养密度大、营养缺乏等因素均能促进本病的发生。

【临床症状】 根据临床表现可将本病分为脐炎型、皮肤型和关节炎型3种。

（1）脐炎型 多发生在1周内的幼龄鸭或鹅，尤其是3日龄以内的雏鸭或雏鹅。病雏表现为体弱，精神委顿，食欲不振或废绝，怕冷、打堆，缩颈垂翅，眼半睁半闭，不愿活动，常蹲卧，腹部膨大，脐部发炎、肿胀、坏死，常于数日内因败血症死亡。

（2）皮肤型 多见于2～8周龄的鸭或鹅，以肉鸭多发。患病鸭或鹅的局部皮肤发生坏死性炎症或腹部皮肤和皮下炎性肿胀，患病皮肤呈蓝紫色（图2-57）。翅膀皮肤发红，羽毛易脱落（图2-58）。2周龄以内的雏鸭或雏鹅常因腹部感染呈急性败血症死亡；日龄稍大的、病程较长的患病鸭或鹅常皮下化脓，并引起全身感染，食欲废绝，衰竭而亡。

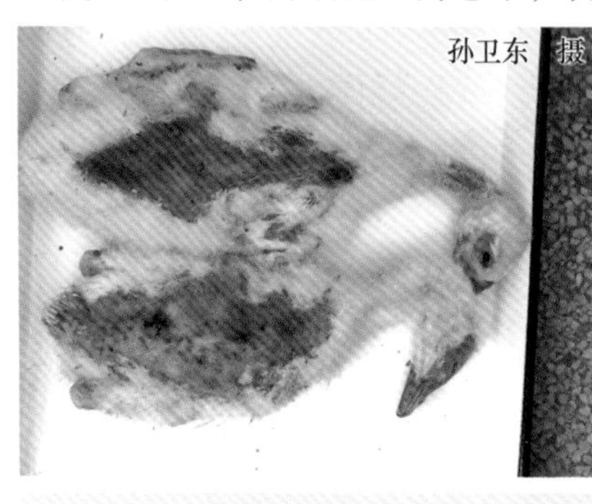

图2-57 病鸭的局部皮肤和皮下出现炎性肿胀，患病皮肤呈蓝紫色

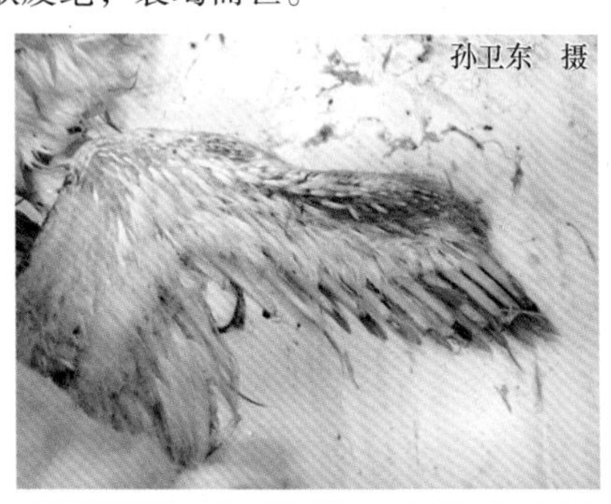

图2-58 病鸭翅膀皮肤发红，羽毛易脱落

（3）关节炎型 多见于1～2周龄的幼龄鸭或鹅，偶见于青年和成年鸭或鹅。患病鸭或鹅的跗关节和跖趾关节肿胀（图2-59），关节周围或局部皮肤发红（图2-60）。病程较长的病例，肿胀局部变软或破溃。患肢跛行，不能着地，触诊肿胀部位有波动感和热痛感。雏鸭或雏鹅的病程为3～7天，青年和成年鸭或鹅的病程可达10天以上。

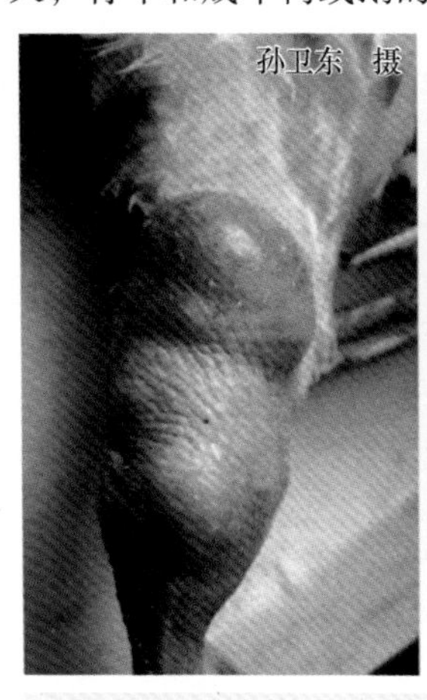

图2-59 病鸭的跗关节（左）和跖趾关节（右）肿胀

【剖检病变】 死于脐炎型的雏鸭或雏鹅，腹部膨大，颜色青紫，皮肤较

薄，脐部肿胀，脐孔破溃；卵黄囊水肿，卵黄稀薄，吸收不良。死于皮肤型的鸭或鹅，腹部皮肤外观呈紫黑色或棕褐色，皮下有出血性渗出液，病变皮肤常脱毛，有时发生破溃，出现坏死性病变。死于关节炎的鸭或鹅，病变关节肿胀，关节囊内有浆液性渗出物或脓液蓄积；病程较长的青年和成年鸭或鹅，关节囊内常有干酪样黄白色坏死物质。

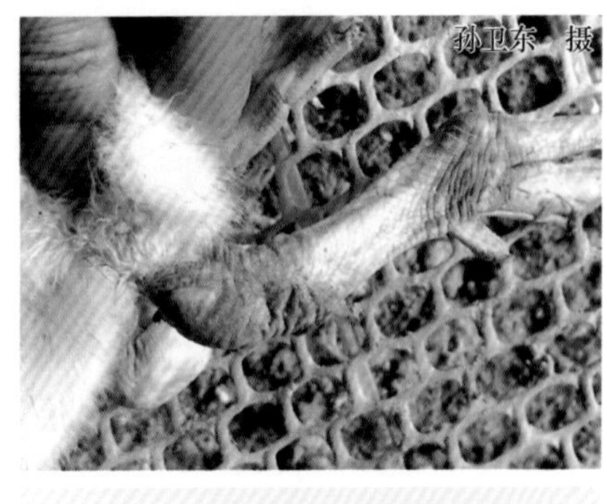

图 2-60 病鸭跗关节和跖趾关节周围的皮肤发红

【诊断】

（1）临床诊断 根据临床症状和病理变化可做出初步诊断。

（2）实验室诊断 细菌的分离和鉴定、ELISA 法快速检测肠毒素等。

（3）类症鉴别诊断 临床上可引起鸭跛行及腿部疾病的病因较多，其中包括大肠杆菌、多杀性巴氏杆菌及链球菌等引起的关节炎，还有腱断裂及营养缺乏，应注意区别。

【预防】

（1）疫苗免疫接种 针对发病率较高的鸭场可考虑使用多价葡萄球菌铝胶灭活疫苗或自家苗进行免疫，14 天后产生免疫力，免疫期可达 2～3 个月。

（2）综合预防措施 做好鸭（鹅）舍及周围环境的消毒工作，减少环境中的含菌量，降低感染机会，做好种蛋、孵化器、垫料（草）及孵化全过程的消毒工作，对防止本病的发生有重要意义。彻底清除养殖场内的污物、运动场的尖锐杂物（包括小铁丝、碎玻璃等），及时维修破旧的笼具，防止刺伤鸭或鹅的皮肤而使其受到感染。喂给必要的营养物质，特别是供给足够的维生素和矿物元素，防止互相啄毛而引起外伤。鸭（鹅）舍要适时通风，保持干燥；饲养密度不宜过大，避免拥挤等。

【治疗】

（1）加强隔离和消毒 隔离病鸭（病鹅），将死鸭（死鹅）掩埋或焚烧。清理的粪便应堆肥发酵处理后运出。应对鸭（鹅）舍、场地及各种用具进行彻底、严格的清洗和消毒。

（2）药物治疗 由于该菌对抗生素的普遍耐受性，所以本病的治疗应首先采集病料分离出病原菌，经药敏试验后，选择最敏感药物进行治疗。种鸭（种鹅）发病早期，可针对发病个体切开感染部位，清创治疗或局部注射庆大霉素等敏感药物有一定的疗效，但费时、费力。

① 庆大霉素：按每只鸭每千克体重3000～5000单位，肌内注射，每天2次，连用3天。

② 硫酸阿米卡星（丁胺卡那霉素）：按每千克体重2.5万～3万单位，或5～10毫克，肌内注射，每天1次，连用3天；或者配成0.005%～0.01%饮水，每天3次，连饮3天。

③ 红霉素：按0.01%～0.02%的药量加入饲料中喂服，连用3天。

④ 氨苄西林（氨苄青霉素）：按每千克体重5～20毫克拌料，连用5天。

⑤ 妥布霉素注射液：若病鸭不多，可用妥布霉素针剂，按每千克体重0.5～1毫升肌内注射，每天1次，连用3天。

⑥ 中草药防治方一：黄连、黄柏、焦大黄、黄芩、板蓝根、茜草、大蓟、车前子、神曲、甘草各等份，共研细末，成年鸭按每千克体重1克、雏鸭按每千克体重0.6克拌料饲喂，每天1次，连用3～5天。

⑦ 中草药防治方二：加减三黄加白汤，黄芩100克、黄柏100克、黄连100克、白头翁100克、陈皮100克、厚朴100克、香附100克、茯苓100克、甘草100克（500只1千克以上的鸭1天的用量），煎汁供饮用，连用2～3天。

⑧ 中草药防治方三：雄连散，黄连、黄芪、金银花、大青叶、雄黄等适量，共研末，按每天每千克体重1～2克，拌料或饮水，连用3天。

⑨ 中草药防治方四：金银花35克、连翘35克、黄花地丁35克、茵陈30克、板蓝根30克、赤茯苓30克、神曲20克、山楂20克、青皮15克、甘草15克（以上为100只雏鸭1天的剂量），水煎取汁，2/3供病鸭饮服，1/3同时拌料饲喂，每天1剂，待病鸭停止死亡后用量减半，继续使用3～4天。

⑩ 中草药防治方五：金荞麦全草制剂或根制剂，预防量以0.1%的比例拌料，连喂3天；治疗量以0.2%的比例拌料，连喂3～5天。

其他防治方案可参考鸭链球菌病的治疗方案。

【诊治注意事项】 ①接种疫苗时，要做好注射用具的消毒灭菌工作，注射部位做好消毒。②李康然等在1999年发现广西某鸭场番鸭群发生脱毛现象，并从患病番鸭身上分离出一株葡萄球菌，经一系列试验确定为鸭葡萄球菌，有人将其定名为“番鸭葡萄球菌性传染性脱毛症”。本病发生于50日龄左右的肉鸭，病鸭体况及营养良好，病初部分鸭有白色下痢。其特征性症状是脱毛，首先从翅羽开始，继而尾羽也脱落，严重时几乎脱成“光鸭”。在羽毛脱落过程中，毛囊出血，致使羽毛上沾有鲜红的血液。翅羽容易拔出或脱落。羽毛根部有不同程度的坏死。脱毛后的病鸭一个月后可能长出新毛，有的一直光身不再长毛。内脏实质器官无肉眼可见病变。病鸭一般无死亡，由于出栏的时间延长，造成很大的经济损失，应引起养鸭者的注意。

七、坏死性肠炎

坏死性肠炎（necrotic enteritis）是由产气荚膜梭状芽孢杆菌引起的一种消化道疾病。临床上以发病急、死亡快、小肠黏膜坏死（俗称“烂肠病”）为特征。本病在种鸭场、种鹅场较为常见，对水禽养殖的危害较大。

【病原】 病原为A型或C型产气荚膜梭状芽孢杆菌，革兰氏阳性、两端钝圆的粗短杆菌，单独或成对排列，在自然界中形成芽孢较慢，芽孢呈卵圆形，位于菌体中央或近端，在机体内形成荚膜是本病的主要特点，但该病原没有鞭毛，不能运动，人工培养基上常不形成芽孢。在血液琼脂上形成圆形、光滑的菌落，直径为2~4毫米，周围有2条溶血环，内环呈完全溶血，外环呈不完全溶血。该病原的直接致病因素则是A型和C型毒株产生的α毒素及C型毒株产生的β毒素，这两种毒素均可在感染鸭或鹅的粪便中发现。

【流行特点】 ①易感动物：以产蛋鸭、产蛋鹅多发，发病率不高，病死率一般为1%左右，但也可能高达40%。②传染源：该菌主要存在于粪便、土壤、灰尘及污染的饲料、垫草和肠内容物中。病鸭（鹅）、带菌鸭（鹅）及发病耐过的鸭（鹅）为主要传染源。③传播途径：该菌主要通过消化道传播，被该菌污染的饲料、垫草及器具等是主要的传播媒介。④发病季节：本病多发于潮湿温暖的季节。⑤诱发因素：突然更换饲料或饲料中蛋白质的含量增加，鸭舍或鹅舍的环境卫生差，以及长时间使用抗生素等可促使本病的发生。有报道指出流感病毒、坦布苏病毒或球虫感染是引发本病的一个主要因素。

【临床症状】 鸭或鹅患病后表现为虚弱，精神沉郁，不能站立，在大群中常被孤立或踩踏，造成病鸭或病鹅的头部、背部与翅羽毛脱落。食欲减退、甚至废绝；腹泻，往往急性死亡。有的病例出现肢体痉挛，头颈弯斜，两腿外撇，并伴有呼吸困难。重症病例常见不到临床症状即已经死亡，一般不表现慢性经过。

【剖检病变】 打开患病或病死的鸭或鹅的腹腔时即闻到一种特殊的腐臭味。眼观主要病变在小肠后段，尤其是在空肠和回肠段，肠壁脆弱、肿胀。有的病例的小肠表面污黑，肠道扩张，臌气（图2-61），气味恶臭；有的病例可见整个空肠和回肠充满混浊絮状液体（图2-62）；有的病例可见整个空肠和回肠充满干酪样栓子（图2-63）；空肠和回肠黏膜增厚，其表面附着一层疏松或紧密的黄色或褐色伪膜（纤维素性渗出物和坏死的肠黏膜）（图2-64），溃疡深达肌层，有时可见肠壁出血（图2-65），十二指肠黏膜出血。肝脏肿大呈浅土黄色，肝脏表面有大小不一的黄白色坏死斑点。脾脏肿大呈紫黑色。

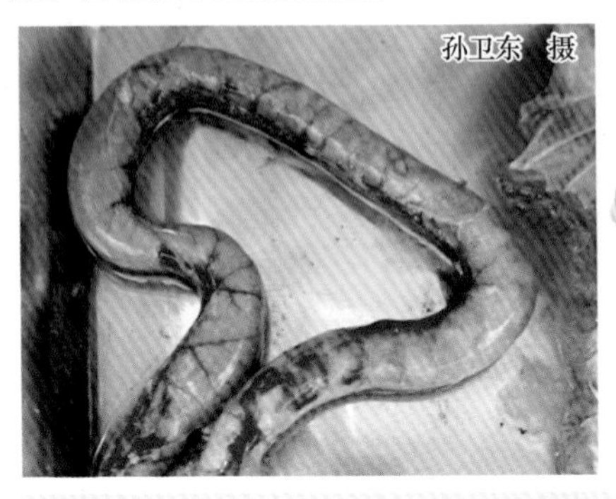

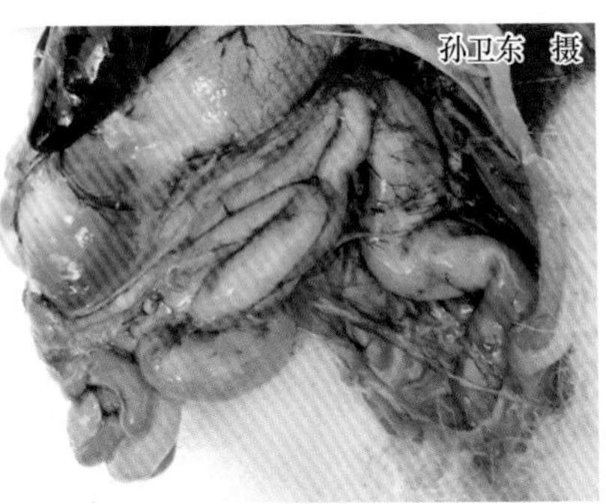

图 2-61 病鸭小肠表面污黑（左）、臌气（右）

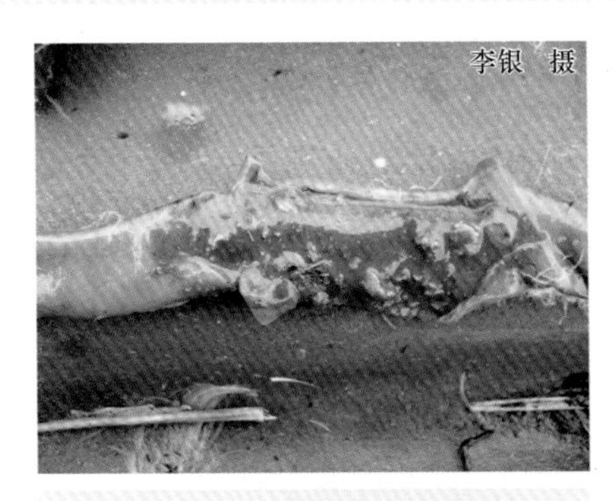

图 2-62 病鸭空肠和回肠充满混浊絮状液体

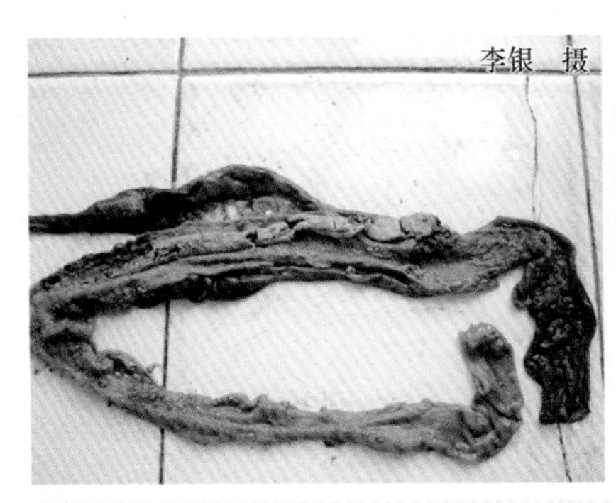

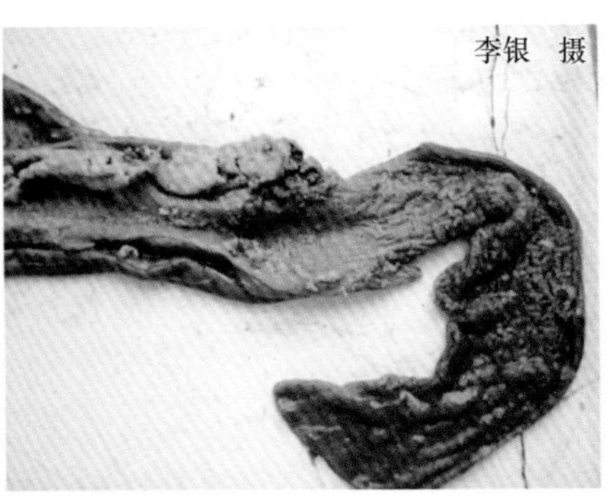

图 2-63 病鸭空肠和回肠充满干酪样栓子

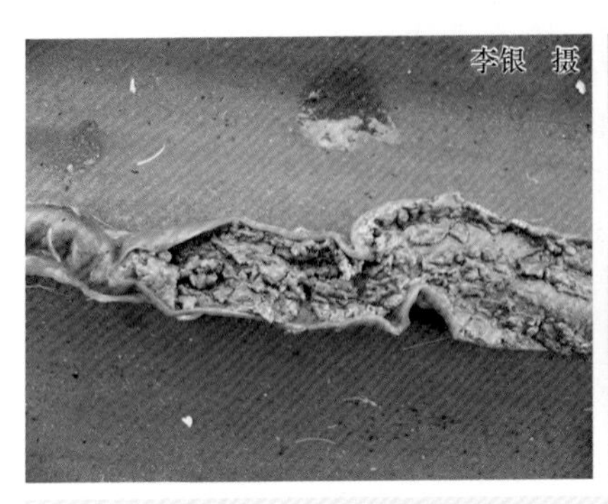

图 2-64 病鸭空肠和回肠黏膜表面附着的黄色或褐色伪膜

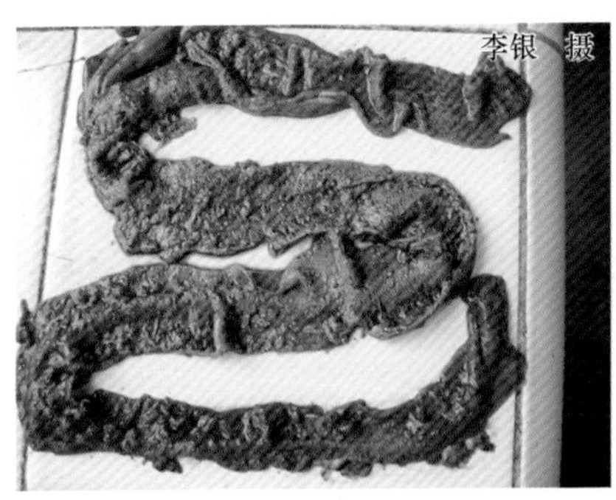

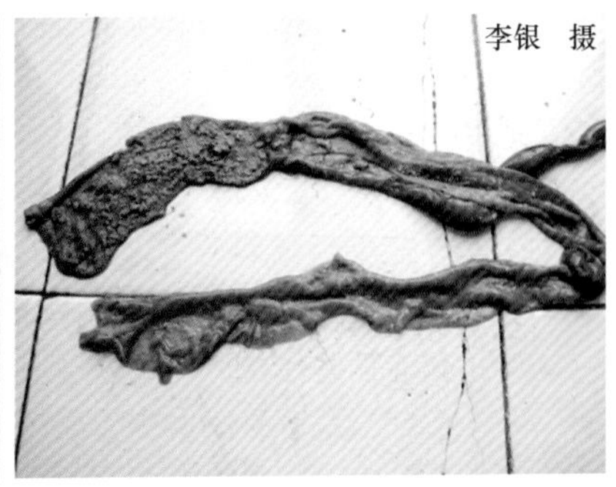

图 2-65 刮除病鸭肠内容后可见肠壁出血

【诊断】

(1) 临床诊断 根据病史、临床症状和典型的剖检病变可做出初步诊断，也可以通过检测粪便来进行初步诊断。让种鸭在报纸上排粪，然后观察报纸上粪周围的潮湿区，正常粪的周围没有潮湿区，坏死性肠炎粪的周围会有一明显而有限的潮湿区。

(2) 实验室诊断 因为鸭肠道中常有产气荚膜梭状芽孢杆菌存在，并且非该菌致死的动物也很容易于死后感染此菌，所以从病料中检出该菌，并不能说明它就是病原。当分离到毒力较强的菌株或病鸭每克肠内容物产气荚膜梭菌有 $10^7 \sim 10^8$ 个菌落形成单位（正常鸭只有 $10^2 \sim 10^4$ 个菌落形成单位）时有一定的参考意义。另一有参考价值的诊断方法为肠内容物毒素检查。

(3) 类症鉴别诊断

1）与鸭球虫病的鉴别诊断。鸭球虫感染引起的肠道病变与产气荚膜梭菌引起的病变相似，通过采取肠道粪便涂片检查有无球虫卵囊进行区别，并且各年龄的鸭均对球虫有易感性，雏鸭发病严重，成年鸭的感染率较低，而坏死性肠炎则主要发生于种鸭，可以此鉴别。

2）与鸭瘟的鉴别诊断。鸭瘟病理变化中的肠黏膜充血、出血与鸭坏死性肠炎有相似之处，但鸭瘟的肠道病变多在十二指肠和直肠，而种鸭坏死性肠炎的肠道病变则多集中于空肠和回肠，可作为鉴别之一。患鸭瘟的鸭的食道黏膜有黄褐色坏死伪膜或溃疡，患种鸭坏死性肠炎的鸭没有这一变化，可作为鉴别之二。

3）与鸭出血症的鉴别诊断。鸭出血症病理变化中的小肠和直肠明显出血与鸭坏死性肠炎有相似之处，但坏死性肠炎还伴有肠黏膜增厚，附着一层黄绿色伪膜，肠内容物混有血液。而鸭出血症没有这一变化，可作为鉴别之一。鸭出血症除肠道出血外，肝脏、脾脏、胰腺和肾脏均有不同程度的出血，坏死性肠炎无这一变化，可作为鉴别之二。流行病学方面，坏死性肠炎发生于种鸭，而出血症可侵害不同日龄的鸭，可作为鉴别之三。

【预防】

（1）疫苗免疫接种 适时进行菌苗接种，鉴于本病易发生在夏秋两季，应在春季进行免疫。

（2）其他预防措施 平时加强饲养管理，改善环境卫生，定期清除粪便，同时用两种以上的消毒药经常交叉用药消毒，夏秋两季适当增加消毒剂量和消毒次数。圈养蛋鸭尽可能采取高架隔式饲养方法，并保持恒定的温度与湿度，切忌湿度过大，应保证良好的通风条件。老鸭舍或低洼的鸭舍应及时调整舍场位置。发现病鸭及时隔离治疗。适当调节日粮中蛋白质的水平，从日粮中去掉鱼粉可预防本病的感染，以玉米为基础的日粮也可预防坏死性肠炎的发生。此外，酶制剂、益生素等也都可以对本病起到一定的预防作用。

【治疗】

（1）加强隔离和消毒 隔离病鸭，及时治疗。治疗期间，鸭舍带鸭消毒，每天1次。

（2）药物治疗 建议通过药敏试验来选择敏感的药物治疗。

① 克林霉素注射液：按每千克体重10～25毫克肌内注射，每天1次，连用3天；或按每千克体重7.5～10毫克口服，每天1次，连用3天；或按每升水加入8.5毫克饮水，连用3～5天。对厌氧菌有特效。

② TMP加0.2%氟苯尼考：全群鸭饮水，每天3次，连饮5～7天。

③ 硫酸新霉素或红霉素：按0.02%均匀拌料，连喂2～3周；或者按

每升水加入40~70毫克，连饮2~3天，能有效地降低死亡率。

④ 庆大霉素或卡那霉素：按每只5万单位，一次肌内注射，每天1次，连用4天。4天后为巩固疗效，改用诺氟沙星（氟哌酸）、甲硝唑连续饮水5天。

⑤ 青霉素、链霉素：对严重病鸭，按每只各10万~20万单位肌内注射，每天1次，2~3天为一疗程。

【诊治注意事项】 新霉素的化学性质非常稳定，内服难以吸收，在肠管内可保持较高浓度，是治疗肠道感染的理想药物。在治疗的同时应给病鸭适当补充口服补液盐或电解质平衡剂。药物治疗后应在饲料中添加微生态制剂，连喂10天。

八、鸭丹毒丝菌病

鸭丹毒丝菌病（erysipelothrix rhusiopathiae infection in ducks）是由红斑丹毒丝菌感染引起的一种急性败血性传染病，在我国多地均有发生，给水禽养殖业带来很大损失。

【病原】 病原为红斑丹毒丝菌，是一种革兰氏阳性、微弯曲、纤细的杆菌。菌体两端钝圆，呈单个或短链排列，易形成长丝状。不产生芽孢，无运动性。该菌的抵抗力不强，50℃ 15分钟或70℃ 5分钟即被杀死。1%漂白粉、3%克辽林、0.1%升汞、1%苏打水和5%石炭酸等5~15分钟可杀死该菌。

【流行特点】 本病的发生无明显的季节性，多散发。各日龄的鸭均可感染，但以2~3周龄的鸭多发；成年鸭发病较少。雏鸭的死亡率可达30%。本病的最主要传染源是猪，多数鸭子是因为饲喂了被该病原污染的饲料、饮水而感染。鸭与猪等家畜接触，也可以通过黏膜或破损的皮肤而感染。

【临床症状】 病鸭精神沉郁，食欲逐渐减少，羽毛蓬乱，不爱运动、缩头、嗜睡，排黄褐绿色、暗红色干粪便。急性病例体温升高到43.5℃，呼吸急促，常于1~2天死亡。病程较长的出现神经症状，成鸭出现两脚麻痹，幼鸭出现结膜炎。产蛋鸭的产蛋率和受精率下降。有的慢性病例见关节炎，关节肿大、畸形。

【剖检病变】 剖检病死鸭可见脾脏充血，高度肿大，质地脆弱，呈黑紫色（图2-66）。部分病例出现纤维素性气囊炎，带有分泌物。肺脏和小肠均有充血性病变。心外膜下有小点状出血症状，尤其在冠状沟处多见（图2-67）。肝脏肿大，颜色发黄，瘀血，质脆，呈斑驳状，有针尖大小的米黄色病变。腺胃、盲肠黏膜有坏死灶或溃疡。病程长的成年鸭可见心脏上有较大的结节（图 2-68），心脏瓣膜处有菜花样的结节（图 2-69）。

图 2-66　病鸭脾脏高度肿大，呈黑紫色

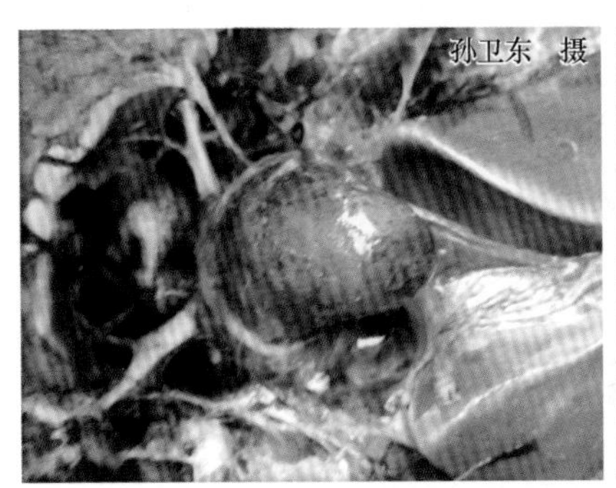

图 2-67　病鸭心外膜下有小点状出血（左）和冠状沟处出血（右）

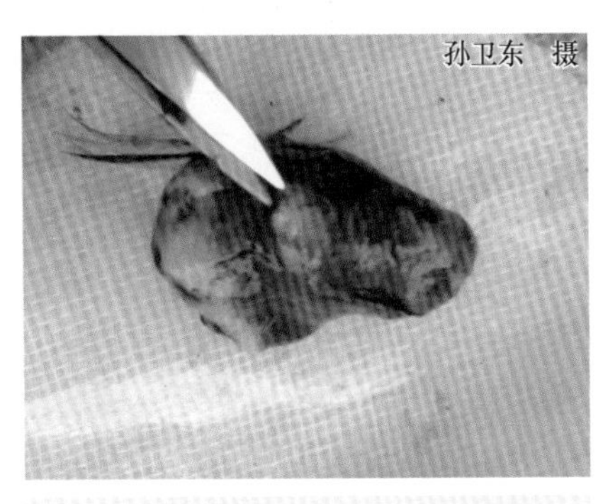

图 2-68　患病成年鸭心脏上较大的结节

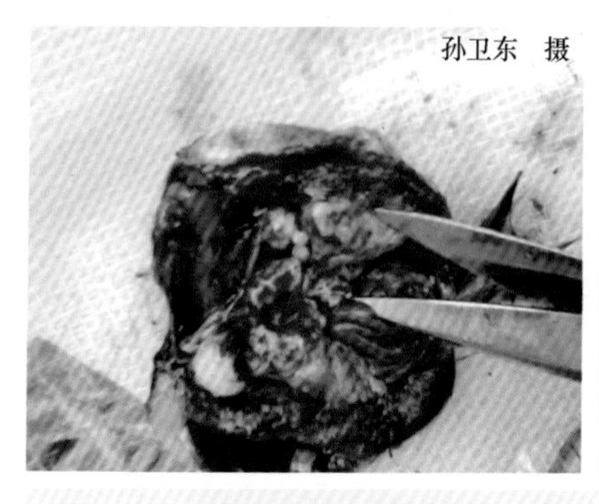

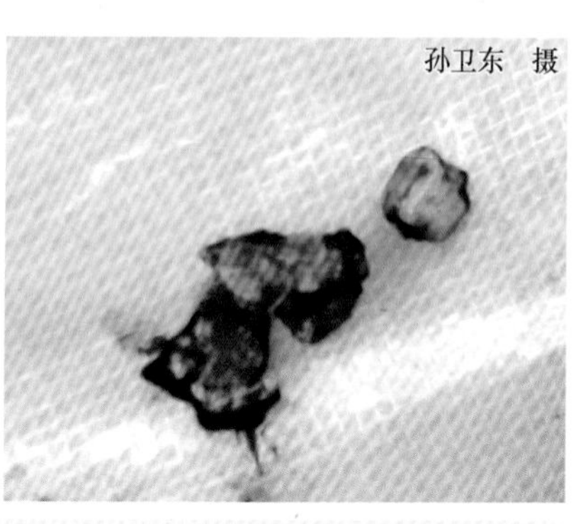

图 2-69　患病成年鸭心脏瓣膜处有菜花样结节（左）和取出的部分结节（右）

【诊断】　本病无特征性临床症状和剖检病变，对于急性败血性感染病例取肝脏、脾脏、心血或骨髓进行触片检查，发现有成簇、分隔的纤细或多形态的革兰氏阳性杆菌则可做出初步诊断。确诊需要依据实验室病原的分离和检测。

【预防】　选择合理的地方建立鸭舍，应远离公路、村镇、工厂和学校，尤其应避免与猪场距离太近，更要杜绝鸭子和猪混养的模式。其次要改善鸭舍的环境卫生，鸭舍场地和器具要及时消毒，保持良好的卫生条件，减少微生物的滋生。同时坚持入场消毒制度，生产区与圈舍入口处设更衣室和消毒池，工作人员和饲养员进入生产区时要更换工作服。无关人员禁止入场，谢绝参观，确需进场的人员进场时必须经消毒并更换衣服方可入场。广大养殖户在养殖过程中要仔细观察并记录鸭子的生长情况，一旦发现病鸭，应立即隔离，并采取有效治疗措施，以防病鸭传染其他健康鸭只。

【治疗】　注射青霉素，每只成年鸭每次肌内注射 20 万单位，每天注射 2 次，直到体温和食欲恢复正常，再维持治疗 1 ~ 2 天。抗猪丹毒血清治疗本病也有较好的效果。

九、鸭支原体病

鸭支原体病（duck mycoplasmosis）又称鸭慢性呼吸道病或鸭传染性窦炎，是由鸭支原体引起的主要侵害雏鸭的一种急性或慢性传染病。感染鸭临床上以打喷嚏、鼻窦炎、产蛋率和孵化率下降等为特征，耐过鸭生长缓慢。本病广泛发生于世界各地的养鸭区，但由于本病的研究报道不多，未能引起养鸭者的重视。

【病原】 病原是鸭支原体。支原体对营养要求较高，并且生长缓慢，在 PPLO 琼脂培养基上 2～6 天才长出，是必须用低倍显微镜才能观察到的微小菌落。菌落光滑、圆形、稍平，具有一个较致密的中央突起，如“煎蛋”状。菌体革兰氏染色为阴性。菌体直径较小，并且缺乏细胞壁，故能通过常规的细菌滤器。支原体对理化因素敏感，一般加热 45 ℃ 15～30 分钟或 55 ℃ 5～15 分钟即被杀死，对常用浓度的重金属盐类、石炭酸、来苏儿等消毒剂均比细菌敏感，对表面活性物质洋地黄苷敏感，易为脂溶剂乙醚、氯仿所裂解。但对醋酸铊、结晶紫、亚硝酸钾等有较强的抵抗力。

【流行特点】 各日龄的鸭均可感染，但以 2～3 周龄多发，成年鸭少见。病鸭和带菌鸭是危险的传染源，鸭舍的不良环境是构成本病发生和传播的重要应激因素。本病可以通过被污染的空气经呼吸道传染，也可通过带菌的种蛋垂直传染。发病率高，但病死率较低，若并发其他细菌（如大肠杆菌）或病毒（如低致病性禽流感）感染时，病死率明显增加。本病一年四季均可发生，但以春季和冬季多发。

【临床症状】 雏鸭发病最早可见于 5 日龄，7～15 日龄雏鸭易感性最高，发病率可高达 60%，甚至 100%，但病死率较低，一般为 1%～2%。病鸭打喷嚏，眼和鼻流出浆液性分泌物，一侧或两侧眶下窦肿胀，形成隆起的鼓包（图 2-70）。发病初期触摸柔软，有波动感。随病程的发展，鼻孔周围出现干痂，窦内分泌物变成黏性或脓性，甚至呈干酪样，鼓包变硬。病鸭食欲减退、不安、易惊，时有甩头动作，用爪搔抓鼻旁窦部，暴露出红色皮肤。有些鸭眼内充满分泌物或失明。病程可持续 20～30 天，多数病鸭可自愈，耐过鸭眶下窦肿胀慢慢消失，但增重缓慢，较正常鸭出栏推迟 1 周左右。种鸭的产蛋率和孵化率下降。

图 2-70　病鸭眼和鼻流出浆液性分泌物，一侧或两侧眶下窦肿胀

【剖检病变】 剖检病变主要出现在呼吸道，呼吸道的变化轻重不一。较轻微的变化不易观察，鼻孔、鼻旁窦、气管和肺中出现较多的黏性液体或卡他性分泌物。严重病例可见眶下窦肿大，内充满透明或混浊的浆液性、黏液脓性渗出物或有干酪样物蓄积，窦黏膜充血、水肿、增厚（图2-71）。气管黏膜充血，并有一层浆液-黏液性分泌物附着。气囊混浊，内有泡沫样分泌物（图2-72）。

图2-71　病鸭眶下窦内有干酪样的渗出物，窦黏膜充血、水肿、增厚

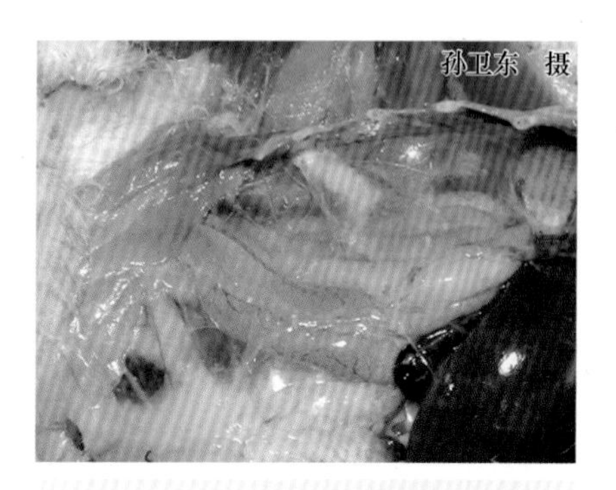

图2-72　病鸭气囊混浊，内有泡沫样分泌物

【诊断】

（1）临床诊断　一般根据流行特点和临床症状即可做出初步诊断，但1周龄内的病鸭往往因症状不明显而被忽略。

（2）实验室诊断　鸭支原体的分离、动物接种试验及血清学的检查等。

（3）类症鉴别诊断　鸭群确实存在着由鸭支原体为主所引起的传染性窦炎，但其他病原（如大肠杆菌、禽流感病毒、Ⅰ型副黏病毒等）也可引起鸭发生传染性窦炎，这些病原之间有些是继发的，有些是并发或协同发病，应注意鉴别。

【预防】

（1）疫苗的免疫接种　雏鸭可试用鸡支原体弱毒疫苗或油乳剂灭活疫苗免疫。

（2）改善饲养管理　特别是舍饲期间的鸭舍卫生，如通风、保温、防湿、饲养密度不宜过大。搞好鸭舍的清洁卫生及消毒工作。饲喂全价饲料，适当加大维生素A的用量，提高雏鸭的抗病力。争取在育雏期间做到全进全出，有条件的可空舍15天（在此期间加强消毒2～3次）后再进鸭苗。采用上述措施后，可使发病率大大减少。

（3）加强种蛋（鸭苗）管理和检疫　严禁从感染鸭支原体的鸭场购进鸭苗或种蛋；对可能被鸭支原体感染的种蛋，应进行药物处理，将孵化前的种蛋加温到37℃而后立即放入4～5℃的抑制支原体的抗生素（四环素、链霉素、枝原净、红霉素等）溶液中15～20分钟，然后沥干水分再入孵，或者应用45℃的恒温处理种蛋14小时，而后转入正常孵化。对可能被鸭支原体感染的种鸭群，应定期进行检疫，淘汰阳性鸭。

（4）药物预防 对刚出壳的雏鸭要进行药物预防，雏鸭一开食，即在饮水中加入泰乐菌素、枝原净、普杀平、福乐星、红霉素或林可霉素（洁霉素）饮水，连用5～7天。

【治疗】 一旦发病，应及时隔离病鸭，淘汰重症鸭。及时清理粪便，地面勤洗刷消毒。每天用0.2%过氧乙酸带鸭消毒1次，保持鸭舍清洁卫生，通风透气。在此基础上选用下列药物进行治疗：

① 泰乐菌素：按每千克体重25～50毫克肌内注射，每天1次，连用3天；或者按0.1%～0.2%混饮或0.01%～0.02%拌料，连用3～5天。也可选用枝原净等。

② 土霉素：按0.1%拌料，或按0.02%～0.05%饮水，连用3～5天。

③ 多西环素（强力霉素）：按0.02%～0.08%拌料，或按0.01%～0.05%饮水，连用3～5天。

④ 吉他霉素（北里霉素）：按每千克体重27～50毫克肌内注射，按0.02%～0.05%饮水，或0.05%～0.1%拌料，连用3～5天。

【诊治注意事项】 ①泰乐菌素、枝原净不能与莫能菌素、盐霉素、甲基盐霉素等聚醚类药物合用。②该病原易与其他病原（如大肠杆菌、禽流感病毒、Ⅰ型副黏病毒等）并发或继发其他疾病，治疗时应兼顾其他病原的综合防治。

十、曲霉菌病

曲霉菌病（aspergillosis）又称霉菌性肺炎，是由烟曲霉等致病性霉菌引起鸭或鹅的一种常见真菌病。临床上以急性暴发，死亡率高，肺脏及气囊发生炎症和形成霉菌性小结节为特征。本病多见于幼龄鸭或鹅，尤其以雏鹅为甚，常呈急性暴发，可造成大批死亡，是当前危害幼龄鸭或鹅的一种重要传染病。

【病原】 烟曲霉是本病最为常见的病原，其次是黄曲霉。此外，黑曲霉、构巢曲霉、土曲霉、青曲霉、白曲霉等也有不同程度的致病性，可见于混合感染的病例中。这些曲霉菌均具有共同的形态结构：菌丝、分生孢子梗、顶囊、小梗和分生孢子。曲霉菌对外界具有显著的抵抗力，干热120℃经1小时，或者煮沸5分钟方可杀死；消毒药（如2.5%福尔马林、

水杨酸、碘酊等）需经1～3小时方可灭活。

【流行特点】　不同品种的鸭或鹅对曲霉菌均有易感性，但以4～15日龄的幼龄鸭或鹅易感性最高，多呈急性暴发，发病率很高，死亡率可达50%以上。成年鸭或鹅多呈散发，大多因采食霉变的饲料引起。本病主要发生在我国南方地区，特别是梅雨季节较多发生。北方多见于地面育雏的鸭群或鹅群内发生。主要的感染或传播途径是被曲霉菌污染的垫草和饲料。当温度和湿度适合时，曲霉菌大量增殖，可经呼吸道感染鸭或鹅，也可能经消化道感染。此外，本病也可经被污染的孵化器传播，当雏鸭或雏鹅孵出后不久即患病，出现呼吸道症状。

【临床症状】

（1）急性型　急性型主要发生在1周龄以下的幼龄鸭或鹅，表现为精神不振，缩头闭眼（图2-73），两翅下垂，气喘，呼吸急速，常伸颈、张口呼吸（图2-74）。呼吸时常发出特殊的"沙哑"声或"呼哧"声，鼻腔常流出浆液性分泌物，体温升高，食欲减少或废绝，但渴欲增强，腹泻，常在发病后2～3天死亡。

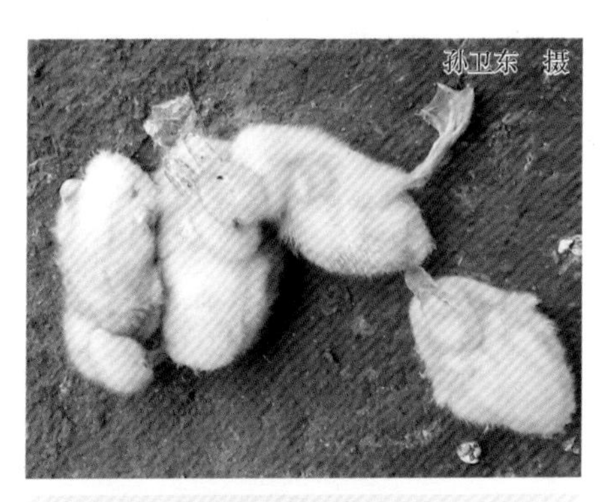

图2-73　病雏鸭精神不振，缩头闭眼

图2-74　病雏鹅伸颈、张口呼吸

（2）慢性型　慢性型常见于1～2周龄的幼龄鸭或鹅。病鸭或病鹅出现阵发性喘息，食欲不振，腹泻，逐渐消瘦，衰竭死亡。病程达1周左右。若霉菌感染到脑部，则可引起雏鸭或雏鹅霉菌性脑炎，出现神经症状（图2-75）。成年鸭或鹅患病后常见张口呼吸，食欲减退，间有腹泻，病程可达10天。产蛋鸭或鹅感染本病后则表现为产蛋量下降或停产，病程延至数周。

图 2-75 病雏鹅出现神经症状

【剖检病变】 死于本病的幼龄鸭或鹅可见肺脏和气囊有蛋黄色纤维素性渗出物或混有数量不等的蛋黄色霉菌结节（图 2-76）。霉菌结节柔软、有弹性，内容物呈干酪样（图 2-77）。有的病例在肋骨（图 2-78）、肝脏（图 2-79）、肌胃（图 2-80）等器官组织上也可看到霉菌结节。部分病例鼻腔内有浆液性分泌物，喉头及气管黏膜充血、出血。具有神经症状的患病鸭或鹅，可见颅骨充血、出血，脑水肿、脑血管呈树枝状充血，或见脑组织因霉菌感染而出现浅黄色坏死灶。青年和成年鸭或鹅可见肺脏表面（图 2-81）和气囊内（图 2-82）有圆碟状、中央微凹的成团霉菌斑块或有霉菌结节；脾脏肿大，有点状坏死灶（图 2-83）；肝脏肿大，发绿（图 2-84）。

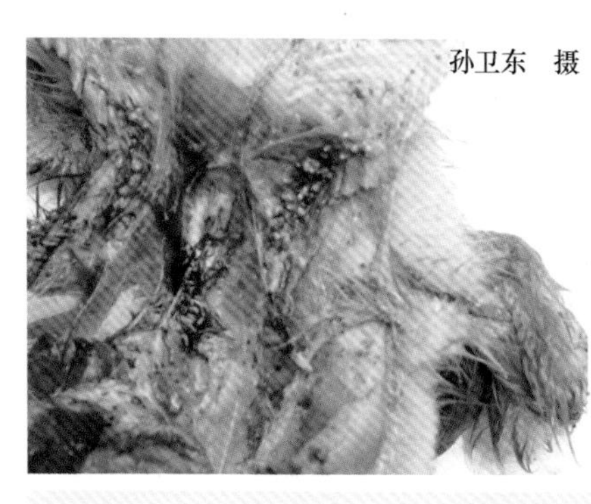

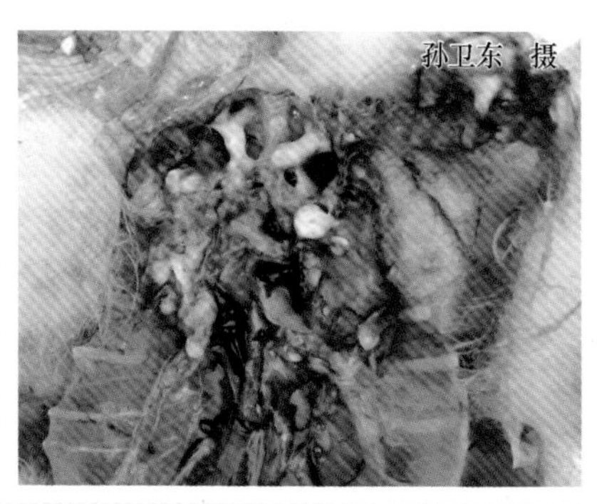

图 2-76 病雏鹅肺脏有数量不等的蛋黄色霉菌结节

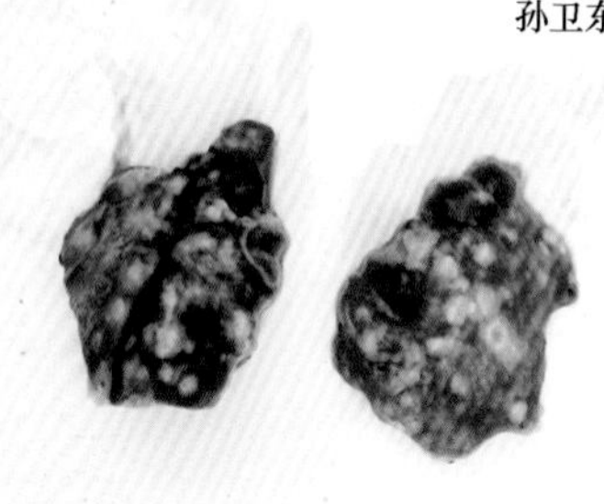

图 2-77　病雏鹅肺脏的霉菌结节
柔软、有弹性，内容物呈干酪样

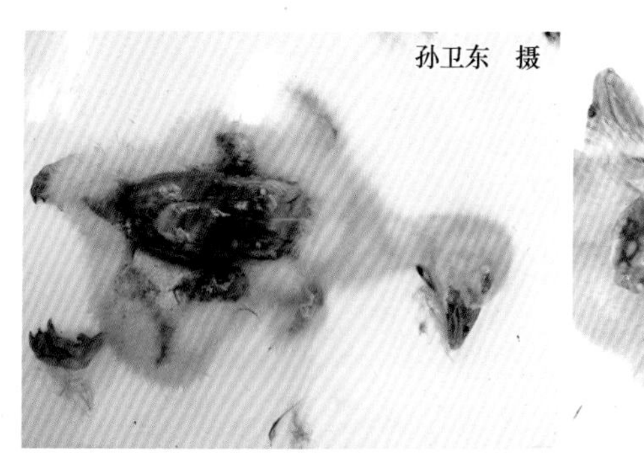

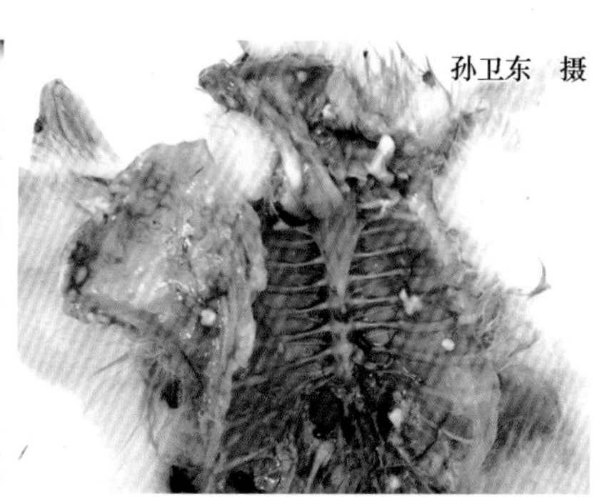

图 2-78　病雏鹅肋骨外（左）和肋骨内（右）表面的霉菌结节

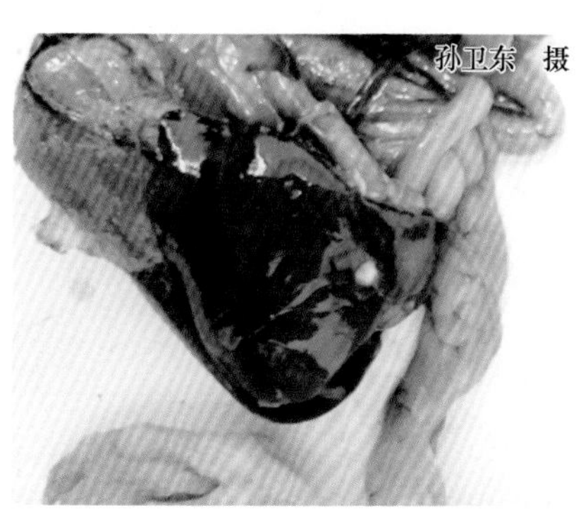

图 2-79　病雏鹅肝脏表面的霉菌结节

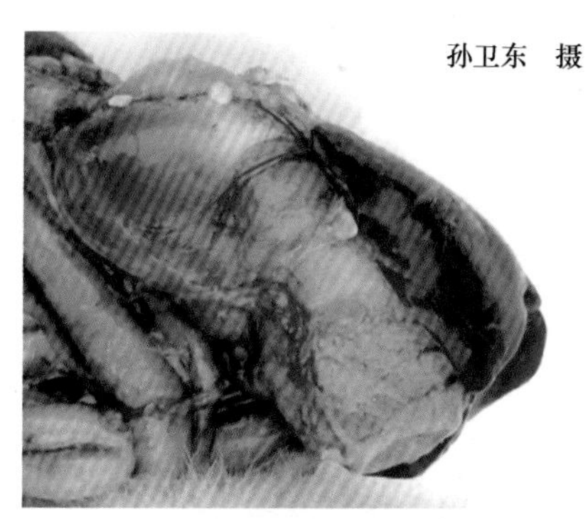

图 2-80　病雏鹅肌胃表面的霉菌结节

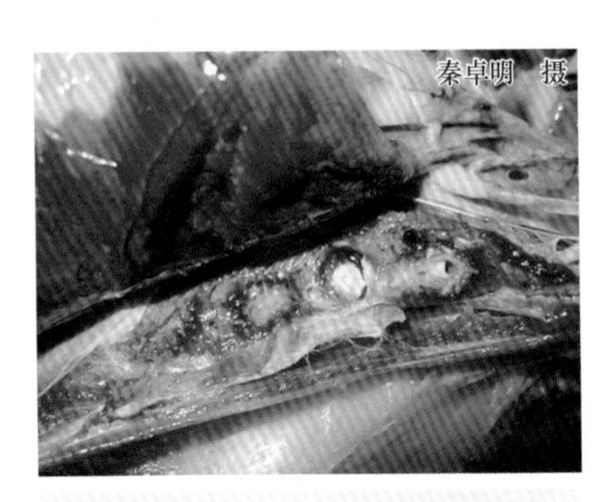

图 2-81 病成年鸭肺脏表面的霉菌斑块

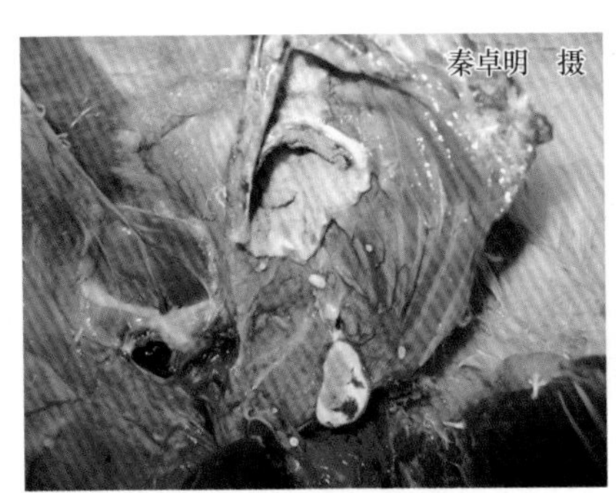

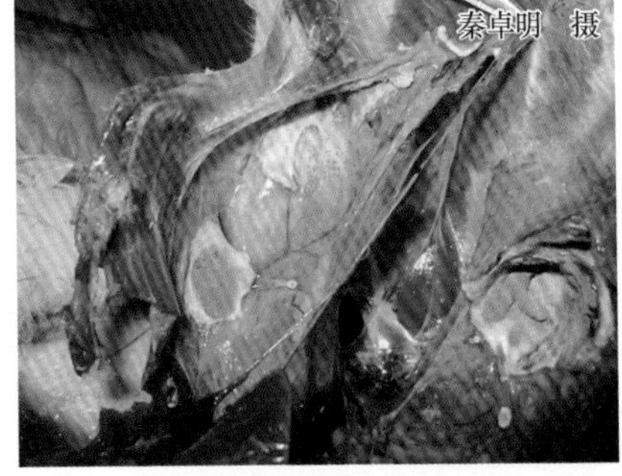

图 2-82 病成年鸭气囊内的霉菌斑块

图 2-83 病成年鸭脾脏肿大，有点状坏死灶

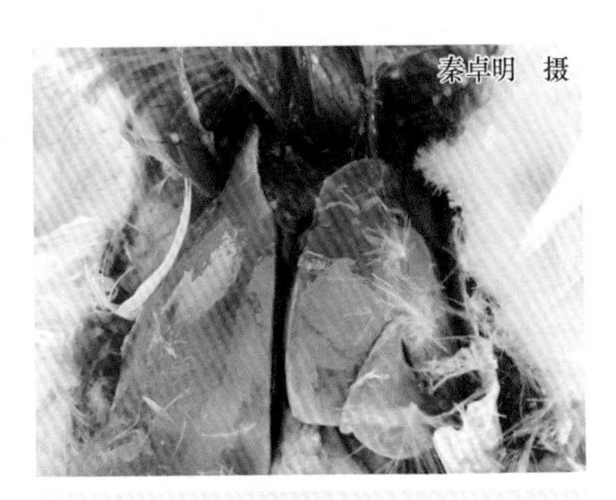

图 2-84 病成年鸭肝脏肿大，发绿

【诊断】

（1）临床诊断　根据本病的剖检病变特征——在肺脏和气囊出现灰黄色的结节，切面呈轮层状或胸腹部气囊处有霉菌斑，结合曾接触发霉垫料或饲喂霉变饲料等，可对本病做出初步诊断。

（2）实验室诊断　检查病原时，取结节病灶压片直接检查，见有分隔的菌丝，而分生孢子和顶囊则有时找不到；取霉斑表面覆盖物涂片镜检，可见到球状的分生孢子，孢子柄短，顶囊呈烧瓶状，连接在纵横交错的分隔菌丝上；病原分离鉴定等。

（3）类症鉴别诊断　临床上对鸭（鹅）曲霉菌病的诊断应注意与鸭结核病和鸭伪结核病等相区别。

【预防】

（1）加强饲养管理，搞好环境卫生　特别是鸭舍或鹅舍的通风换气和防潮湿，保持室内干燥、清洁，经常更换垫料，尤其在梅雨季节，防止霉菌生长繁殖以免污染环境而引起本病的发生。及时添加维生素及矿物质，提高鸭或鹅的抵抗力。不用发霉的垫草和禁喂发霉饲料。

（2）熏蒸消毒　鸭舍或鹅舍用福尔马林熏蒸消毒，或用0.5%新洁尔灭和0.5%~1.0%甲醛消毒。孵化前对已入孵的鸭蛋或鹅蛋在12小时内用福尔马林熏蒸消毒，以杀灭蛋壳表面的霉菌或霉菌孢子及其他细菌和病毒。

【治疗】

（1）加强隔离和消毒　及时隔离发病的幼龄鸭或鹅，清除垫草和更换饲料，消毒鸭舍或鹅舍，并在饲料中加入0.1%硫酸铜溶液，以防再发。放牧鸭群或鹅群发病后应更换牧地，脱离污染环境。

（2）药物治疗　本病无特效疗法。

① 制霉菌素：气溶胶吸入或用制霉菌素拌料，幼龄鸭或鹅每只5000~8000单位，成年鸭或鹅按每千克体重2万~4万单位，内服，每天2次，连用3~5天。同时用硫酸铜（1∶3000）饮水，连用5天，并在饲料中加喂维生素C粉，每100千克饲料中加入100克维生素C粉。

② 防止继发感染：用0.02%恩诺沙星饮水，每天2次。也可选用金霉素、卡那霉素等。同时饮水中添加葡萄糖、速补，防止应激和缓解肝脏和肾脏损害，同时注意通风换气。

③ 碘化钾：口服碘化钾有一定的疗效，每次饮水中加碘化钾5~10克。还可以将碘1克、碘化钾1.5克溶于1500毫升水中，进行咽喉灌入，每只成鸭或成鹅4~5毫升，加热至25℃，一次注入。当日配制，当日使用。

④ 灰黄霉素：每只鸭或鹅按500毫克口服，每天2次，连服3天；或用克霉唑（抗真菌1号），按每千克体重10～20毫克，口服，每天2次，连服3天；或用两性霉素B，按每只雏鸭0.12毫克混饮，1～2天用1次，连用3～5天；或用氟康唑，按每千克饲料加20毫克搅拌均匀饲喂，连用1～2周；或用伊曲康唑，按每千克饲料加20～40毫克搅拌均匀饲喂，连用5～7天。

⑤ 中草药防治方一：桔梗260克、蒲公英500克、苏叶500克、枇杷叶15克、知母20克、金银花30克，共煎汤得1000毫升（1000只雏鸭1天用量），拌料内服，每天3次，连服5～7天。另外在饮水中加0.1%高锰酸钾。同时对病重雏鸭进行特殊护理，用滴管滴服上述中药液，每天2次，每次0.5毫升。

⑥ 中草药防治方二：金银花30克、连翘30克、炒莱菔子30克、丹皮15克、黄芩15克、柴胡18克、知母18克、桑白皮12克、枇杷叶12克、生甘草12克，煎汤取汁1000毫升，每天4次拌料喂服，每只重症鸭或鹅灌服0.5毫升，每天1剂，连用4剂。

⑦ 中草药防治方三：桔梗250克、蒲公英500克、鱼腥草500克、苏叶500克（1000只鸭的用量），煎汤取汁，拌料喂服，每天2次，连用1周。另在水中加0.1%高锰酸钾。

⑧ 中草药防治方四：鱼腥草、水灯芯、银花、薄荷叶、枇杷叶、车前草、桑叶各100克，明矾30克，甘草60克，煎水喂100～200只鸭或鹅，每天2次，连用3天。

⑨ 中草药防治方五：鱼腥草60克，蒲公英、桔梗、筋骨草、山海螺（羊乳）各30克，煎水供50只鸭或鹅内服，每天1剂，连服7剂。

【诊治注意事项】 ①当霉菌在病鸭的呼吸道长出大量菌丝，肺部及气囊长出大量结节时，治疗不可能取得满意的疗效，应及早淘汰。②由于制霉菌素难溶于水，但可以在酸牛奶中长久保持悬浮状态，在治疗时，可将制霉菌素混入少量的酸牛奶中，然后再拌料。

十一、霉菌性口炎

霉菌性口炎（mycotic stomatitis）又名鹅口疮，是由白色念珠菌所引起的鸭或鹅等水禽的一种消化道真菌病。临床上以前消化道的黏膜形成白色伪膜或溃疡为特征，多见于幼龄水禽。

【病原】 白色念珠菌是半知菌纲念珠菌属中的一种，它在自然界中广泛存在，在健康的畜禽及人的口腔、上呼吸道和肠道等处寄居。该菌是一种酵母状真菌。菌体成圆形或椭圆形，能够出芽，伸长而形成假菌丝，故又称假丝酵母菌。

【流行特点】　本病主要发生于鹅，尤其是雏鹅，鸭发病很少。幼龄鸭或鹅的易感性和死亡率均较成年鸭或鹅高。成年鸭或鹅发病，主要与使用抗菌药物有关。本病主要通过消化道感染，也可通过蛋壳感染。不良的卫生条件，长期应用广谱抗生素、皮质类类固醇激素，或营养缺乏等使机体的抵抗力下降，可能诱发本病，过多地使用抗菌药物，引起消化道正常菌群紊乱后也可诱发本病。

【临床症状】　发生本病的幼龄鸭或鹅常生长发育不良，精神委顿，被毛松乱，怕冷，不愿活动，气喘、呼吸急促，张口伸颈，呈喘气状，叫声嘶哑；食欲减退，腹泻，最后衰竭死亡。

【剖检病变】　病死雏鸭或雏鹅的尸体消瘦，剖检见口腔、咽部及食道黏膜增厚，形成灰白色伪膜（图2-85）或溃疡状斑痕，有时可波及腺胃。气囊混浊，表面有干酪样物附着（图2-86）。

图2-85　病鹅食道黏膜增厚，形成灰白色伪膜

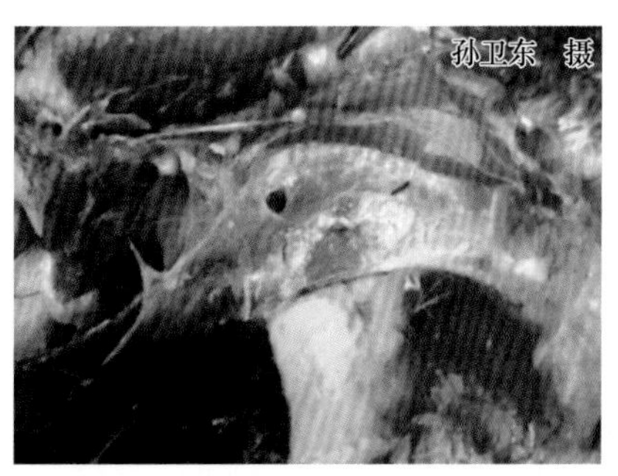

图2-86　病鹅的气囊混浊，表面有干酪样物附着

【诊断】

（1）临床诊断　根据消化道特征性的溃疡病变及气囊的炎性变化即可做出初步诊断。

（2）实验室诊断　可采取病变组织或渗出物做抹片检查，观察酵母状的菌体和假菌丝，或者进行霉菌的分离、培养及鉴定。

（3）类症鉴别诊断　临床上对霉菌性口炎的诊断应注意与鸭瘟相区别。鸭瘟病理变化中也可见到口腔或食道黏膜有坏死性伪膜和溃疡，与霉菌性口炎的口腔或消化道溃疡病变有相似之处，但鸭瘟还可见泄殖腔黏膜出血或坏死、肝脏有不规则的大小不等的坏死点和出血点，而霉菌性口炎则有气囊的炎性变化，可作为鉴别之一。流行病学方面，鸭瘟可发生于1月龄以上的幼龄鸭或鹅和成年鸭或鹅，而霉菌性口炎多发生于雏鹅，可作为鉴别之二。

【预防】

（1）综合预防措施 改善饲养管理，降低饲养密度，加强通风，做好冬季保温和夏季防暑降温工作。平时注意卫生管理，防止潮湿，注意保持鸭舍或鹅舍的干燥。避免饮水污染和过多使用抗菌药物，防止消化道的正常菌群受到破坏，引起二重感染。环境消毒可用碘制剂、甲醛等消毒药，进行定期消毒。此外，在育雏期间应增加多种维生素的用量，增加机体的抵抗力。

（2）药物预防 可在饲料中混入制霉菌素等抗真菌，如在每吨饲料中加入制霉菌素100～150克，拌匀喂饲，连用1～3周。

【治疗】 请参考曲霉菌病的治疗方案。

第三章

鸭鹅寄生虫性疾病

一、剑带绦虫病

剑带绦虫病（taenia solium）是剑带绦虫寄生于鹅、鸭和野鸭等水禽的小肠内而引起的一种寄生虫病。本病对幼龄水禽危害严重，发生感染后常导致水禽发育受阻，并可造成大批死亡，给水禽养殖业带来巨大的损失。

【病原】 病原是矛形剑带绦虫，虫体较大，呈乳白色，形似矛头。

【流行特点】 本病分布广泛，国内饲养鸭和鹅的地区均有发生，多呈地方流行性。不同日龄的鸭或鹅均可发生感染，但临床上主要见于1～3月龄的放养幼龄水禽和青年鹅群。成年鸭或鹅感染后多呈良性经过，成为带虫者。本病有明显的季节性，但以春末、夏季、秋季多发，在冬季和早春很少发生。

【临床症状】 成年鸭或鹅感染剑带绦虫后一般症状较轻。幼龄水禽和青年鹅感染后，可表现明显的全身症状。首先出现消化机能障碍，腹泻，排出白色稀薄的粪便，内混有白色的绦虫节片。发病后期，病鸭或病鹅食欲废绝，羽毛松乱、无光泽，常离群独居，双翅下垂，不愿走动或行走困难。严重感染者常出现神经症状，走路摇晃，运动失调，失去平衡，向后坐倒、仰卧，或突然倒向一侧不能起立，最后衰竭死亡。病程约为15天。

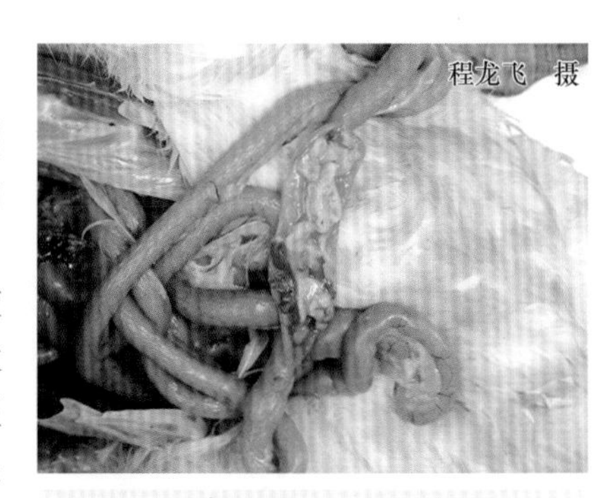

图3-1　病鹅十二指肠和空肠内的绦虫虫体

【剖检病变】 病死鸭或鹅较瘦弱，在十二指肠和空肠内可见大量绦虫虫体（图3-1），严重者甚至堵塞肠腔（图3-2）。虫体较大，呈乳白色，形似矛头（图3-3）。肠道黏膜充血，有时出血，呈卡他性炎症。肌胃内较空虚，角质膜呈浅绿色。部分病例的心外膜有出血点，肝脏略肿大，胆囊充盈，胆汁稀且呈浅绿色。

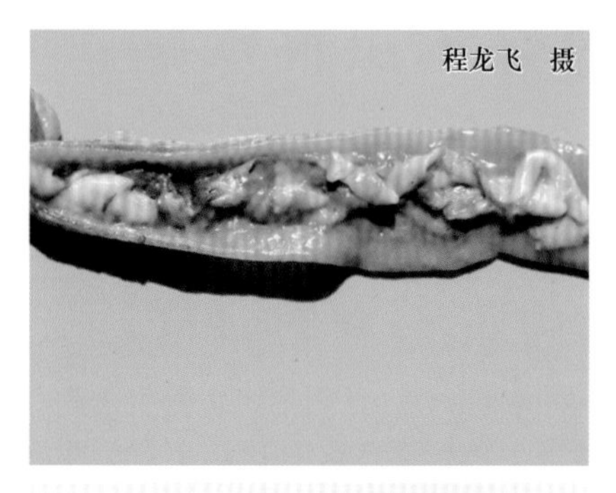

图 3-2　绦虫虫体堵塞肠腔

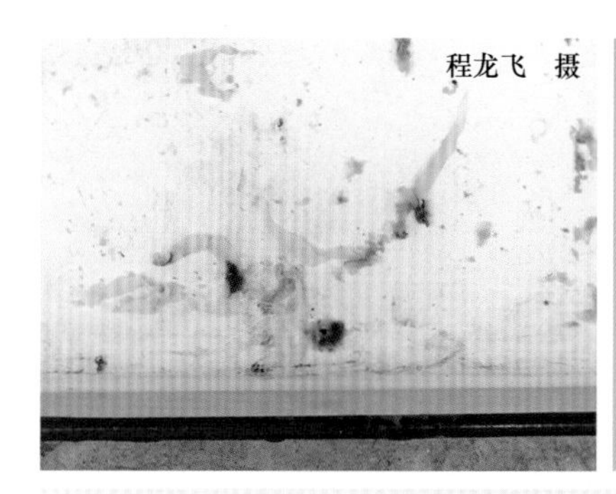

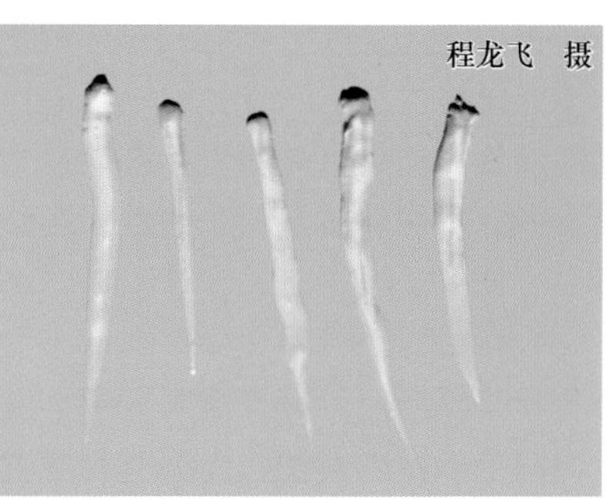

图 3-3　剑带绦虫虫体较大，呈乳白色，形似矛头

【诊断】　根据流行特点、临床症状和病理剖检变化，可做出初步诊断。确诊需要收集病鸭或病鹅的粪便样品，放入 500 ~ 1000 毫升的量杯或其他玻璃器皿中，加满清水，用玻璃棒或干净木棒仔细搅拌后静置 10 ~ 15 分钟，此时由于虫体节片密度大，便会沉于底部，然后将上清液倒弃一半，再加清水，反复洗涤数次后，取出沉淀物置于平皿中，底部用黑纸衬托，仔细用肉眼观察，找到节片，或镜检鸭粪（用饱和盐水浮卵法）发现虫卵可确诊；也可用诊断性驱虫来确诊。

【预防】　不同日龄的鸭或鹅分开饲养，幼龄鸭或鹅最好舍饲。有条件的，放牧地和水塘应轮换使用。成年鸭或鹅用吡喹酮、阿苯达唑（丙硫咪唑）或硫双二氯酚等每年进行 2 次预防性驱虫，第 1 次在春季放牧前，驱虫后 3 天内的粪便应及时清除并进行发酵处理，以杀灭虫卵。第 2 次在秋季放牧后。

【治疗】　发病鸭或鹅可内服吡喹酮（每千克体重10～15毫克）或阿苯达唑（丙硫咪唑，每千克体重20～30毫克）。成年鸭或鹅还可用硫双二氯酚（每千克体重100～150毫克），按1∶30的比例与饲料混合，一次投服。

【诊治注意事项】　为确保疗效，对食欲欠佳的鸭或鹅应逐只投服上述药物。

二、膜壳绦虫病

膜壳绦虫是鸭或鹅体内最常见且危害最严重的一种寄生虫，主要寄生在鸭或鹅的小肠内，引起鸭或鹅贫血、消瘦、腹泻、产蛋量下降或产蛋停止，对幼龄鸭或鹅生长发育的影响尤为严重，重度感染时可引起成批死亡。

【病原】　膜壳绦虫的虫体呈中小型，顶突上通常有一圈不同数目的钩。膜壳绦虫在我国分布较广，寄生于鸭或鹅的有30余种，临床上较为常见。对鸭或鹅致病力较强的代表种为冠状膜壳绦虫。

【流行特点】　膜壳绦虫病流行于世界各地，凡养过鸭或鹅的地方均有本病的存在，尤其是放牧鸭或鹅的感染率高，感染强度大，危害极为严重。各年龄的鸭或鹅均可被感染，但幼龄鸭或鹅受害最严重。膜壳绦虫的发育均需经过中间宿主（包括淡水甲壳类、淡水螺或其他无脊椎动物），有的种类还以淡水螺作为转继宿主（或补充宿主），即以似囊尾蚴储藏在其体内。孕卵节片或虫卵随病鸭或病鹅的粪便排出，虫卵落入水中被中间宿主吞食后发育为成熟的似囊尾蚴，鸭或鹅在吞食了中间宿主后，似囊尾蚴进入小肠，并翻出头节，固着在肠壁上发育为成虫。膜壳绦虫的吸盘或吻突上的钩或棘引起鸭或鹅肠壁的机械损伤，虫体产生的毒素可导致鸭体或鹅体中毒。

【临床症状】　膜壳绦虫感染所引起的临床症状主要取决于绦虫的感染量、饲料营养水平和鸭（鹅）的年龄。轻度感染一般不呈现临床症状，严重感染时可出现生长缓慢、体况下降、产蛋量下降、消瘦和贫血、拉稀等症状。成年鸭感染后一般症状较轻，青年鸭和幼鸭感染后可表现出明显的全身症状，首先出现消化机能障碍，腹泻，排稀白色粪便，青年鸭、成年鸭的粪便中有时混有白色的节片；发病后期，病鸭食欲废绝，羽毛松乱且无光泽，常离群独居，不愿走动，严重感染者常出现神经症状，走路摇晃，运动失调，失去平衡，向后坐倒、仰卧，或突然倒向一侧不能起立，发病后常引起死亡。

【剖检病变】 病死鸭或鹅的尸体消瘦，剖检可见肠腔内有大量的绦虫寄生（图3-4），严重者甚至引起肠腔堵塞（图3-5），发生堵塞的肠管外观稍增粗。虫体寄生的肠黏膜处有不同程度的充血、出血（图3-6），严重的可见溃疡病灶。虫体呈中小型，乳白色（图3-7）。病鸭或病鹅的肝脏略肿大；胆囊充盈，胆汁稀且呈浅绿色。

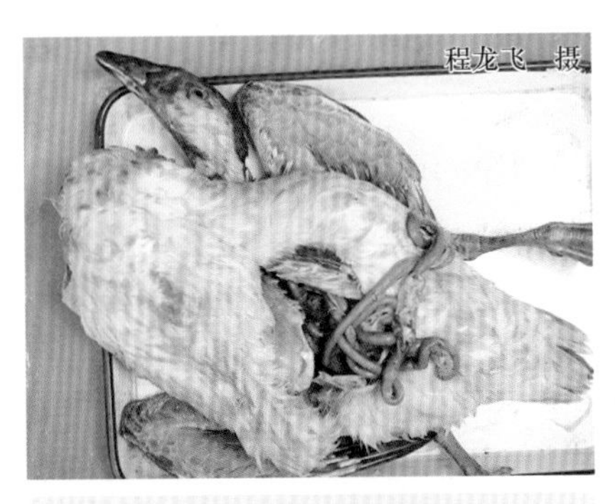

图3-4 病鹅肠腔内的膜壳绦虫虫体

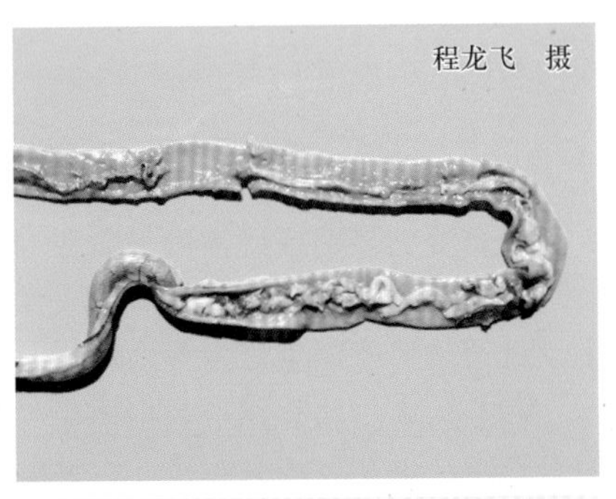

图3-5 膜壳绦虫虫体堵塞肠腔

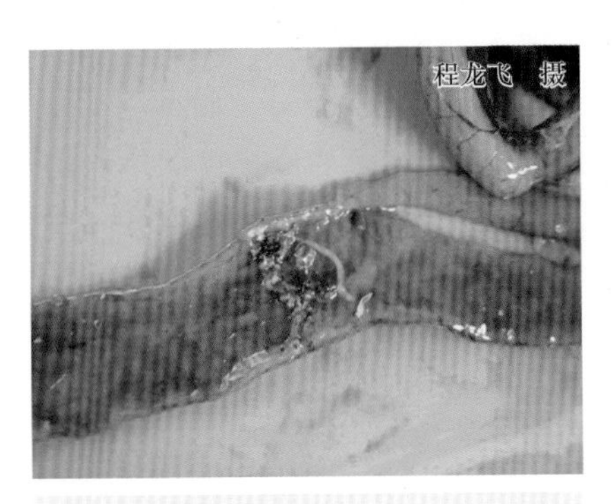

图3-6 病鸭膜壳绦虫寄生的肠黏膜处有不同程度的充血、出血

图3-7 膜壳绦虫虫体为中小型，乳白色

【诊断】 根据流行特点、临床症状和病理剖检变化，可做出初步诊断。确诊需要经过实验室肠内容物卵囊和孕节片的检查，也可通过诊断性驱虫来确诊。

【预防】

（1）日常的预防措施 加强日常管理，不同日龄的鸭或鹅分开饲养，幼龄鸭或鹅最好舍饲。做好粪便的发酵处理，防止中间宿主吃到绦虫卵或节片。饲喂动物源性蛋白质水平高的饲料的鸭或鹅对感染的抵抗力明显高

于饲喂动物源性蛋白质水平低的饲料的鸭或鹅。防止鸭或鹅吞食各种类型的中间宿主，用化学药物杀灭（或控制）中间宿主。保证水源不被污染或在远离水源处饲养，尽可能在水源流动的水域放牧，以减少中间宿主接触鸭或鹅而感染绦虫的机会；对污染的水域应停用1年以上方可放牧。新购入的鸭或鹅，必须隔离一段时间并进行粪便检查是否带有绦虫。必要时进行一次驱虫后才可合群饲养。

（2）药物预防　定期驱虫，对成年鸭或鹅用吡喹酮等每年进行2次预防性驱虫，第1次在春季放牧前，第2次在秋季放牧后。对幼龄鸭或鹅驱虫应在放牧18天后进行，以避免感染性幼虫成熟并排卵污染水源，驱虫后3天内的粪便应及时清除并进行发酵处理，以杀灭虫卵。

【治疗】　将患病的鸭或鹅隔离，投药一般在清晨，投药前鸭或鹅应禁食8～12小时。

① 吡喹酮：按每千克体重10～15毫克内服，该药疗效好，是驱除膜壳绦虫的首选药物。

② 丙硫咪唑：按每千克体重20～30毫克一次拌料喂服。

③ 硫双二氯酚（别丁）：剂量为每千克体重100～150毫克，按1∶30的比例与饲料混合，一次投服。

④ 氯硝柳胺（灭绦灵）：按每千克体重60～150毫克均匀拌料，一次内服。

⑤ 卡玛拉：按每千克体重3克，用牛奶稀释后拌入饲料喂服。

⑥ 四氯化碳：按每千克体重2毫升，与3毫升液状石蜡混合后内服。

⑦ 槟榔、石榴皮合剂：槟榔与石榴皮各100克加水至1000毫升，煮沸1小时后加水调至800毫升。投药剂量：20日龄鸭每只1.2～1.5毫升，30日龄鸭每只2.0毫升，30日龄以上的鸭每只2.5毫升，混入饲料或用胃管投服，分2天喂服。

⑧ 槟榔碱：将1克干燥的槟榔碱粉末溶解于1000毫升沸水中，用量为每千克体重1.0～1.5毫升，用小胃管投药。投药后几分钟，鸭只会呈现兴奋、呼吸及肠蠕动加快，频频排粪，这种现象经1～2分钟消失。通常经20～30分钟排出绦虫。

【诊治注意事项】　①在绦虫病经常流行的地区，带病成年鸭是本病的主要传染源，它通过粪便可以大量排出虫卵，其中间宿主——剑水蚤虽然在冬天大部分死亡，但每年春天又繁殖起来，因此，在每年入冬及开春时，及时给成年鸭进行驱虫，以杜绝中间宿主接触病原，可作为控制本病的重要策略。②为确保疗效，对食欲欠佳的鸭或鹅应逐只喂服上述药物。

三、蛔虫病

蛔虫病（ascariasis）是由蛔虫寄生于鸭或鹅的小肠内引起的一种寄生虫病。本病遍及全国各地，常影响幼龄鸭或鹅的生长发育，甚至造成大批死亡。

【病原】 鸭或鹅蛔虫是寄生在鸭或鹅体内最大的一种线虫，呈浅黄白色。虫卵呈深灰色，椭圆形，卵壳厚，表面光滑或不光滑。

【流行特点】 雌虫在小肠内产卵，卵随粪便排出体外。在适宜的温度和湿度等条件下，经 17 ~ 18 天发育为具有侵袭性的幼虫，鸭或鹅因吞食了被侵袭性幼虫污染的饲料或饮水而感染，幼虫在腺胃与肌胃处逸出，钻入肠黏膜发育一段时间后，重返回肠腔发育为成虫。本病多发于温暖潮湿的季节，饲养环境差的鸭群或鹅群易发。临床上以 2 ~ 3 月龄的鸭或鹅最易感染和发病，成年鸭或鹅多为带虫者。

【临床症状】 发生感染的幼龄鸭或鹅常表现为生长发育缓慢，精神不振，行动迟缓，双翅下垂，羽毛缺乏光泽，可视黏膜苍白，消化功能障碍，食欲不振，腹泻，有时粪中混有带血黏液，机体消瘦。严重感染者逐渐衰竭死亡。

【剖检病变】 剖检病死鸭或鹅见有蛔虫虫体聚集于肠段，小肠黏膜发炎、出血（图 3-8）。严重感染时可见大量虫体聚集，相互缠结，肠道黏膜组织增生，有时可见肠道黏膜形成粟粒大的寄生虫性结节。

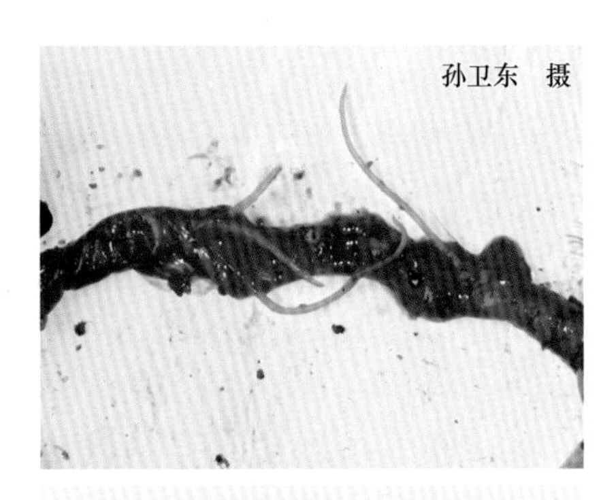
孙卫东　摄

图 3-8　病鸭的小肠内有蛔虫虫体聚集，肠黏膜发炎、出血

【诊断】 根据流行特点、临床症状和病理剖检变化，可做出初步诊断。采用饱和盐水漂浮法检查粪便中的虫卵即可确诊。

【预防】

（1）日常的预防措施　搞好鸭舍或鹅舍的清洁卫生，每天清除鸭舍或鹅舍及运动场的粪便，并集中起来进行生物热处理。勤换垫草，铺上一些草木灰保持干燥。运动场要保持干燥，有条件时铺上一层细沙，或者隔一段时间铲去表土，换新垫土。饲槽和饮水器应每隔1～2周用沸水消毒1次。把幼龄鸭或鹅与成年鸭或鹅分开饲养，不公用运动场。

（2）药物预防　每年用左旋咪唑（左咪唑）或枸橼酸哌嗪（驱蛔灵）等进行2～3次定期驱虫。第1次驱虫在2月龄时进行，第2次驱虫在冬季；成年鸭或鹅第1次驱虫在10～11月，第2次在春季产蛋前1个月。驱虫后3天内的粪便应及时清除并进行堆积发酵处理，以杀灭虫卵。

【治疗】　①磷酸哌嗪片，按每千克体重0.2克拌料，一次喂服。②枸橼酸哌嗪（驱蛔灵），按每千克体重200～250毫克，一次口服，或配成1%水溶液任其饮用，必须在8～12小时服完，对成虫和幼虫有效。③甲苯咪唑，按每千克体重30毫克，一次喂服，对成虫和幼虫均有效。④左旋咪唑（左咪唑），按每千克体重20～30毫克，溶于饮水中，一次口服，对成虫和幼虫的驱虫率达100%。⑤丙硫苯咪唑（丙硫咪唑），按每千克体重10～25毫克，混料喂服。⑥四咪唑（驱虫净），按每千克体重60毫克，一次喂服。⑦硫化二苯胺（酚噻嗪），雏鸭或雏鹅按每千克体重300～500毫克，成年鸭或鹅按每千克体重500～1000毫克，拌料喂服。⑧噻苯唑，按每千克体重500毫克，一次性口服。⑨潮霉素B，按0.00088%～0.00132%混入饲料，喂服。

四、鹅裂口线虫病

鹅裂口线虫病（amidostomiasis anseris）是由裂口线虫寄生于鹅的肌胃角质膜下的一种常见寄生虫病。本病分布广泛，感染率较高，可影响鹅的生长发育，严重感染可导致死亡。

【病原】　病原为鹅裂口线虫，虫体微红、细长、线状，体表具有横纹。

【流行特点】　鹅裂口线虫的发育不需要中间宿主，虫卵随粪便排出体外，在适宜的温度下发育为感染性幼虫。鹅吞食带感染性幼虫的食物、水草或饮用含感染性幼虫的饮水而感染。临床上多见于2月龄左右的鹅感染且发病较重，常引起衰竭死亡；成年鹅感染，多为慢性，一般呈良性经过，成为带虫者。鹅群的感染率高达96.4%，常呈地方流行性。本病多发于夏秋两季。

【临床症状】　患病鹅表现为精神不振，食欲下降，不愿活动，羽毛

松乱、无光泽，消瘦，贫血，嗜睡，常蹲伏，不愿站立；腹泻，严重者排出带有血液的黏液性粪便。病鹅生长发育停滞，重症者甚至衰竭死亡。

【剖检病变】 病死鹅通常瘦弱，眼球轻度下陷，皮肤干燥。剖检见肌胃有病变和粉红色细小虫体（图3-9）。肌胃角质膜呈墨绿色暗棕色或黑色，角质膜坏死，易脱落，脱落的角质膜下常见充血、出血斑或溃疡灶（图3-10），在坏死病灶处常见虫体集聚。肠道黏膜呈卡他性炎症，严重病例见小肠内有大量暗红色的带血黏液。

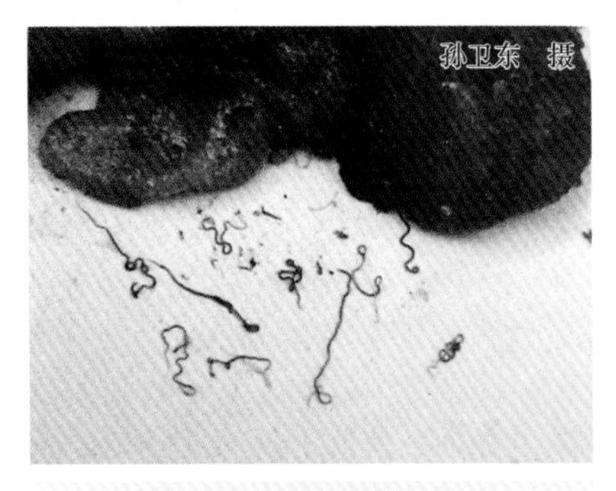

图3-9 病鹅肌胃发黑，且有粉红色细小虫体

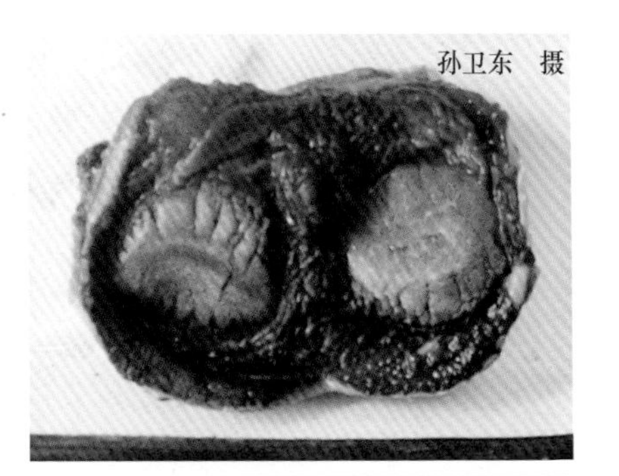

图3-10 病鹅肌胃角质层呈墨绿色，虫体寄生部位糜烂、坏死、易脱落

【诊断】 根据临床症状、剖检病变可做出初步诊断。确诊可取病鹅的粪便进行镜检，可发现大量椭圆形虫卵；同时对剖检发现的虫体进行镜检，确定其特征是否与裂口线虫的特征吻合。

【预防】 加强饲养管理，定期清扫粪便，做好鹅舍及周边环境的消毒工作。不到低洼潮湿地带放牧或死水塘戏水，防止鹅群感染发病。成年鹅与幼鹅分开饲养，防止幼鹅感染。定期对鹅群进行粪检，发现虫卵后及时隔离驱虫，杜绝病原传播。在本病流行区域，要用左旋咪唑、阿苯达唑（丙硫咪唑）等对20～30日龄的鹅群进行第1次预防性驱虫，3～4月龄时进行第2次预防性驱虫。

【治疗】 左旋咪唑，按每千克体重25毫克，一次混饲，连用2天；或阿苯达唑（丙硫咪唑），按每千克体重50毫克，一次混饲，连用2天。

【诊治注意事项】 对缺乏食欲的病鹅，应逐只灌服药物。在饮水中加入适量的电解多维和葡萄糖，可加快病鹅恢复体质。在治疗或预防性驱虫期间，鹅应圈养，及时收集粪便并进行生物发酵处理，清洗饮水器和料盘等器具，彻底消灭虫卵和感染性幼虫，避免二重感染。

五、鸭杯叶吸虫病

鸭杯叶吸虫病（duck cyathocotyle caecumalis）是由盲肠杯叶吸虫寄生于鸭盲肠引起的一种寄生虫病。临床上以盲肠肿大坏死为主要病变，俗称鸭盲肠肿大坏死症，给广大肉鸭养殖户造成很大的经济损失。

【病原】 盲肠杯叶吸虫属枭形目杯叶科杯叶属。

【流行特点】 本病主要感染番鸭和半番鸭，各日龄均可发生，偶见于20～100日龄的麻鸭。本病的发生具有明显的地域性，多见于有山、有水田的农村山区，一旦发生，以后每年都会有本病的发生。本病的发病季节多集中在每年的9月至次年的1月（即晚稻收割后的1～3个月时间）。

【临床症状】 一般水田放牧后5～7天发病，急性病例主要表现为精神沉郁，吃料减少或废绝，排黄褐色或黄白色稀粪，泄殖腔常沾有黄白色粪便，随后几天发病率和死亡率逐渐升高，到10天后死亡率又逐渐降低，个别转为慢性病例，部分病鸭也会耐过而表现生长缓慢。病程可持续10～15天，发病率可达20%～50%，死亡率可达10%～50%。慢性病例则表现为精神沉郁，消瘦，排黄白色稀粪，零星发病和零星死亡，病程可持续10～20天，在临床上使用一般的抗生素、磺胺类等药物治疗均无效果。

【剖检病变】 剖检病死鸭见盲肠肿大明显（约是正常肠道的5倍以上），盲肠表面有不同程度的点状或斑状坏死（图3-11），切开盲肠可见内容物为黄褐色糊状物，并有一股难闻的恶臭味，盲肠黏膜有溃疡或灶状坏死（图3-12）。部分慢性病例的盲肠内容物干涸后可形成干酪样栓塞，盲肠内壁坏死严重并呈糠麸样病变，仔细查看在盲肠内壁上仍可见一些黄白色虫灶，小肠也有轻度的卡他性炎症，个别病例在直肠中也可见到肿大和肠壁坏死病变，其他内脏器官则无明显病变。

【诊断】 根据流行特点、典型症状和特征性病变可做出初步诊断。确诊需要对盲肠内的虫体形态、大小及内部结构进行观察和鉴定。

【预防】 由于盲肠杯叶吸虫需要淡水螺和泥鳅分别作为第一中间宿主和第二中间宿主，因此本病的发生具有明显的地域性和季节性，预防上首先要避免鸭群到本病常发地区进行放牧，杜绝肉鸭在野外采食到有本虫的感染性囊蚴；其次在本病的流行季节或野外放牧期间，定期使用广谱抗蠕虫药（如阿苯达唑）进行预防。

【治疗】 阿苯达唑，按每千克体重25毫克，拌料口服，连用3天，可获得很好的治疗效果，一般用药后第2天即可控制死亡，用药3天后可

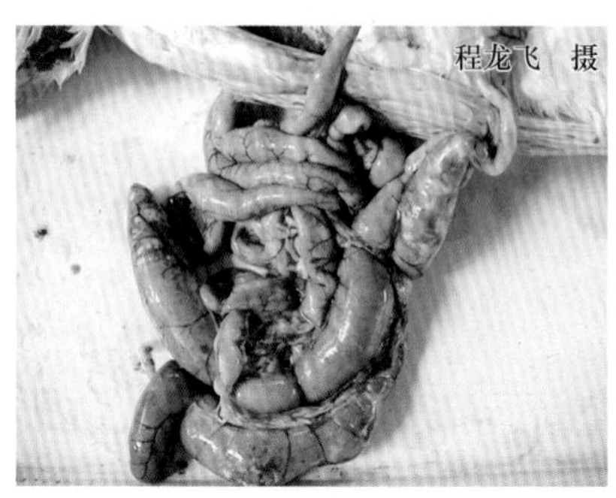

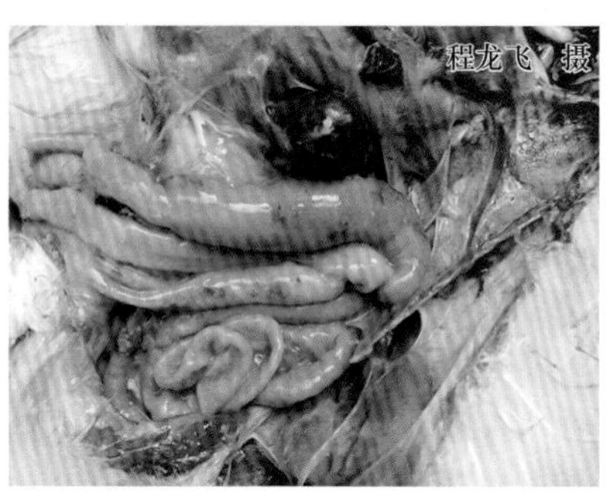

图 3-11 病鸭盲肠肿大明显，盲肠表面有不同程度的点状或斑状坏死

图 3-12 病鸭的盲肠黏膜上有溃疡或灶状坏死

完全康复。此外，硫双二氯酚、阿苯达唑（丙硫咪唑）、吡喹酮等对本病的防治具有一定疗效，可选择使用。

【诊治注意事项】 个别严重不吃料的病鸭，要逐一口服阿苯达唑片进行治疗。一般的抗生素、磺胺类药物治疗无效。

六、球虫病

球虫病（coccidiosis）是由鸭球虫引起的一种危害严重的寄生虫病，主要侵害鸭的肠道，以出血性肠炎为主要特征。本病最早于 1878 年报道，随后在美国、荷兰等许多国家均有报道。1982 年，我国的林昆华等最早报道了北京地区暴发鸭球虫病；1986 年，陈伯伦等报道了广东省佛山市发生鸭球虫病，之后全国各地陆续有本病发生的报道。本病的发病率和死亡率都很高，近年来呈上升趋势，国内外报道的死亡率可达 80%。耐过的病鸭生长发育受阻，增重缓慢，给养鸭业造成了巨大的经济损失。

【病原】 鸭球虫属于孢子虫纲球虫目艾美耳科寄生虫，有 18 种（其中有 10 种寄生于家鸭），分属于艾美耳属、泰泽属等孢属和温扬属。鸭球虫多数寄生于鸭的肠道，少数种类寄生于肾脏。我国鸭球虫病的病原主要是泰泽属的毁灭泰泽球虫和温扬属的菲莱氏温扬球虫。

毁灭泰泽球虫的卵囊小，呈短椭圆形，浅绿色，抵抗力不强，致病力最强，在外界环境中发育成孢子化卵囊的适宜温度为 20～28℃，在 0℃和 40℃时即停止发育。菲莱氏温扬球虫的卵囊大，呈卵圆形，浅蓝绿色，抵抗力较强，发育成孢子化卵囊的适宜温度为 20～30℃，在 9℃和 40℃时停止发育。

【流行特点】 球虫属直接发育型，不需要中间宿主，发育需经过 3 个阶段，即无性生殖阶段、有性生殖阶段和孢子生殖阶段。其中前两个阶段在宿主体内进行，孢子生殖阶段在外界环境中进行，完成后形成感染性卵囊。

鸭球虫病是由于鸭吞食了土壤、饲料和饮水等外界环境中的感染性卵囊而引起感染。各年龄的鸭均有易感性，雏鸭发病严重，死亡率可达 20%～70%。病鸭康复之后成为带虫者，传播鸭球虫病。地面饲养雏鸭，有的在 12 日龄发病死亡。网上饲养的雏鸭，由于不接触地面，一般不易感染，当于 2～3 周龄转为地面饲养时，常严重发病。4 周龄以上的鸭感染时发病率较低。据报道，4～6 周龄鸭的感染率高达 100%；肥育鸭（9 周龄）的感染率较低，约为 10%。鸭球虫病的发生与气温和降水量有密切关系，一般发生在 4～11 月，常见于 7～10 月。

【临床症状】 毁灭泰泽球虫的致病力最强，急性病例精神萎靡，卧地、缩颈（图 3-13），食欲降低甚至废绝，渴欲增加。排暗红色或巧克力色的粪便（图 3-14），有时见有灰黄色黏液，腥臭。发病当天或第 2～3 天出现死亡，死亡率可高达 80%，一般为20%～70%。能够耐过急性期的病鸭，多在发病第 4 天后逐渐恢复食欲，死亡停止。康复

图 3-13 毁灭泰泽球虫感染的鸭精神沉郁，呆立不动，摇晃或卧地不起

鸭生长和增重迟缓。慢性病例症状不明显，偶尔见腹泻。菲莱氏温扬球虫的致病力较弱，严重感染时，临床上仅引起腹泻、精神倦怠，未见排血便和死亡。

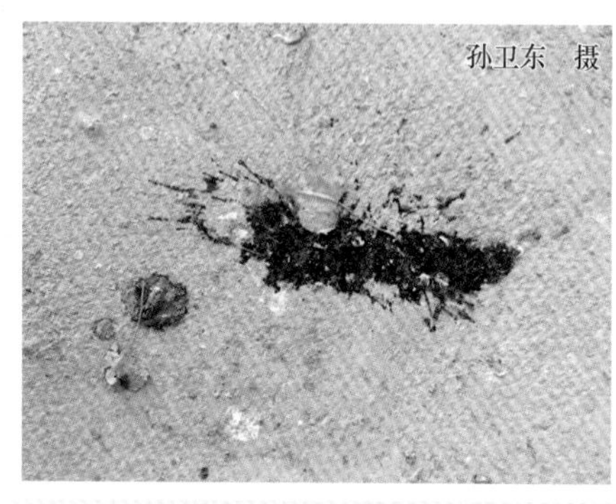

图 3-14　病鸭排出暗红色（左）或巧克力色（右）的粪便

【剖检病变】　急性病例表现出严重的出血性卡他性小肠炎。有的病例小肠肿胀、出血，十二指肠有出血点或出血斑，肠内容物为浅红色或鲜红色黏液或胶冻状黏液（图 3-15），卵黄蒂前 3～24 厘米、后 7～9 厘米范围内的病变明显。有的病例的小肠肠壁上有大量白色坏死点，内容物为白色糊状物（图 3-16）。有的病例小肠炎症、肿胀明显，肠内容物为白色絮状物（图 3-17）。有的病例呈急性出血性坏死性炎症（图 3-18）或出血性-卡他性炎症。有的黏膜表面覆盖着一层麸糠状或奶酪状黏液，或者有浅红色或深红色胶冻状血性黏液，但不形成“肠芯”。

图 3-15　鸭驾鸯等孢球虫致小肠卡他性肠炎，内容物为浅白色

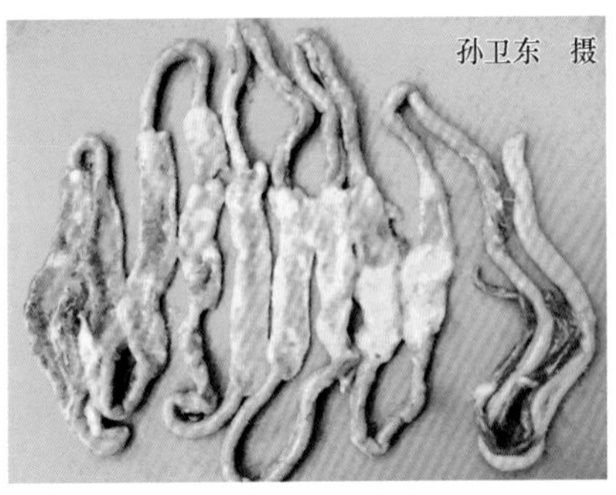

图 3-16 鸭毁灭泰泽球虫致小肠肠壁上有大量白色坏死点，内容物为白色糊状物

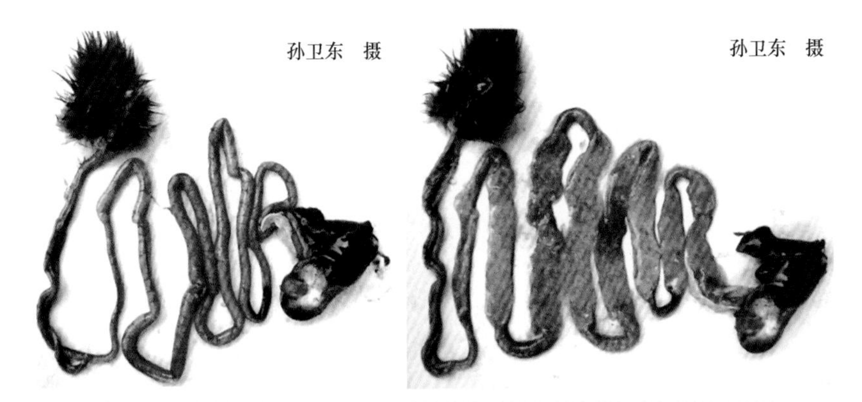

图 3-17 鸭温扬球虫致小肠炎症、肿胀明显，肠内容物为白色絮状物

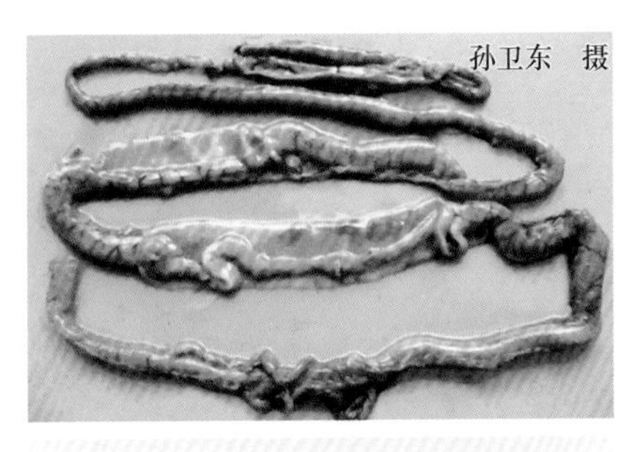

图 3-18 艾美耳球虫感染雏鹅小肠呈急性出血性坏死性炎症

【诊断】

（1）临床诊断 根据临床症状和病理变化可做出初步诊断。

（2）实验室诊断 粪便中的球虫卵囊镜检。应该注意的是，鸭或鹅的带虫现象很普遍，所以粪便中存在球虫卵囊不能作为诊断的根据，必须根据临诊症状、流行特点、病理变化和存在的球虫卵囊进行综合诊断。

（3）类症鉴别诊断

1）与鸭瘟的鉴别诊断。鸭瘟是鸭瘟病毒引起的一种高死亡率的急性传染病。其病变中的出血性肠炎与鸭球虫病有相似之处。鸭球虫病的肠道变化还表现为肠内容物为浅红色或鲜红色黏液或胶冻状黏液，而鸭瘟无这一变化，可作为鉴别之一。鸭瘟多流行于春夏之际和秋天购销旺季，而鸭球虫病则发生于高温高湿季节，可作为鉴别之二。患鸭瘟的鸭的食道黏膜和泄殖腔黏膜有黄褐色坏死伪膜或溃疡，鸭球虫病则没有这些病理变化，可作为鉴别之三。

2）与坏死性肠炎的鉴别诊断。坏死性肠炎是由产气荚膜梭菌引起的一种消化道传染病，引起的肠道病变与球虫感染引起的病变相似，通过采取肠道内容物涂片检查有无球虫卵囊进行区别。鸭患球虫病时，雏鸭发病严重，成年鸭感染率较低，而坏死性肠炎则主要发生于种鸭，也可作为鉴别点之一。

【预防】

（1）日常的预防措施 ①鸭舍应保持干燥、清洁。鸭场应做好严格的消毒卫生工作，及时定期清除粪便，用生物热的方法发酵处理，以杀灭粪便中的球虫卵囊，防止饲料和饮水被鸭粪污染；加强鸭舍的通风换气，维持鸭舍内适宜的湿度；饲槽及用具等应经常定期消毒，鸭舍地面和运动场地可用火焰喷烧消毒。②定期更换垫草，运动场可铲除表土，换垫新土。

（2）药物预防 在球虫病常发的地区和季节，平时可在饲料中添加适量的磺胺类药物（也可用杀球灵、盐霉素等，但屠宰前1周应停药），能起到较好的预防作用。为防止球虫耐药性的产生，可采用两种药联用或交替使用，合理的联合用药既可防止耐药球虫的产生，又可增强药效和减少用量。当前使用的抗球虫药多数是针对处于无性生殖阶段的球虫，因此对于未表现明显症状或未感染的鸭效果较好，而对处于有性生殖阶段的球虫（即出现严重症状的病鸭）效果不佳。在采用轮换或穿梭用药时，一般先使用作用于第一代裂殖体的药物，再换用作用于第二代裂殖体的药物，这样不仅能减少或避免耐药性的产生，而且可提高药物的防治效果。

在鸭球虫病流行地区，当雏鸭12日龄时，可以选用以下方法进行药物

预防：

① 磺胺-6-甲氧嘧啶（制菌磺、SMM）和TMP合剂：二者的比例为5:1，合剂的用量为0.02%，混合在粉料中，连喂5天，停药3天，再喂5天。

② 磺胺甲基异噁唑（复方新诺明，SMZ）：用量为0.02%，混料，连喂3天，停药3天，再喂5天。

③ 磺胺甲基异噁唑（SMZ）和TMP合剂：二者的比例为5:1，合剂的用量为0.02%，混合在粉料中，连喂5天，停药3天，再喂5天。

④ 杀球灵（有效成分为氯嗪苯乙腈）：按0.001%混料，连喂7天。

⑤ 磺胺-6-甲氧嘧啶：按0.1%拌料，喂5天，停3天，再喂5天。

⑥ 广虫灵（有效成分为甲氧吡啶）：按每千克饲料中加入100~150毫克，均匀混料，连用3~7天。

⑦ 球痢灵：按每千克饲料中加入125毫克，混料，连用3~5天。

⑧ 球虫净：按每千克饲料中加入125毫克，均匀混料，连用3~5天，屠宰前7天停药。

【治疗】

(1) 加强隔离和消毒 当发现个别鸭发病时，应立即将病鸭隔离并全群用药预防，同时保持鸭舍的清洁和干燥，及时清理粪便并堆积发酵。若场地被严重污染，应将鸭群转移至未被污染的场地，将雏鸭和成年鸭分开饲养。并对原场地、栏圈、饲槽、饮水器及用具等进行清洗和彻底消毒。

(2) 药物治疗 由于患球虫病的鸭通常食欲减退，甚至废绝，但饮欲正常，甚至增加，因而通过饮水给药可使病鸭获得足够的药物剂量，而且饮水给药比混料更方便。因此，治疗时最好采用饮水给药。治疗时除应该了解抗球虫药的商品名和化学名，避免使用同一品种或同一化学结构的抗球虫药物外，还应了解药物的治疗剂量和中毒剂量，以防药物中毒。同时，用药疗程要充足，应连续用药，以防再度暴发球虫病。

① 地克珠利：按原粉计，每千克饲料加入1毫克拌料或在每千克水中加入0.5~1毫克饮用，连用3~5天。也可选用上海科农生物技术有限公司生产的红球特号复方制剂，按每100毫升加水100升混饮，每天2次，连用3天。

② 磺胺-6-甲氧嘧啶（制菌磺、SMM）和TMP合剂：二者的比例为5:1，合剂的用量为0.04%，混合在粉料中，连喂7天，停药3天，再喂3天，效果较好。也可选用磺胺-6-甲氧嘧啶，按0.2%拌料，连喂7天，停药3天，再喂3天；或磺胺甲基异噁唑（复方新诺明，SMZ），按0.04%混

料，连喂7天，停药3天，再喂3天；或在饮水中加入1%磺胺-2-甲基嘧啶，连用2天，停药2天，再在饲料中加入0.15%磺胺咪，连用4天后停药3天，接着又在饮水中加入1%磺胺二甲基嘧啶，这样反复交替用药；或新球虫粉（由磺胺-6-甲氧嘧啶、抗菌增效剂及呋喃类药物组成的复合制剂），按每100千克饲料中添加新球虫粉1千克，混匀后连为7天。

③ 球虫宁：按每千克体重30毫克混料，连喂3天。

④ 氨丙啉：按每千克体重10毫克混料，连喂3天。也可用20%安保乐水溶性粉剂，在25千克水中加入30克安保乐水溶性粉剂（相当于每千克水含240毫克氨丙啉），连续饮用3~5天，药液应每天现配现用。

⑤ 阿的平（米帕林）：按每千克体重0.05~0.1克，将药物混于湿谷粒中喂给，每隔2~3天给药1次，喂完第3次后，延长间隔时间，每隔5~6天喂1次，共喂5次。通常在喂完第3次后，病鸭粪中便找不到球虫卵囊，症状明显好转，基本停止死亡。也可选用氯基阿的平，按每千克体重0.05克，与湿谷粒拌匀，每隔3天喂1次，共用药5次。

⑥ 克球多（可爱丹）：按每千克饲料中加入250毫克，均匀拌料喂给，连用3~5天。

⑦ 施得福：在饮水中加入0.5%施得福，连用5~7天。

⑧ 氯苯胍：按每千克饲料中加入100毫克，均匀混料喂给，连用7~10天。屠宰前5~7天停药。

⑨ 广虫灵：按每千克饲料中加入100~200毫克，均匀混料，连用5~7天。

⑩ 青霉素：按每只雏鸭5000~10000单位，用水溶解后拌入饲料中喂给或用溶液滴服，每天1次，3天为一疗程。

【诊治注意事项】 ①球虫对药物容易产生耐药性，故选用抗球虫药物时应轮换或穿梭用药，避免长期使用单一药物防治球虫病。用上述药物治疗球虫病时，容易破坏肠道内的微生物区系的平衡而影响鸭的消化和吸收，故在喂药之后可饲喂1~2天微生态制剂（益生素）。使用抗球虫药会影响机体维生素的吸收，故在治疗过程中应在饲料或饮水中补充适量的维生素。使用（甲基）盐霉素作为抗球虫药物时应注意与治疗支原体病的药物（如枝原净）等的药物配伍反应。②应将雏鸭与治疗后的耐过鸭隔开饲养，避免耐过鸭排出的病原传给雏鸭。治疗鸡球虫病的药物对本病均有疗效，可以选择使用。

第四章

鸭鹅营养代谢性疾病

一、维生素A缺乏症

维生素A缺乏症（vitamin A deficiency）是因日粮中维生素A或其前体胡萝卜素供给不足或机体吸收障碍而引起鸭或鹅的一种营养代谢病，临床上以生长发育不良、器官黏膜损害、上皮角化不全、视觉障碍及胚胎畸形为特征。不同品种和日龄的鸭或鹅均可发生，但临床上多见于幼龄鸭或鹅，常发生在缺乏青绿饲料的冬季和早春季节。1周龄以内的幼龄鸭或鹅患病常与种鸭或种鹅维生素A缺乏有关。

【病因】 饲料中维生素A或胡萝卜素不足或缺乏是本病的原发性病因。饲料加工、储存不当及存放过久、陈旧变质，均可促使其中的胡萝卜素遭受破坏，长期饲用这样的饲料，易发生维生素A缺乏。鸭或鹅运动不足、饲料中矿物质缺乏、饲料管理不当及消化道疾病，均可诱发本病。

【临床症状】 雏鸭或雏鹅多于1~2周龄出现症状，表现为厌食，生长停滞，羽毛蓬松，体质虚弱，步态不稳，有的甚至不能站立。喙和脚蹼黄色变浅。常流鼻液和流泪，眼睑羽毛粘连、干燥，形成干眼圈（图4-1）。有些雏鸭或雏鹅眼内流出黏性或脓性分泌物，眼睑粘连或肿胀隆起，甚至失明，剥开可见白色的干酪样渗出物（图4-2）；有的病雏角膜混浊，视力

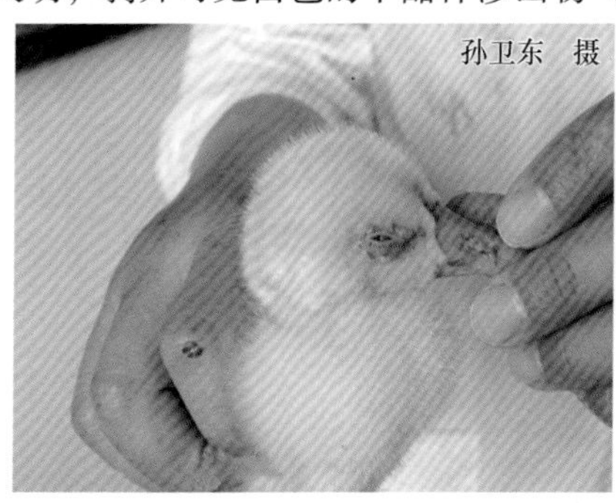

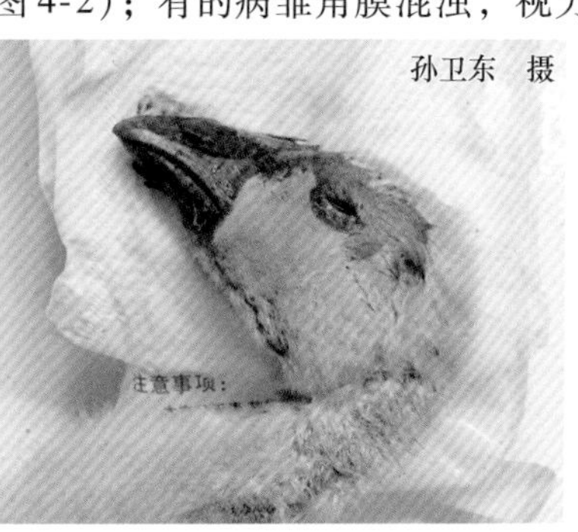

图4-1　鸭（左）、鹅（右）流泪，眼睑羽毛粘连、干燥，形成干眼圈

模糊。病情严重者可出现脚蹼底部粗糙（图4-3）、运动失调。此外，发病的鸭或鹅易发生消化道、呼吸道疾病，引起食欲不振、呼吸困难等症状。成年鸭或鹅维生素A缺乏时表现为产蛋率、受精率、孵化率降低，也可出现眼、鼻分泌物增多，黏膜脱落、坏死等症状。种蛋孵化初期死胚较多，出壳雏鸭或雏鹅体质虚弱，易患眼病和其他传染病。种公鸭或种公鹅性机能衰退。

图4-2　病鸭眼睑内白色的干酪样渗出物

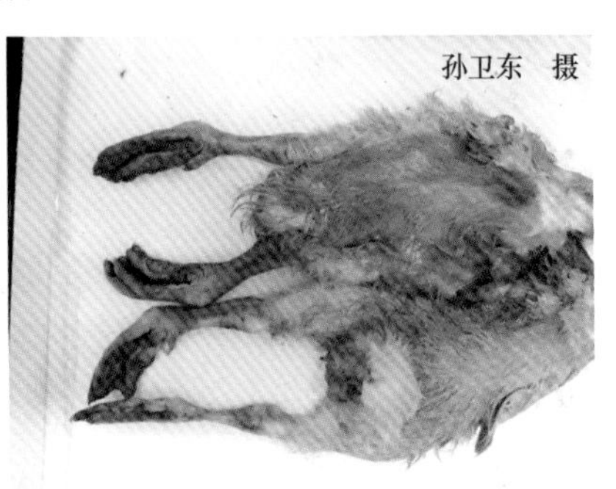

图4-3　病鹅脚蹼底部粗糙

【剖检病变】　剖检病雏或病死雏可见消化道黏膜（尤以咽部和食管）出现明显的灰白色坏死灶（图4-4），不易剥落，有的呈白色伪膜状覆盖，呼吸道黏膜及其腺体萎缩、变性，原有的上皮被一层角质化的复层鳞状上皮代替。肾脏肿胀，颜色变浅，肾小管、输尿管内充满尿酸盐（图4-5），严重时心包、肝脏、脾脏等表面也有尿酸盐沉积。小脑肿胀，脑膜水肿，有微小出血点。剖检死胚，可见畸形胚较多，胚皮下水肿，常出现尿酸盐在肾脏及其他器官沉着，眼肿胀。

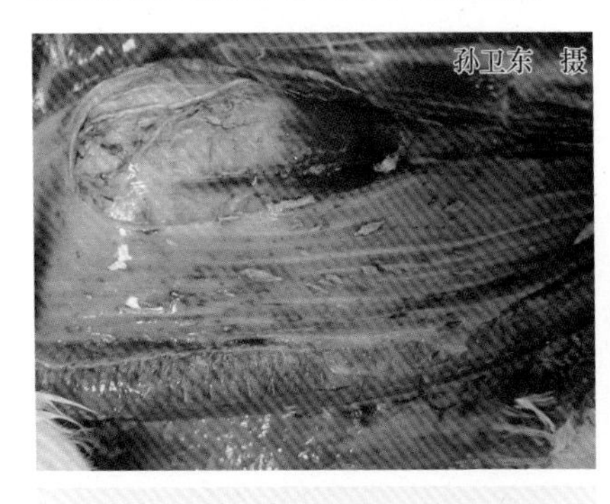

图4-4　病鸭食道黏膜出现明显的灰白色坏死灶

图4-5　病鹅输尿管内有尿酸盐蓄积

【诊断】 根据症状、病理变化和饲料化验分析的结果即可建立诊断。

【预防】 一般成年鸭或鹅每千克饲料中含有4000国际单位、雏鸭或雏鹅每千克饲料中含有1500国际单位的维生素A即可预防本病发生。合理搭配日粮，防止饲料品种单一，平时给鸭或鹅多喂青绿饲料（如菠菜）、块根类饲料（如胡萝卜）、谷物类饲料（黄玉米）、中草药类饲料（苍术，按每只鸭或鹅每次1.5~3克拌料）、动物类饲料（如小鱼、虾、羊肝等）。同时要注意饲料的保管，防止发生酸败、发热和氧化，以免破坏维生素A，日粮最好现配现用。

【治疗】

（1）增加饲料中维生素A的含量 在1千克饲料中加入8000~15000国际单位的维生素A，每天3次，连用2周。由于维生素A在机体内吸收很快，收效迅速。

（2）添加鱼肝油 1千克日粮中添加鱼肝油2~4毫升，与饲料充分拌匀，立即饲喂；或用浓缩鱼肝油粉（250克/包），拌料500千克，连用7~10天。

（3）肌内注射（或滴服）**维生素A制剂** 重症病例，雏鸭或雏鹅按每只0.5毫升、成年鸭或鹅按每只1.0~1.5毫升肌内注射，或分成3次内服，效果很好。

（4）眼部处理 对眼部病变明显的病鸭或病鹅，用小镊子清除分泌物，再用3%硼酸溶液冲洗，每天1次，效果良好。

【诊治注意事项】 ①由于维生素A不易迅速排出，故不可长期大剂量使用，以防中毒。②当种鸭或种鹅发生维生素A缺乏时，只要能及时在日粮中加入维生素A，在1个月左右可以恢复生殖能力。

二、维生素B_1缺乏症

维生素B_1缺乏症（vitamin B_1 deficiency）是指鸭或鹅体内维生素B_1的供应不能满足代谢的需要时发生的一种以外周神经和中枢神经细胞退行性变化为主要病变的营养代谢性疾病。临床上以角弓反张、两脚无力、呈“观星”姿势等多发性神经炎性症状为特征。幼龄鸭或鹅多见。

【病因】 饲料单一，尤其给幼龄鸭或鹅长期饲喂水浸米、泡饭、细磨谷物，饲料储存时间过长或虫蛀、霉败；高温焖煮饲料等情况下可引起维生素B_1的缺乏。鲜鱼虾、软体动物（如白蚬、河蚌、螺蛳等）含有可分解维生素B_1的硫胺素酶，长期饲喂可引发本病，故临床上维生素B_1缺乏症有“白蚬瘟”“蚌瘟”的俗称。饲料中添加的某些矿物质、碱性物质、防霉剂等也可破坏维生素B_1；还有蕨类植物，棉籽、油菜籽等饼渣中含有的硫胺素拮抗因子，某些药物（如抗球虫药氨丙啉等）都可拮抗维生素 B_1 的体内作用；原发或继发性消化道疾病，可引起维生素 B_1 吸收不足；某些原因引起的机体消耗过多等均可促进发病。

【临床症状】 幼龄鸭或鹅多在 2 周内发生，发病突然，典型症状为多发性神经炎。病初表现为食欲下降，精神差，生长不良，步态不稳，羽毛松乱、无光泽等；有的还表现消化不良，腹泻，贫血。随着病程的发展才表现有以伸肌麻痹为主的多发性神经炎性症状，麻痹常从趾开始，向上发展到腿、翅、颈。病鸭两腿屈曲，不能行走和站立，一旦翅、颈伸肌麻痹，则可呈现典型的“观星”姿势（图 4-6）。病鸭或病鹅的头向背后弯曲，屁股着地，也有的偏头扭颈。若中枢受到影响，则出现打转、奔跑、跳跃、仰翻等阵发性神经症状（图 4-7），一天发作数次，最后抽搐、麻痹、死亡。成年鸭或鹅的病情发展较缓慢，呈渐进性的多发性神经炎，症状与幼龄鸭或鹅相似。种鸭或种鹅所产种蛋在孵化中常有死胚或逾期不出壳现象，出壳雏的死亡率较高。

图 4-6 病鸭两腿屈曲，不能行走和站立，呈现典型的“观星”姿势

图 4-7 病鸭出现打转、仰翻

【剖检病变】 胃肠壁严重萎缩，十二指肠有炎症或溃疡；肾上腺肥大（母鸭或母鹅更明显），皮质变化范围大于髓质；心脏轻度萎缩，右侧心脏常扩张，心房较心室更明显；生殖器官（睾丸或卵巢）萎缩；雏鸭还有皮肤的广泛性水肿。

【诊断】 根据症状、病理变化和饲料化验分析的结果即可建立诊断。

【预防】

（1）改变日粮配合 保证日粮中有足够的维生素 B_1，在生长发育期和产蛋季节，增加米糠、麦麸、酵母、青绿饲料等富含维生素 B_1 的饲料。

（2）妥善保存饲料 防止因潮湿、霉变、受热或遇碱性物质等破坏维生素 B_1。

（3）加强饲养管理 雏鸭或雏鹅出壳后，逐只滴喂复合维生素 B 溶液

1～2毫升，或在饮水和饲料中添加电解多维；在应用抗生素和磺胺类制剂治疗消化道疾病、发热性疾病等时，及时补充维生素 B_1；因饲喂蚌肉、鱼、虾等引起维生素 B_1 缺乏症时，应停止继续饲喂；禁止饲喂霉变、酸败的饲料或变质鱼粉。

【治疗】

（1）增加饲料中维生素 B_1 的含量 出现可疑病鸭或病鹅时，可在每千克饲料中加入10～20毫克维生素 B_1 粉剂，连用7～10天；在饮水中加复合维生素B溶液，每1000只雏鸭或雏鹅每天加500毫升，或用250毫升拌料，每天2次，连用2～3天；用含有维生素B族的电解多维、水解多维、黄金搭档等拌料或饮水。

（2）肌内注射（或口服）维生素 B_1 制剂 对病情较重的病鸭或病鹅，可按成年鸭或鹅5毫克，雏鸭或雏鹅1～3毫克肌内注射维生素 B_1，每天1次，连用3～5天；或每只每次口服维生素 B_1 片（5毫克），每天3次，直至痊愈。

三、维生素 B_2 缺乏症

维生素 B_2 又称核黄素，是鸭或鹅体内十多种酶的辅基，与鸭或鹅的生长和组织修复有密切关系。鸭或鹅因体内合成核黄素很少，必须由饲料供应。维生素 B_2 缺乏症（vitamin B_2 deficiency）常因饲料缺乏维生素 B_2 所引起，临床上以生长发育阻滞、羽毛卷曲、蹼趾向内蜷曲、飞节着地、瘫痪等为特征。临床上主要见于15日龄以内的幼龄鸭或鹅。

【病因】 笼养或圈养条件下，青绿饲料缺乏，长期单纯饲喂谷粒、碎大米、米饭等，或是配合饲料搭配不当，如禾谷类、豆类及其副产品、块根类饲料比例过高（这些饲料的维生素 B_2 含量少），或被紫外线、碱及重金属破坏。药物的拮抗作用，如氯丙嗪等能影响维生素 B_2 的利用。动物处于低温等应激状态，维生素 B_2 的需要量增加；胃肠道疾病会影响维生素 B_2 的转化和吸收；饲喂高脂肪、低蛋白质饲料时维生素 B_2 的需要量增加。

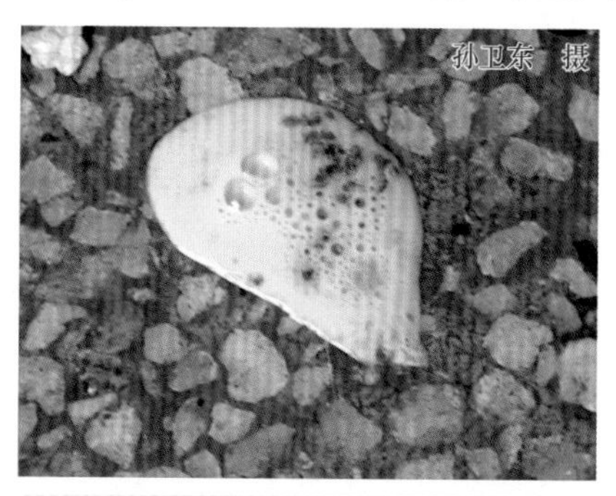

图4-8 病鸭排出带气泡的稀粪

【临床症状】 幼龄鸭或鹅主要表现为消化功能紊乱，生长缓慢，消瘦，精神不振，羽毛蓬松、无光泽，翅膀下垂，常排出带气泡的稀粪（图4-8）。随着病情的发展，出现蹼趾向内蜷曲（图4-9），表面干燥，两脚不能站立，病雏以飞节着地，两翅展开，驱赶时，以两翅扑打地面，飞节着地，行走困难（图 4-10）等。成年鸭或鹅一般可表现为产蛋率下降，鸡蛋蛋白稀薄如水，蛋黄颜色浅淡，可在蛋内迅速转动。种蛋的受精率降低，孵化后期死胚率增加，死胚的羽毛萎缩，脑膜水肿，蹼趾向内蜷曲；初生雏中弱雏较多，脚麻痹，绒毛卷起成团，卵黄吸收迟缓。

图 4-9　病鸭蹼趾向内蜷曲

图 4-10　病鸭两翅扑打垫网，行走困难

【剖检病变】 内脏器官无明显的异常变化。可见胃肠道黏膜萎缩，肠道内有大量泡沫状内容物。少数重症者见坐骨神经和臂神经显著变粗，尤其是坐骨神经比正常粗大 4 ~ 5 倍。

【诊断】 根据症状、病理变化和饲料化验分析的结果即可建立诊断。

【预防】

（1）改变日粮配合　保证日粮中有足够的维生素 B_2，在生长发育期和产蛋季节，在饲料搭配时适当多添加蚕蛹粉、干燥的肝脏粉、干酵母、干草粉、乳制品和各种新鲜青绿饲料或在日粮中按每千克饲料添加 10 ~ 20 毫克维生素 B_2。

（2）妥善保存饲料　防止潮湿、霉变，避免饲料曝晒或被碱性处理后破坏维生素 B_2。

（3）加强饲养管理　雏鸭或雏鹅出壳后，逐只滴喂复合维生素 B 溶液 1 ~ 2 毫升，或者在饮水和饲料中添加电解多维。

【治疗】

（1）增加饲料中维生素 B_2 的含量　出现可疑病鸭或病鹅时，可在每千克饲料中加入 10 ~ 20 毫克维生素 B_2 粉剂，连用 7 ~ 10 天；在饮水中加复合维生素 B 溶液，每 1000 只雏鸭或雏鹅每天加 500 毫升，或者用 250 毫升拌料，每天 2 次，连用 2 ~ 3 天；用含有 B 族维生素的电解多维、水解多维、黄金搭档等拌料或饮水。

（2）肌内注射（或口服）**维生素 B_2 制剂**　对病情较重的病鸭或病鹅，可按每只成年鸭或鹅5毫克，每只雏鸭或雏鹅1～3毫克肌内注射维生素 B_2，每天1次，连用3～5天；或每只每天口服维生素 B_2 片，雏鸭或雏鹅0.2～0.5毫克，成年鸭或鹅5～6毫克，种鸭或种鹅10毫克，连用7天。

（3）蛋内注射（或口服）**维生素 B_2 制剂**　种鸭或种鹅缺乏维生素 B_2 时，为减少胚胎死亡，可在孵化前或孵化间向蛋气室注入一定量的维生素 B_2（核黄素）针剂（0.1毫克/只）。

四、维生素D缺乏症

维生素D缺乏症（vitamin D deficiency）是因日粮中维生素D缺乏或光照不足等引起的一种钙、磷代谢障碍性疾病。临床上以生长发育迟缓，骨骼变软、变形，运动障碍，产蛋量下降，产软壳蛋和薄壳蛋为特征。临床上各日龄的鸭或鹅均可发生，多见于1～6周龄的幼龄鸭或鹅和产蛋高峰的母鸭或鹅。幼龄鸭或鹅表现为佝偻病、软脚病，成年鸭或鹅表现为软骨症、产软壳蛋和薄壳蛋等。

【病因】　体内合成量和饲料供给不足；机体消化吸收功能障碍，患有肝肾疾病、脂肪性腹泻的鸭或鹅也会发生本病；饲料中维生素A、硫酸锰添加量太大，或饲料中脂肪含量不足，会影响维生素D的吸收；有些霉菌和它们的毒素都能干扰鸭或鹅对维生素D的吸收；鸭或鹅皮肤受日光紫外线照射不足，降低了维生素D原转化为维生素D的能力；育雏期及产蛋高峰期的鸭或鹅对维生素D的需求量大而得不到满足等。

【临床症状】　患病幼龄鸭或鹅病初步态不稳、僵硬，喙（图4-11）、跖骨（图4-12）和趾爪变软，逐渐两腿软弱无力，支持不住身体，常以跗关

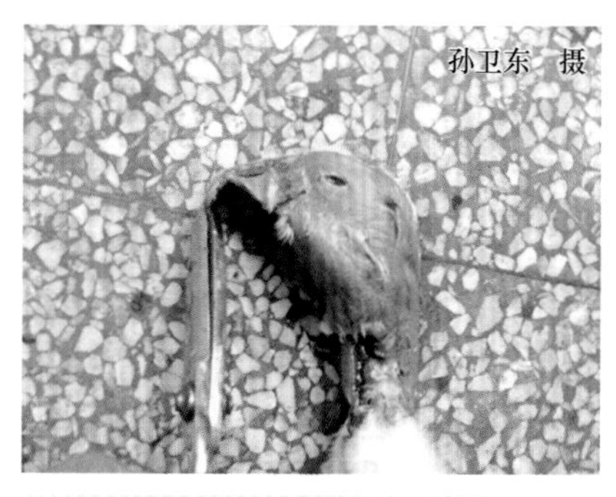

图4-11　病鹅的喙变软

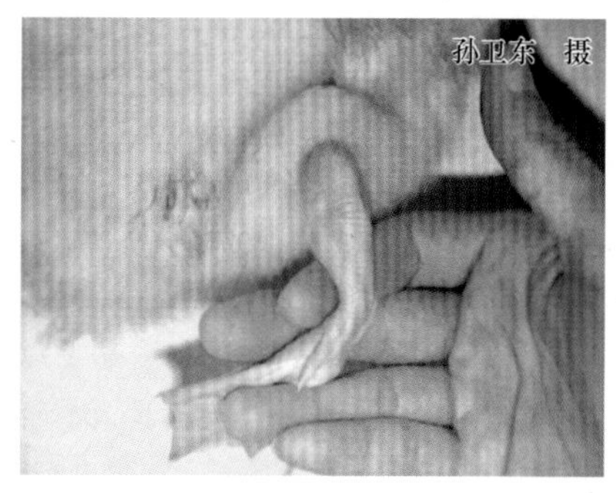

图4-12　病鹅的跖骨变软、易弯曲

节着地，呈蹲伏状，有时甚至不能蹲伏，两腿后伸，脚底朝上（图4-13）或两腿呈劈叉状张开（图4-14）。严重者身体倒向一侧，两肢划动，若不及时治疗，常衰竭死亡。产蛋鸭或鹅可见产蛋量下降，蛋壳变薄，蛋易破，时而产软壳蛋或无壳蛋；种蛋孵化率降低。患病母鸭或母鹅腿部虚弱无力，步态异常，重症者瘫痪，常双翅展开，不能站立，或者拍动双翅向前移动身体。

图4-13 病鸭两腿后伸，脚底朝上

孙卫东 摄

图4-14 病鸭两腿呈劈叉状张开

【剖检病变】 见甲状旁腺增大；胸骨（龙骨）变软且呈“S”状弯曲（图4-15），长骨变形、骨质软，骨髓腔增大；胸部肋骨与肋软骨的接合间隙变宽（图4-16），严重者其接合部可出现明显的球形肿大，排列成“串珠”状（图4-17）；飞节肿大。成年产蛋母鸭或母鹅可见骨质疏松，胸骨变软，肋骨与胸骨、椎骨的接合处内陷，所有肋骨沿胸廓呈向内弧形特征，跖骨易弯曲。早期死亡的胚胎，见胚胎肢体弯曲、腿短，多数死胚皮下水肿，肾脏肿大。

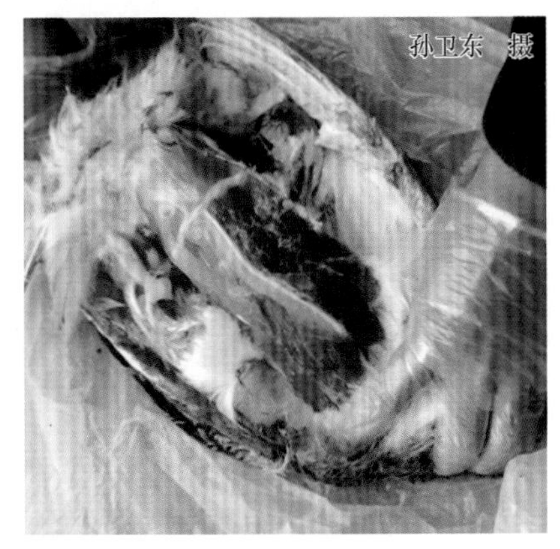

图4-15 病鸭龙骨变软且呈“S”状弯曲

【诊断】 根据症状、病理变化可做出初步诊断，确诊需要进行饲料化验分析和血液生化检验等实验室检查。

【预防】

（1）保证饲料中维生素D的供应 一般在每千克饲料中添加维生素D的剂量为：幼鸭或鹅和育成期为1200国际单位，产蛋期为1400国际单位，并注意调配其中钙、磷比例（一般钙与磷应保持在

2∶1，产蛋期为5∶1～6∶1)。喂给磷多钙少的饲料，如糠麸、谷类时，应补充骨粉。应注意保持维生素A∶维生素D为5∶1的比例。

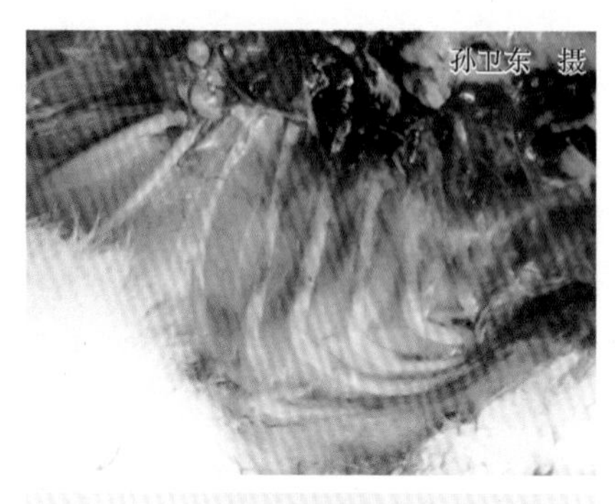

图4-16 病鸭的胸部肋骨与肋软骨的接合间隙变宽

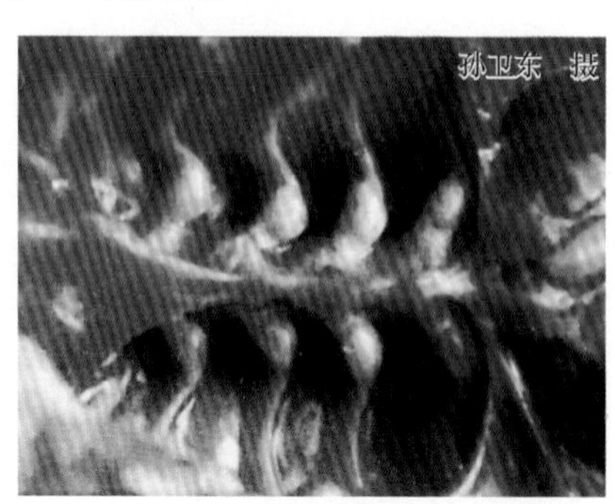

图4-17 病鸭肋骨弯曲，在与脊柱相连处呈球状肿大

(2) 多晒太阳 因为维生素D合成需要紫外线，所以要适当放牧，尤其是舍饲，应使鸭或鹅有足够的时间在运动场活动，梅雨季节可在鸭舍或鹅舍内安装紫外线灯照射。对缺少阳光照射的雏鸭，必要时可每只喂给维生素D 2万国际单位。种鸭或种鹅在久雨多阴天气所产的蛋最好不要用于孵化。

【治疗】

(1) 补充维生素D 出现可疑病鸭或病鹅时，每只雏鸭或雏鹅每次喂给维生素$D_3$1.5万国际单位；也可用浓缩鱼肝油，每只每次口服2～3滴，每天1～2次，连用2天；也可用维生素AD粉或浓缩鱼肝油粉拌料，500千克饲料加250克，连用7～10天。

(2) 肌内注射维生素D制剂 病重鸭或鹅肌内注射维生素AD注射液(每毫升含有维生素A 2.5万国际单位，维生素D 2500国际单位)，每次0.25～0.5毫升；或肌内注射维丁胶性钙注射液(含维生素D 5000国际单位)，每次1毫升，每天1次，连用2天。

【诊治注意事项】 在治疗期间，病鸭或病鹅应隔离饲养，以防挤压踩踏，造成伤亡。对出现痉挛的病鸭或病鹅，可每天静脉注射10%葡萄糖酸钙1次，每次10～20毫升。同时注意日粮中钙、磷的比例，及时加以调整，并增加病鸭或病鹅的光照时间。

五、锰缺乏症

锰缺乏症(manganese deficiency)是由锰缺乏引起的以脱腱症、生长

发育受阻、脂肪肝综合征和蛋的孵化率明显下降为特征的一种营养代谢病。

【病因】 饲料单一，特别是长期以玉米等锰含量较低的饲料饲喂，而饲料中又不补充含锰的添加剂；饲料中钙、磷、铁及植酸盐含量过多或比例不恰当，可抑制锰的吸收及利用；日粮中锌、硒、胆碱、烟酸、叶酸、生物素或吡哆醇等缺乏可导致发病；日粮中蛋白质含量过高，可使本病和其他腿部异常的发病率上升；赖氨酸等的含量过高或甘氨酸的含量过低会诱发本病。

【临床症状】 跗关节异常增粗，并且变扁平，胫骨下端与跖骨上端向外弯转，使腓肠肌腱向关节一侧滑动、滑脱，腿部弯曲或扭曲而向外伸长，比正常腿骨短而粗，无法支撑体重，不能直立，行走困难（图 4-18），从而影响采食和饮水，致使生长不良。产蛋鸭或鹅的产蛋率和孵化率显著降低，种蛋孵化出的胚胎多发育异常，死胚增多，孵出的雏鸭或雏鹅往往生长发育停滞。

【剖检病变】 跗跖骨弯曲、短粗，近端粗大变宽，胫跖骨、跗跖骨关节处皮下有一灰白色较厚的结缔组织（图 4-19）。腓肠肌腱移位，从胫跖骨远端两踝滑出，移向关节内侧。因关节长期着地负重，该处皮肤增厚、粗糙。内脏器官无特征性肉眼可见变化。胚胎多发生畸形，腿粗短，翅膀短。

图 4-18　病鸭两腿外翻，不能站立，以跗关节着地，行走困难

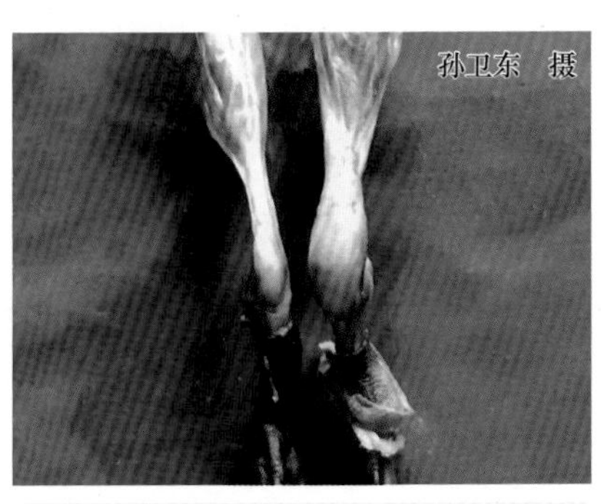

图 4-19　病鸭的跗关节肿胀（右）

【诊断】 根据临床症状、剖检变化等可做出初步诊断，确诊应根据饲料中锰的检测结果进行。

【预防】 满足鸭或鹅各种必需营养物质的饲料，特别是含锰（每

千克饲料中应含有锰 50 毫克)、胆碱（每千克饲料中应含有胆碱 200 毫克)、B 族维生素（每千克饲料中应含有烟酸 40～50 毫克，生物素 40～100 毫克，硫胺素 2.6 毫克，吡哆醇 10～20 毫克，叶酸 0.5～1.0 毫克）和微量元素硒（0.1 毫克）的饲料是防止本病发生的有效措施。同时，要注意保持饲料中蛋白质和氨基酸的适当含量；要多喂新鲜的青绿饲料；钙和磷的补充，切忌过量；在产蛋季节，尤其要提高饲料中的锰含量。

【治疗】 用0.005%～0.01%高锰酸钾溶液饮水，连饮 2～3 天，间隔 1～2 天，再饮 2～3 天，饮用期间，每天要更换新配溶液 2～3 次；或在每千克粉料中添加硫酸锰 0.1～0.2 克，同时配合使用氯化胆碱（每千克粉料中添加 1 克)，连续饲喂，效果较好。

六、痛　风

痛风（gout）又称水禽肾功能衰竭症、尿酸盐沉积症或尿石症，是指由多种原因引起的血液中蓄积过量尿酸盐不能被迅速排出体外而引起的高尿酸血症。其病理特征为血液中尿酸水平增高，尿酸盐在关节囊、关节软骨、内脏、肾小管及输尿管和其他间质组织中沉积。本病多发生于青绿饲料缺乏的寒冬和早春季节，不同品种和日龄的水禽均可发生，但临床上主要见于幼龄水禽，尤其是雏鹅更为常见。

【病因】 本病发生原因较为复杂，各种外源性、内源性因素导致血液中尿酸水平增高和肾功能障碍，在血液中尿酸水平升高的同时肾脏排泄尿酸的数量也增高，并损害肾脏，发生尿酸盐阻滞，反过来又促使血液中尿酸水平更加高，造成恶性循环。临床常见的致病因素有：①长期饲喂大量的动物内脏（肝脏、肾脏、脑、胸腺、胰腺)、肉粉、鱼粉、大豆、豌豆、莴苣、菠菜、开花的白菜等富含蛋白质和核蛋白的饲料，缺乏充足的维生素 A 和维生素 D，矿物质比例失调（饲料中含钙、镁、钼、铜过高)。临床发现，番鸭鸭胚和出壳不久的雏鸭，呈现典型的内脏痛风病变，可能与母鸭维生素 A 缺乏及日粮中含大量动物性饲料等有关。②某些药物使用不当、过量、中毒等引起肾脏损害，促进尿酸血症的发展，如饲喂磺胺类药物过多、慢性铅中毒等。近年发现不少养殖户超量使用感冒通（人医药品）来防治鸭感冒而致急性内脏痛风造成大量死亡的病例。③管理不善，鸭舍拥挤且潮湿阴冷，缺乏运动，日光照射不足，特别是幼龄鸭长途运输，缺乏饮水等，均可诱发本病。

【临床症状】 根据尿酸盐沉积的部位，本病可分为内脏型和关节型。

(1) 内脏型 常见于1~2周龄的幼龄鸭或鹅，也可见于青年或成年鸭或鹅。幼龄鸭或鹅患病后精神委顿，缩头垂翅，食欲废绝，两腿无力，行走困难（图4-20），消瘦，衰弱，脱水，喙和脚蹼干燥，排石灰样或白色奶油样半黏稠状含有尿酸盐的泡沫粪便（图4-21），常沾污泄殖腔周围的羽毛。患病幼鸭或幼鹅常在发病后1~2天死亡。青年或成年鸭或鹅患病后，精神、食欲不振，病初口渴，继而食欲废绝，消瘦（图4-22），行走无力，排稀薄或半黏稠状含有大量尿酸盐的粪便，逐渐衰竭死亡，病程为3~7天。偶见鸭或鹅在捕捉过程中突然死亡。患病的产蛋鸭或鹅的产蛋量下降甚至停产。

图4-20 患病雏鹅两腿无力，行走困难

(2) 关节型 病初脚趾和腿部关节发生软而痛、界限多不明显的炎性肿胀和跛行。其后形成硬而轮廓明显、间或可以移动的结节，导致翅、跗关节（图4-23）、脚趾关节（图4-24）肿胀变形，使运动受到限制，重症者不能行走。

图4-21 患病雏鹅排出白色奶油样半黏稠状含有尿酸盐的泡沫粪便

图4-22 患病青年鸭消瘦

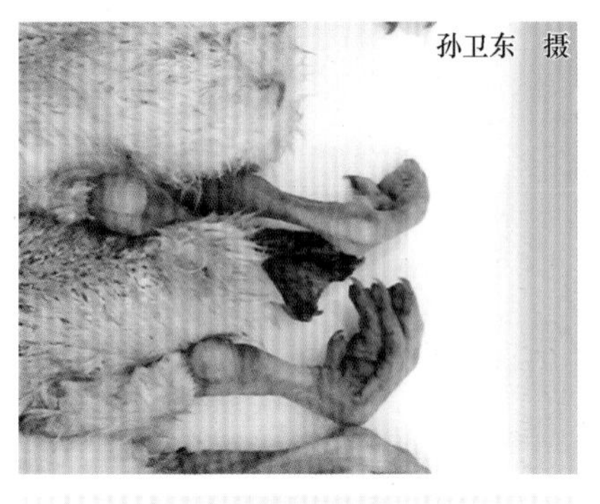

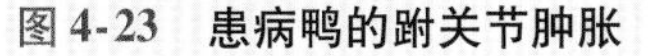
图4-23 患病鸭的跗关节肿胀

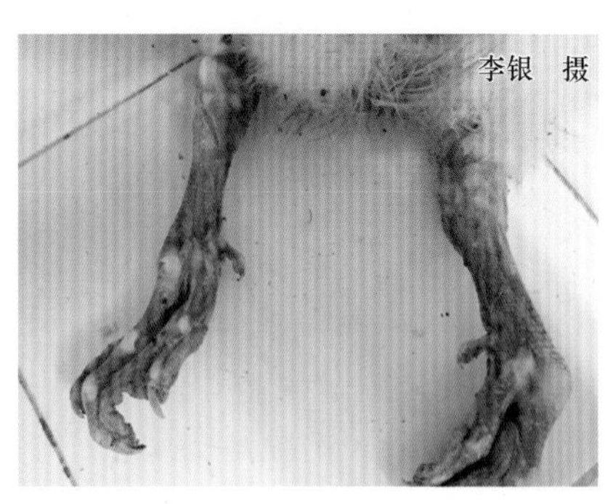

图4-24 患病鹅的脚趾关节肿胀

【剖检病变】

(1) 内脏型 剖检病死鸭或鹅可见内脏表面沉积大量的白色尿酸盐，像冬季早晨下的一层重霜。常见心包膜表面（图4-25）、肝脏表面（图4-26）、腺胃和肌胃浆膜（图4-27）、胰腺（图4-28）及肠系膜表面有尿酸盐沉着。成年鸭或鹅还可见脂肪表面有尿酸盐沉积，产蛋鸭或鹅在卵泡表面及周围组织有尿酸盐结晶。严重的病例在肺脏（图4-29）及气囊的表面（图4-30）和食道黏膜表面及皮下结缔组织（图4-31）也有尿酸盐沉积。肾脏肿大、色浅，肾小管内充满尿酸盐致使肾脏呈花斑状（图4-32），输尿管扩张，内有尿酸结晶（图4-33），有的甚至形成尿酸结石。

(2) 关节型 将肿大的关节切开后，可见关节滑膜面和关节周围等部位有白色黏稠的尿酸盐沉积（图4-34），有些关节面及周围组织发生糜烂和关节囊溃疡、坏死（图4-35）。

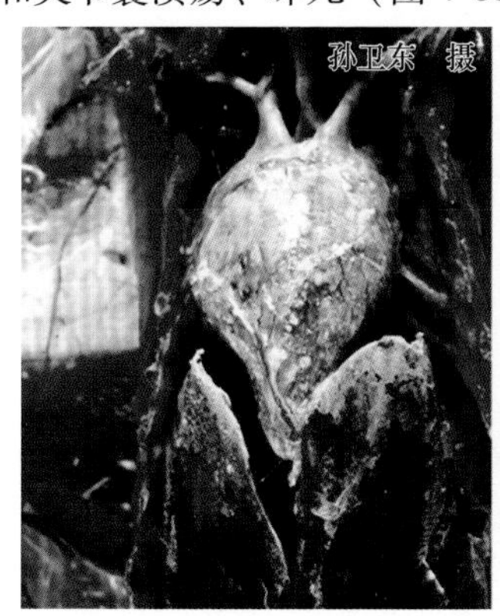

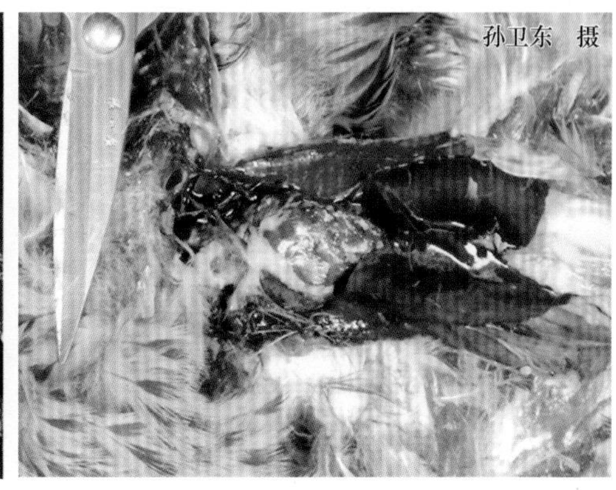

图4-25 病鹅（左）和病鸭（右）的心包膜表面有尿酸盐沉积

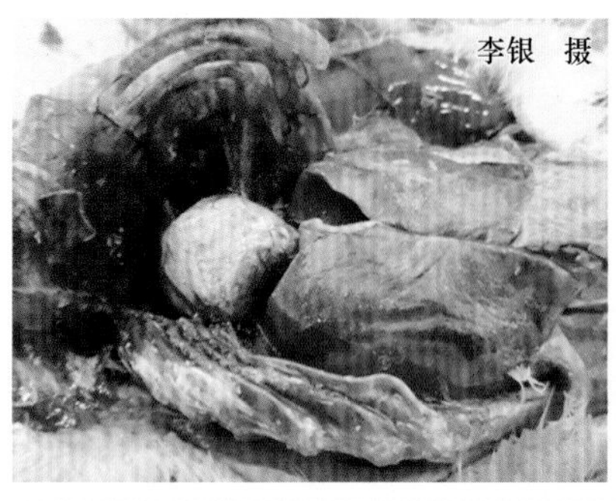

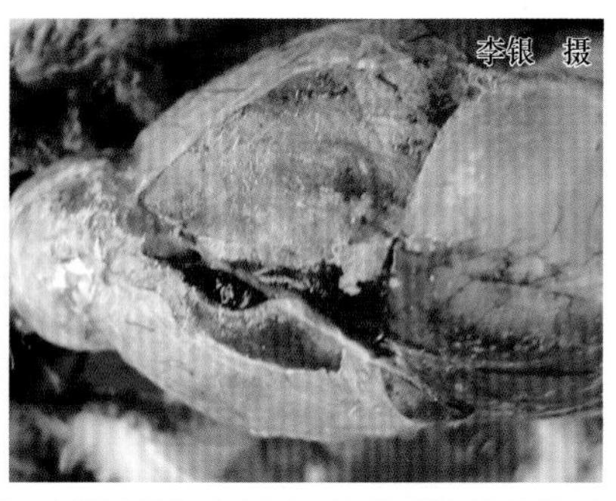

图 4-26 病鹅（左）和病鸭（右）的肝脏表面有尿酸盐沉积

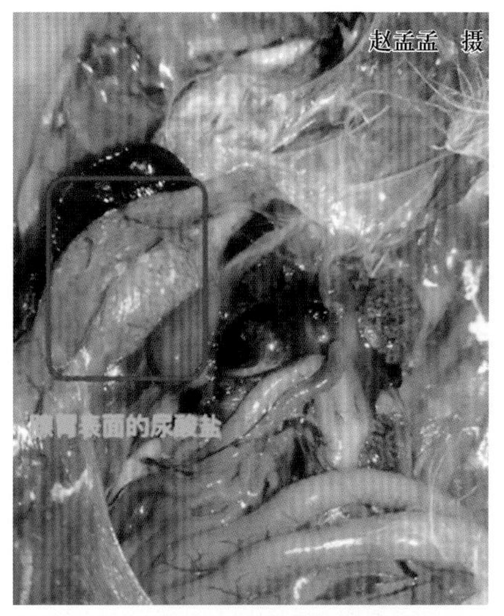

图 4-27 病鹅的腺胃表面有尿酸盐沉积

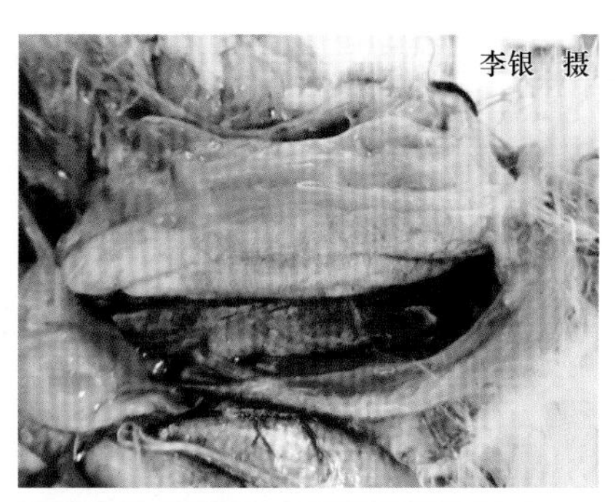

图 4-28 病鹅的胰腺表面有尿酸盐沉积

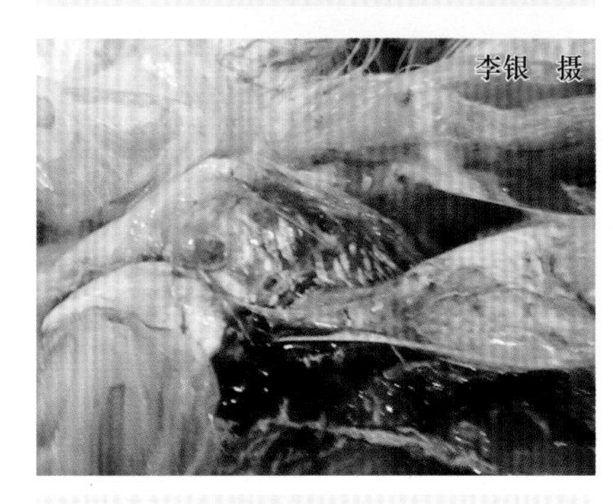

图 4-29 病鹅的肺脏表面有尿酸盐沉积

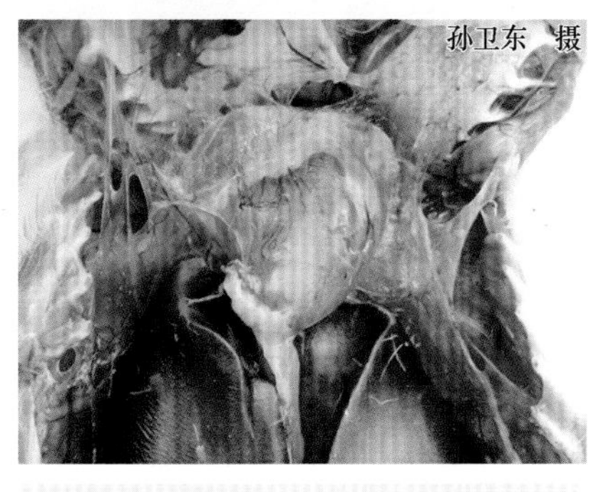

图 4-30 病鸭的气囊表面有尿酸盐沉积

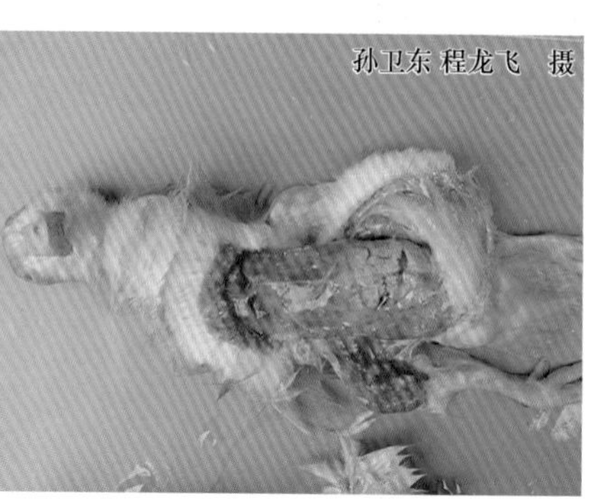

图 4-31　病鹅（左）和病鸭（右）的皮下结缔组织有尿酸盐沉积

图 4-32　病鹅（左）和病鸭（右）的肾脏有尿酸盐沉积

图 4-33　病鸭的输尿管扩张，并且有尿酸结晶

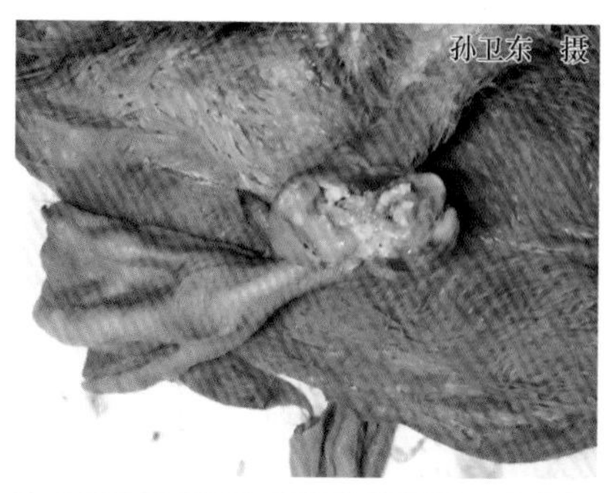

图 4-34　病鸭的跗关节内有白色黏稠的尿酸盐沉积

【诊断】　根据饲喂过量的蛋白质饲料，或者长期使用对肾脏有损害的抗菌药物的病史，结合病鸭或病鹅排出含有大量尿酸盐的粪便，内脏器

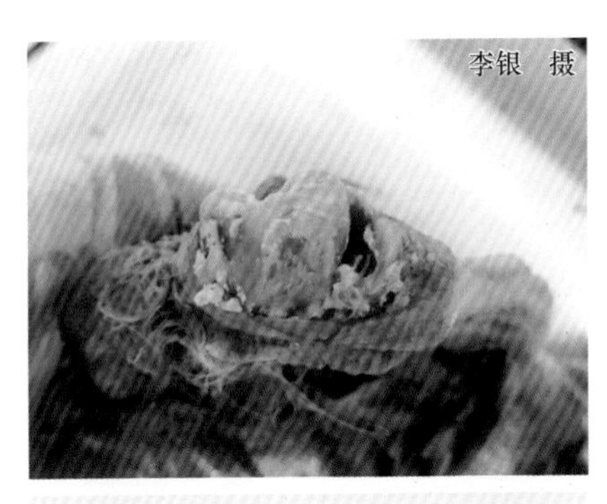

图 4-35 病鹅的跗关节内有白色黏稠的尿酸盐沉积，关节软骨表面有损伤

官表面和其他组织器官沉积大量尿酸盐的特征性病理变化，可做出初步诊断。确诊需要进行饲料的成分分析。本病出现的肾脏肿大、内脏器官尿酸盐沉积与磺胺类药物中毒、鸭传染性法氏囊病类似，应注意区别诊断。本病出现的关节肿大、变形、跛行，与滑液囊支原体病，及葡萄球菌、大肠杆菌、沙门氏菌等引起的关节炎症状类似，应注意鉴别诊断。

【预防】 自配饲料时应当按不同品种、不同发育阶段、不同季节的饲养标准规定设计配方，配制营养合理的饲料。饲料中钙、磷的比例要适当，钙的含量不可过高；饲料配方中蛋白质的含量不可过高，以免造成肾脏损害和形成尿结石；防止过量添加鱼粉等动物性蛋白质饲料，供给充足且新鲜的青绿饲料和饮水，适当增加维生素 A、维生素 D 的含量。具体可采取以下措施：

（1）添加酸制剂 因代谢性碱中毒是痛风发生的主要诱发因素，因此日粮中添加一些酸制剂可降低本病的发病率。在幼龄鸭或鹅的日粮中添加高水平的甲硫氨酸（0.3%～0.6%）对肾脏有保护作用。日粮中添加一定量的硫酸铵（5.3 克/千克）和氯化铵（10 克/千克）可降低尿的 pH，尿结石可溶解在尿酸中成为尿酸盐而排出体外，减少尿结石的发病率。

（2）日粮中钙、磷和粗蛋白质的允许量应该满足需要量但不能超过需要量 建议另外添加少量钾盐或更少的钠盐。钙应以粗粒而不是粉末的形式添加，因为粉末状钙易使鸭或鹅患高钙血症，而大粒钙能缓慢溶解而使血钙浓度保持稳定。

（3）合理用药 在预防用药时，慎用对肾脏有毒害作用的抗菌药物，更不宜长期或过量使用。还要注意防止慢性铅、钼中毒。

（4）其他 保证饲料不被霉菌污染，存放在干燥的地方；对于圈养的鸭或鹅要经常检查饮水系统，确保其能喝到充足的饮水；使用水软化剂可降低水的硬度，降低痛风的发病率。

【治疗】

（1）西药疗法 目前尚没有特别有效的治疗方法。可试用阿托方（Atophanum，又名苯基喹啉羟酸）0.2～0.5 克，每天 2 次，口服；但伴有肝脏、肾脏疾病时禁止使用。该药是为了增强尿酸的排泄及减少体内尿酸的蓄积和关节疼痛。但对病重病例或长期应用者有副作用。有的试用别嘌呤醇（Allopurinol，7-碳-8 氯次黄嘌呤）每只 10～30 毫克，每天 2 次，口服。该药的化学结构与次黄嘌呤相似，是黄嘌呤氧化酶的竞争抑制剂，可抑制黄嘌呤的氧化，减少尿酸的形成。用别嘌呤醇期间可导致急性痛风发作，每只给予秋水仙碱 50～100 毫克，每天 3 次，能使症状缓解。

近年来，对患病鸭或鹅使用各种类型的肾肿解毒药，可促进尿酸盐的排泄，对鸭或鹅体内电解质平衡的恢复有一定的作用。投服大黄苏打片，每千克体重 1.5 片（含大黄 0.15 克，碳酸氢钠 0.15 克），重病鸭或鹅逐只直接喂服，其余拌料，每天 2 次，连用 3 天。在投用大黄苏打片的同时，饲料内添加电解多维（如活力健）、维生素 AD_3 粉，并给予充足的饮水。或者在饮水中加入乌洛托品或阿司匹林（乙酰水杨酸）进行治疗。

在上述治疗的同时，加强护理，减少喂料量，比平时减少 20%，连续 5 天，并同时补充青绿饲料，多饮水，以促进尿酸盐的排出。

（2）中草药疗法 中草药疗法如下：

① 降石汤：取降香 3 份、石韦 10 份、滑石 10 份、鱼脑石 10 份、金钱草 30 份、海金沙 10 份、鸡内金 10 份、冬葵子 10 份、甘草梢 30 份、川牛膝 10 份，粉碎混匀，拌料喂服，每只每次喂服 5 克，每天 2 次，连用 4 天。说明：用本方内服时，在饲料中补充浓缩鱼肝油（维生素 A、维生素 D）和维生素 B_{12}，病鸭或病鹅可在 10 天后病情好转，产蛋鸭或鹅的产蛋量在 3～4 周后恢复正常。

② 八正散加减：取车前草 100 克、甘草梢 100 克、木通 100 克、扁蓄 100 克、灯心草 100 克、海金沙 150 克、大黄 150 克、滑石 200 克、鸡内金 150 克、山楂 200 克、栀子 100 克，混合研细末，混饲料喂服，1 千克以下的鸭或鹅，每只每天 1.0～1.5 克，1 千克以上的鸭或鹅，每只每天 1.5～2.0 克，连用 3～5 天。

③ 取金钱草 20 克、苍术 20 克、地榆 20 克、秦皮 20 克、蒲公英 10 克、黄柏 30 克、茵陈 20 克、神曲 20 克、麦芽 20 克、槐花 10 克、瞿麦 20 克、木通 20 克、栀子 4 克、甘草 4 克、泽泻 4 克，共研细末，按每只每天 3 克拌料喂服，连用 3～5 天。

④ 取地榆 30 克、连翘 30 克、海金沙 20 克、泽泻 50 克、槐花 20 克、乌梅 50 克、诃子 50 克、苍术 50 克、金银花 30 克、猪苓 50 克、甘草 20 克，粉碎过 40 目筛，按 2% 拌料饲喂，连喂 5 天。食欲废绝的重症鸭或鹅可人工喂服。说明：该法适用于内脏型痛风，预防时方中应去地榆，按

1%的比例添加。

【诊治注意事项】 应注意引起痛风的原因，重视对因治疗。

七、脂肪肝综合征

脂肪肝综合征（fatty liver syndrome）是由于水禽体内脂肪代谢障碍，大量脂肪沉积于肝脏，从而引起脂肪变性的一种营养代谢病。本病多出现在产蛋高的鸭群或鹅群（尤其是鹅群），在肥育期的肉用鸭群或鹅群也有发生。病鸭或病鹅体况良好，其肝脏、腹腔及皮下有大量的脂肪蓄积，常伴有肝脏破裂而突然发病，病死率高。本病多发生于冬季和早春季节。

【病因】 发生脂肪肝综合征的因素包括遗传、营养、环境与管理、激素、有毒物质等，除此之外，促进性成熟的高水平雌激素也可能是本病的诱因。

【临床症状】 发生本病的鸭群或鹅群通常体况良好，常突然发生死亡。产蛋鸭群或鹅群表现为产蛋量明显下降，有的在产蛋过程中死亡，有的在捕捉时由于惊吓死亡。

【剖检病变】 剖检病鸭（鹅）或病死鸭（鹅）见皮肤、肌肉苍白，皮下、腹腔及肠系膜均有大量的脂肪沉积（图4-36）；肝脏肿大，边缘钝圆，呈黄色油腻状（图4-37）。有的病鸭或病鹅由于肝破裂而发生腹腔积血（图4-38），肝脏被膜下有血凝块（图4-39），肝脏质脆、易碎如泥样（图4-40），用刀切时，在切面有脂肪滴附着。有的鸭或鹅心肌变性呈黄白色。有些鸭或鹅的肾脏略变黄，脾脏、心脏、肠道有程度不同的小出血点。当死亡鸭或鹅处于产蛋高峰状态时，卵泡发育正常（图4-41），输卵管中常有正在发育的蛋。

图4-36　病鹅肠系膜上有大量的脂肪沉积

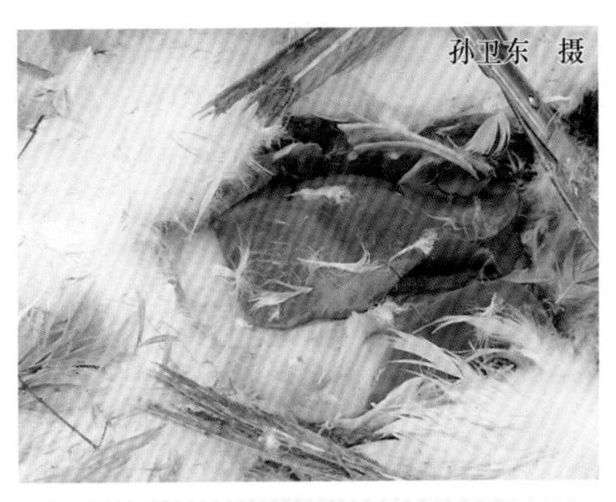

图4-37　病鹅腹腔有大量的脂肪沉积，肝脏呈土黄色

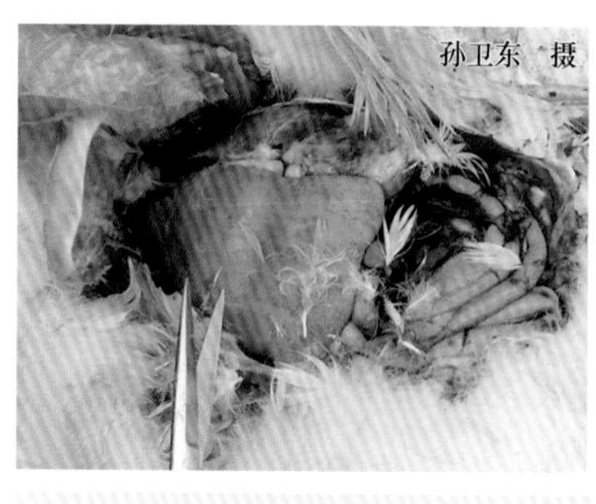

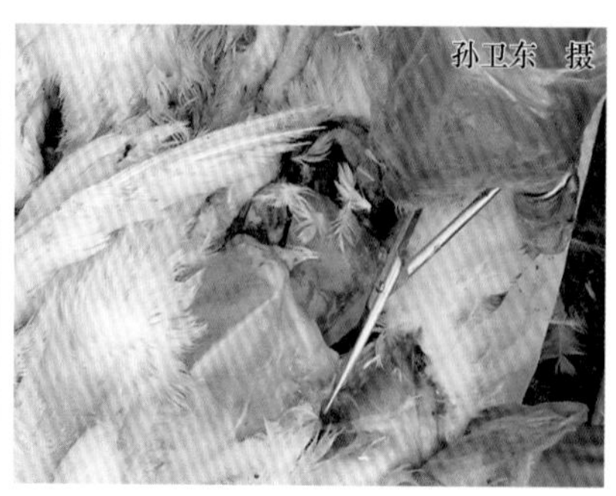

图 4-38　病鹅（左）和病鸭（右）因肝脏破裂而腹腔积血

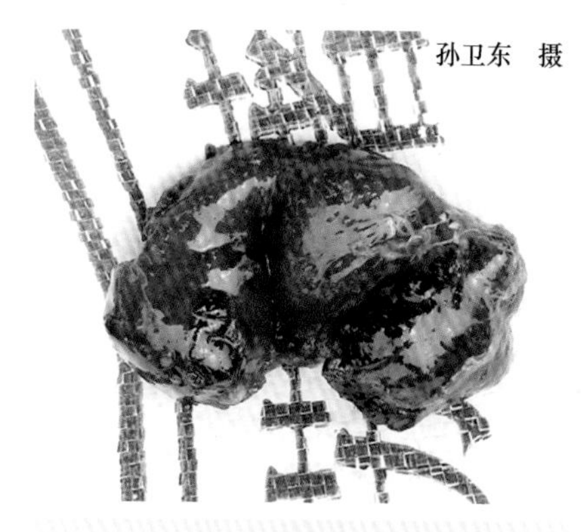

图 4-39　病鹅肝脏破裂，肝脏被膜下有血凝块

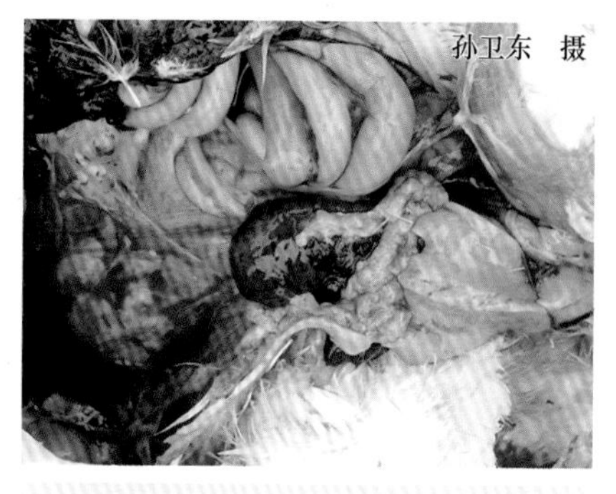

图 4-40　病鹅肝脏质脆，切面易碎如泥样

【诊断】　根据给鸭或鹅饲喂单一的能量饲料，以及在寒冷的季节饲喂青绿饲料不足，放牧少，缺乏户外运动等病史，结合病鸭或病鹅的临床症状、病理变化可做出初步诊断，确诊需要进行饲料的成分分析。

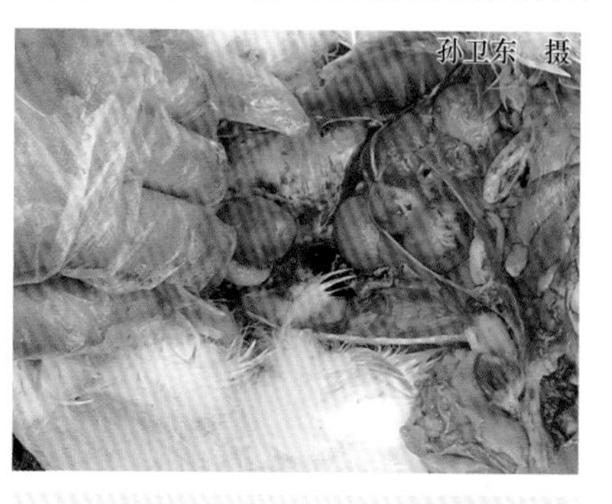

图 4-41　病鸭发育良好的卵泡

【预防】

（1）坚持产蛋前的限制饲喂，重在控制体重　育成期的限制饲喂至关重要，一般限喂 8%～12%。一方面，它可以保证产蛋鸭或鹅机体成熟与性成熟的协调一致，充分发挥其产蛋性能；另一方面它可以防止鸭或鹅

过度采食，导致脂肪沉积过多，从而影响其日后的产蛋性能。因此，对于体重达到或超过同日龄同品种标准体重的育成鸭或鹅，采取限制饲喂是非常必要的。

（2）严格控制产蛋期的营养水平，供给营养全面的全价饲料 处于生产期的鸭或鹅，代谢活动非常旺盛。在饲养过程中，既要保证充分的营养，满足鸭或鹅生产和维持的各方面的需要，同时又要避免营养的不平衡（如高能低蛋白质）和缺乏（如饲料中甲硫氨酸、胆碱、维生素E等的不足），一定要做到营养合理与全面。在鸭或鹅开产后应增加蛋白质1%~2%，并加入一定量的麦麸（麦麸中含有控制脂肪代谢的必要因子），适当控制稻谷的饲喂量，并在饲料中添加多种维生素和微量元素；对于育肥期的肉用鸭或鹅应适当控制配合饲料的饲喂量。此外，在日粮中添加富含亚油酸的饲料，可降低发病率。

（3）消除诱发因素 禁喂霉变饲料，舍养的产蛋鸭或鹅应增加户外运动。

【治疗】

（1）平衡饲料营养 尤其注意饲料中能量是否过高，如果过高，应适当降低高能量和高蛋白质饲料的比例，并实行限制饲喂。

（2）补充“抗脂肪肝因子” 补充“抗脂肪肝因子”主要是针对病情轻和刚发病的鸭群或鹅群。在每千克日粮中补加1克氯化胆碱、10000国际单位的维生素E、12毫克的维生素B_{12}和900~1000克的肌醇，连续饲喂；对重症鸭或鹅，可每只鸭或鹅喂服氯化胆碱0.1~0.2克，连服10天。这样病情会很快得到控制，产蛋鸭或鹅的产蛋量也会逐渐恢复。

八、肉鸭腹水综合征

肉鸭腹水综合征（ascites syndrome in ducks）是多种因素引起的一种综合征，临床上以腹腔积液、腹围下垂为特征。近年来一些肉鸭养殖场常有本病的发生，发病率达5%~25%，因其死淘率增加而造成较大的损失。

【病因】 病因较为复杂，包括：①营养因素：高能量的日粮使发育中的肉鸭生长过速，对氧的需求量增加，加之饲养环境缺氧，如寒冷季节、饲养密度过大、通风不良、舍内二氧化碳或一氧化碳浓度过高。此外，饮水或日粮中钠盐增加，维生素E、硒缺乏等，均可促进腹水发生。②真菌毒素：日粮中谷物发霉，肉骨粉或鱼粉霉败，产生大量真菌毒素，可促进本病的发生。③化学毒物因素：我国某些地区在日粮中添加“油脚”以提高日粮的能量，但其中含有有害物质二联苯氯化物，可导致本病的发生。④高海拔地区饲养：由于高海拔地区缺氧，引起组胺增加，使机体组织血管扩张，肺动脉压增加，右心扩张衰竭，形成腹水。此外，遗传因素、某些细菌毒素（如大肠杆菌、分枝杆菌等）、淀粉样肝病或肝硬化，也可诱发本病。

【临床症状】 多见于2~7周龄发育良好、生长速度较快的鸭，尤其是公鸭多发。初期症状是喜卧，不愿走动，精神委顿，羽毛蓬乱，皮肤发红，腹部膨大（图4-42），触之松软且有波动感，行动迟缓、蹒跚，常蹲伏，嗜睡，呼吸困难。捕捉时易抽搐死亡。病鸭常在腹水出现后1~2天死亡。

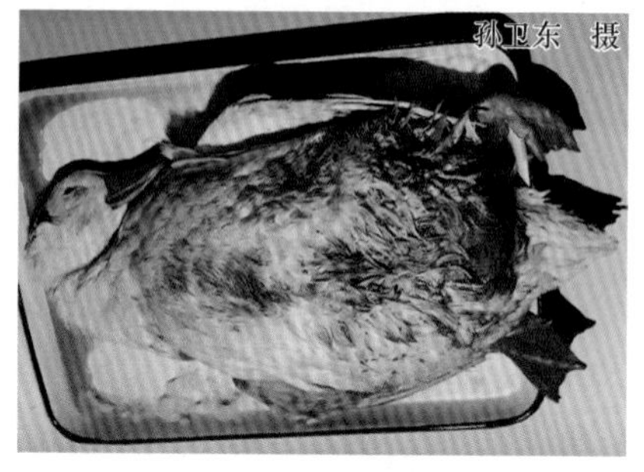

图4-42 病鸭腹部膨大，皮肤发红

【剖检病变】 剖检可见喙、脚蹼及腹部皮肤发绀。剖开腹腔可见大量清亮、浅黄色（图4-43）或啤酒样积液，积液中或有纤维素性絮状凝块。心脏体积增大，质地变软，右心室极度扩张，心壁变薄，右心房内充满血凝块，心包积液。肝脏边缘钝圆，质地变硬，包膜增厚，表面有纤维素性渗出物（图4-44）等。肺脏充血和水肿。肾脏充血、肿胀。

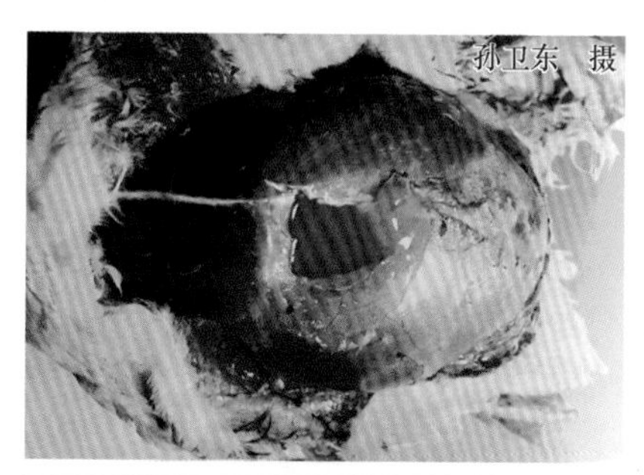

图4-43 病鸭腹腔内有大量浅黄色腹水

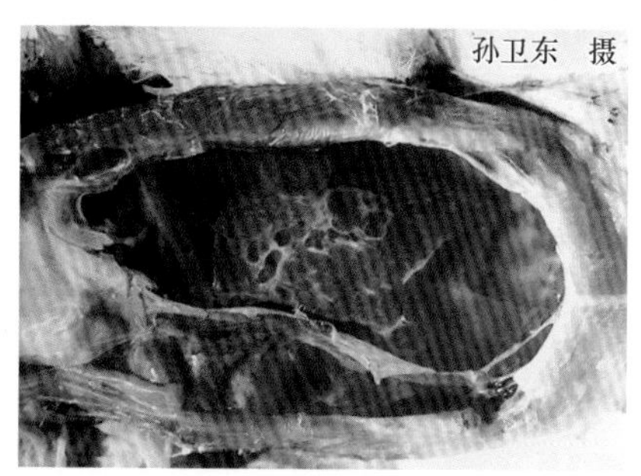

图4-44 病鸭肝脏肿大，质地变硬，表面有纤维素性渗出物

【诊断】 根据发病日龄、临床症状及病理变化的特征，如腹腔积液、心脏体积增大、右心室扩张、肝脏肿胀，可做出初步诊断。

【预防】

（1）加强饲养管理 改善饲养卫生条件，控制饲养密度，保持舍内空气清新、氧气充足，在冬季要妥善处理好通风与防寒保温的关系。控制早期生长速度或适当降低饲料的能量，禁止饲喂发霉的饲料。

（2）药物预防 在每千克饲料中添加维生素C 500毫克、维生素E 2毫克、亚硒酸钠0.1毫克。

【治疗】 一旦发病，难以治愈，但要调查清楚可能的发病原因，并采用下列措施减少死亡及控制其继续发病。减少日粮中氯化钠的含量，口服解肾利尿药，添加0.5%~1%维生素C，每千克饲料加1毫克维生素E和0.05毫克硒。可选用一些广谱抗生素，以防止继发细菌性感染。

第五章

鸭鹅中毒性疾病

一、黄曲霉毒素中毒

黄曲霉毒素中毒（aflatoxicosis）是由鸭或鹅摄入含有黄曲霉毒素的饲料引起的一种中毒病，临床上以生长缓慢，脱毛，跛行，神经症状（抽搐、角弓反张），全身性出血，肝脏受损、硬化为特征。以雏鸭敏感性为最高，可造成大批死亡。

【病因】 黄曲霉、寄生曲霉等在自然界中分布广泛，其在温暖潮湿的环境中易生长繁殖，产生毒力很强的黄曲霉毒素，主要污染玉米、花生、稻谷、饼粕、麦子、麸皮、米糠等，鸭或鹅摄入被污染的农产品或农副产品制成的饲料后可引起中毒。此外，垫料或草被黄曲霉毒素污染后，可诱发本病。

【临床症状】

（1）雏鸭或雏鹅 多表现为急性中毒，1 周左右的雏鸭或雏鹅几乎不出现任何明显症状而迅速死亡，死亡率达 100%；日龄稍大一点的可表现为食欲下降或废食，脱毛，鸣叫，步态不稳、跛行（图 5-1），拱背，尾下垂，或呈“企鹅状”行走，脚和脚皮下出血、呈紫红色，腹泻，排浅绿色稀粪，有时带血，泄殖腔周围的绒毛被粪便污染，数日内可死亡，死前常见有共济失调、抽搐（图 5-2）、角弓反张等神经症状。

图 5-1　病鹅精神沉郁，步态不稳、跛行

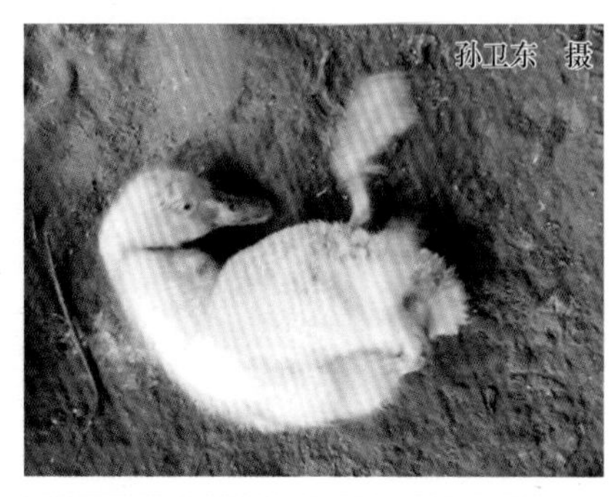

图 5-2　病鹅共济失调、抽搐

（2）成年鸭或鹅 一般呈亚急性或慢性经过。亚急性病例出现渐进性食欲下降、口渴、拉稀、便中带血、贫血、生长缓慢等症状。慢性病例出现消瘦，衰弱，贫血，呈恶病质；眼周围有黑褐色痂样附着物，有的瞎眼；产蛋率和孵化率严重下降；有些病例可发展为肝癌。

【剖检病变】 ①雏鸭或雏鹅：可见肝脏肿大、色泽变浅且呈土黄色（图5-3）、有出血斑点或坏死灶，胆囊扩张，或肾脏苍白、稍肿，胰腺有出血点，胸部皮下和肌肉常见出血斑点。②成年鸭或鹅：肝脏由于胆管明显增生而发生硬化，中毒时间越长则肝硬化越明显，肝脏颜色变绿或变黄、质地较硬且脆（图5-4）、表面常见有米粒至黄豆大增生或坏死病灶。有些病程较长的病例见腹腔（图5-5）、心包（图5-6）常有积液，小腿和蹼的皮下有出血点。黄曲霉毒素中毒死亡的鸭或鹅，其肉尸中有一种特殊气味。

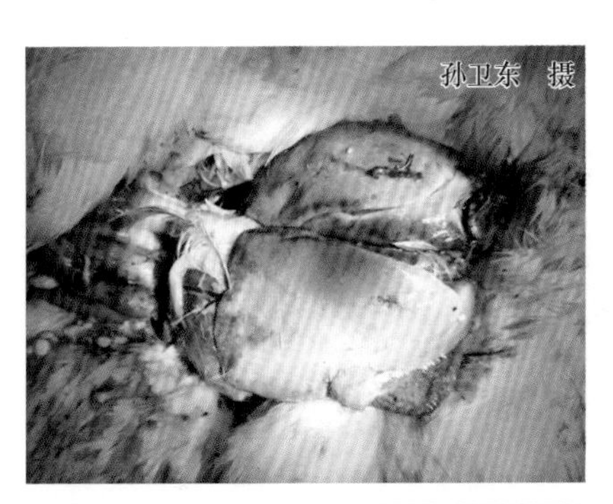

图5-3 病死鸭的肝脏肿大、色浅且呈土黄色

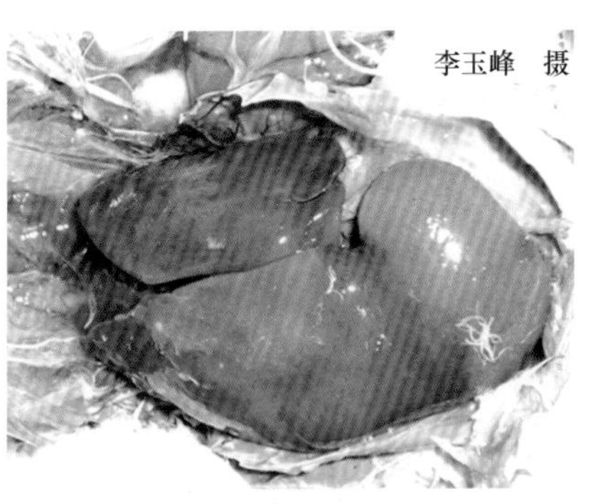

图5-4 病死鸭的肝脏肿大、硬化、坏死、发绿

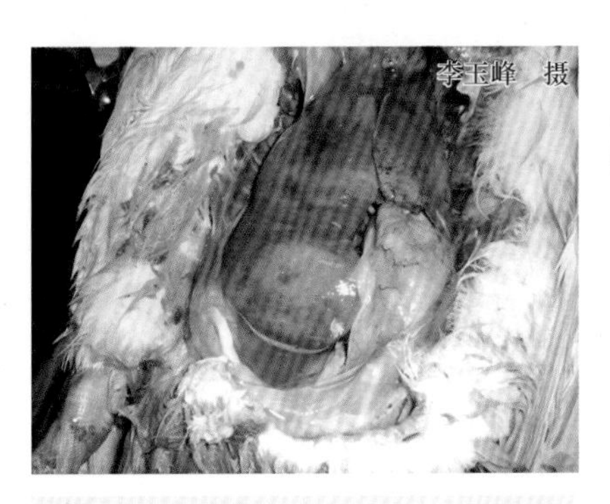

图5-5 病死鸭的肝脏肿大、硬化、坏死、发黄，伴有腹水

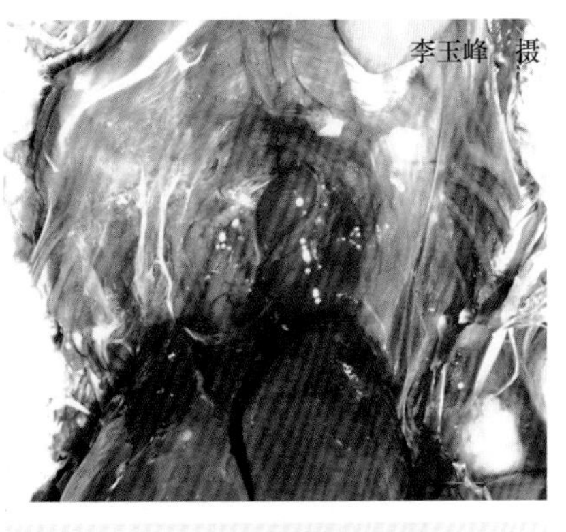

图5-6 病死鸭心包积液，呈胶冻样

【诊断】 根据病史调查，对现场饲料或垫料进行霉变观察，结合临床症状和特征性剖检结果，可做出初步诊断。确诊必须进行黄曲霉毒素测定，分离、培养病原菌和人工感染试验（即将可疑饲料饲喂1日龄雏鸭，数日后雏鸭中毒死亡，肝脏呈黄色，而对照组全部存活）及血液学检验［重度低蛋白血症、红细胞数量明显减少，血浆天门冬氨酸氨基转移酶（谷草转氨酶）、碱性磷酸酶等的活性升高］。

【预防】

（1）加强饲料保管，防止饲料或垫草霉变 注意通风干燥，尤其是温暖多雨季节，更要防止饲料潮湿霉变，在饲料中可添加0.1%苯甲酸钠、硅酸铝钠钙水合物（速净）或富马酸二甲酯（DMF）等防霉剂；加强垫草的晾晒、防雨、防潮，及时剔除霉变部分。禁止使用被黄曲霉毒素污染的饲料或垫草。

（2）被黄曲霉污染场地的处理 若饲料仓库被黄曲霉毒素污染，应用福尔马林加高锰酸钾熏蒸消毒或用过氧乙酸喷雾，以消灭霉菌孢子；对污染的用具、鸭舍、地面可用20%石灰水或2%次氯酸钠（漂白粉）溶液消毒。

【治疗】 目前尚无特效药物治疗，一般只能采取保肝、止血、促毒物排泄（盐类泻药）等支持疗法。对早期发现的中毒鸭或鹅，应立即更换含有黄曲霉毒素的饲料、饲草、垫料，投服硫酸镁、人工盐等盐类泻药，同时供给充足的青绿饲料和维生素A和维生素D，也可用5%葡萄糖加0.1%维生素C饮水，或者灌服绿豆汤、甘草水或高锰酸钾水溶液，以缓解中毒。

【诊治注意事项】 中毒后的病死鸭或鹅及其排泄物均含有毒素，应彻底清除，集中进行无害化处理，以防再次污染水源和饲料。

二、肉毒梭菌毒素中毒

肉毒梭菌毒素中毒（clostridium botulinum toxin poisoning）又称软颈病，是由于鸭或鹅采食了含有肉毒梭菌产生的外毒素而引起的一种急性中毒病。临床上以全身肌肉麻痹、头下垂、软颈、共济失调、皮肌松弛、被毛脱落为特征。本病多发于夏秋两季放牧的鸭或鹅。

【病因】 常因鸭或鹅吃了腐败的死鱼、烂虾、蛙、虫等食物后，食物中所含的肉毒毒素被胃肠吸收后中毒。鸭或鹅采食含有大量肉毒梭菌污染的饲料或在放牧途中采食了腐败动物尸体上的蛆而发生中毒。肉毒梭菌毒素中毒是由肉毒梭菌在厌氧条件下产生的毒素引起的，肉毒梭菌可产生

7种毒素，鸭的肉毒梭菌毒素中毒常常由C型毒素引起。

【临床症状】 本病潜伏期的长短决定于摄食毒素的量，通常在几小时至1~2天，在临床上可分急性和慢性2种。急性中毒表现为全身痉挛、抽搐，很快死亡。慢性中毒表现为迟钝，嗜睡，衰弱，两腿麻痹，羽毛逆立，翅下垂，头颈呈痉挛性抽搐或下垂，不能抬起（软颈病）（图5-7），呼吸困难、喙发绀（图5-8），常于1~3天后死亡。轻微中毒者，仅见步态不稳，给予良好护理几天后则可恢复健康。

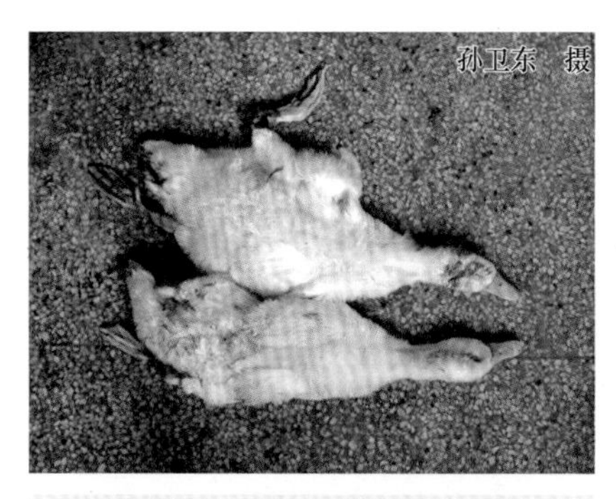

图5-7 病鸭两腿麻痹，软颈

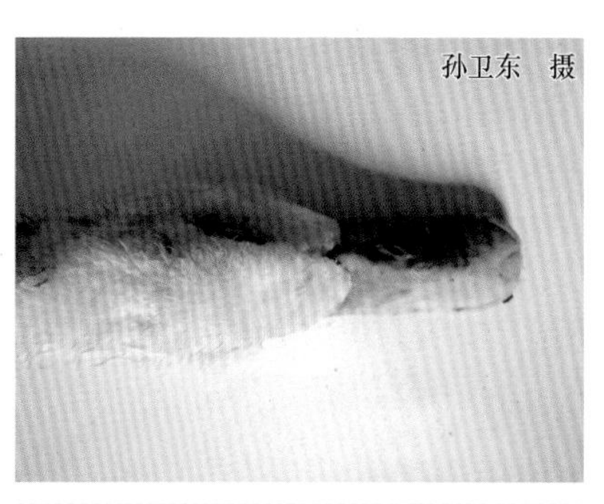

图5-8 病鸭喙发绀

【剖检病变】 无明显的特征性病理变化，仅见肠道出血、充血，以十二指肠最为严重。有时心脏（图5-9）、肾脏（图5-10）、肺脏（图5-11）及脑组织出现出血点，泄殖腔中可见尿酸盐沉积。有时可见嗉囊内有摄入的蛆虫（图5-12）。

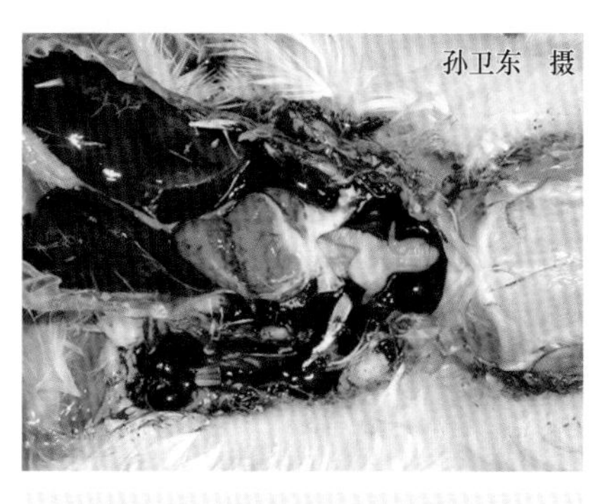

图5-9 病鸭心脏上有出血点

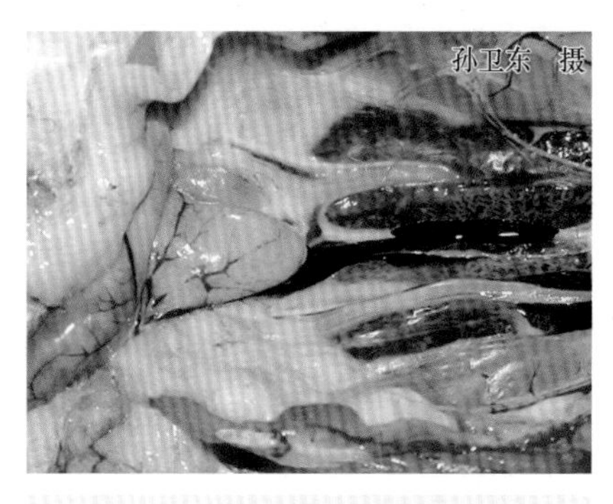

图5-10 病鸭肾脏上有出血点

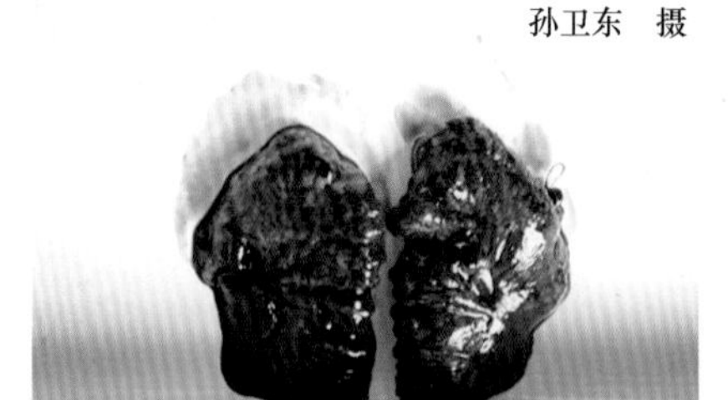

图 5-11　病鸭肺脏上有出血点

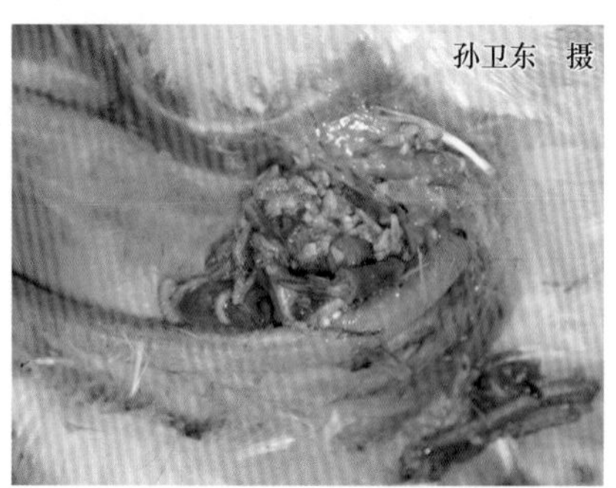

图 5-12　病鸭嗉囊内有摄入的蛆虫

【诊断】　根据放牧前无病，采食后出现病例，结合临床症状、剖检病变等一般可以做出初步诊断，确诊需进行实验室毒素的检验。

【预防】　应加强饲养管理，严禁饲喂腐败变质的鱼粉、肉骨粉等饲料；注意消除放牧路线上的腐败动物尸体；不到污水池或泥塘中放牧；夏季鱼、鸭共养的池塘若发生鱼的死亡，应及时清除。

【治疗】　一旦发病，应更换放牧地或水塘，及时处理池塘或湖泊边的死尸。对病鸭或病鹅可用肉毒梭菌 C 型抗毒素，每只鸭或鹅肌内注射 2 ~4 毫升，常可奏效。此外，采取对症治疗，补充维生素 E、硒、维生素 A、维生素 D_3 等，也可用链霉素（1 克/升）混饮，可降低死亡率；也可用胶管投服硫酸镁（2 ~3 克，加水配成5%的溶液）或蓖麻油等轻泻剂，排除毒素，并喂葡萄糖水或百毒解，可降低死亡；也可取仙人掌洗净并切碎，并按 100 克仙人掌加入 5 克白糖，捣烂成泥，每只病鸭或病鹅每次灌服仙人掌泥 3 克（可根据体重大小增减用量），每天 2 次，连服 2 天。

三、食盐中毒

食盐中毒（salt poisoning）是由于鸭或鹅采食了过多的食盐，同时饮水不足所引起的一种以神经症状为主，伴有肠道炎症的中毒病。以雏鸭对食盐最敏感，当饲料中含盐量达3%，饮水中含盐达到 0.5% 以上，或每千克体重一次摄入 1.5 ~2 克食盐时即可引起雏鸭的中毒或死亡。

【病因】　饲料中食盐含量计算错误，混入过量食盐；鱼粉含盐标识不清，饲料中配量过多或拌料不均匀；摄食含盐多的残羹及咸鱼、酱渣、腌制食品卤汁等；在沿海、盐湖周围放牧；长期缺盐的鸭或鹅，突然补饲食盐或饮用含盐饮水不加限制等均可引起中毒。此外，饲料中维生素 E 和含硫氨基酸不足可促进本病的发生。

【临床症状】

（1）雏鸭或雏鹅 表现为鸣叫，食欲废绝，饮水量增加，口、鼻流黏液，常排出水样或带有泡沫的稀粪（图 5-13），盲目运动，站立不稳，惊厥；常不断旋转头颈或头向后仰，以脚蹬地，突然身体向后翻转，胸腹朝天（图 5-14），两脚前后做游泳状摆动，很快死亡。

图 5-13 病鸭不停鸣叫，排出白色水样稀粪

图 5-14 病鸭突然身体向后翻转，胸腹朝天

（2）青年或成年鸭或鹅 可出现食欲不振，饮欲极盛，口流浅黄色黏液，排出水样稀粪等症状。有的则极度兴奋，运动失调，阵发性惊厥，不抽搐时则两脚无力，腿麻痹，最后拍翅、头颈弯曲，死亡（图 5-15）。有些病例出现显著的皮下水肿。重者最后因呼吸困难，虚脱而死亡。病程为 1～3 天。

【剖检病变】 急性死亡的鸭或鹅可见皮下组织水肿，颅骨瘀血，脑膜表面有出血斑，脑血管扩张、充血，脑水肿（图 5-16）。食道及腺胃黏膜充血、出血，肌胃角质膜易脱落，内容物呈褐黑色（图 5-17）。肠管充血、

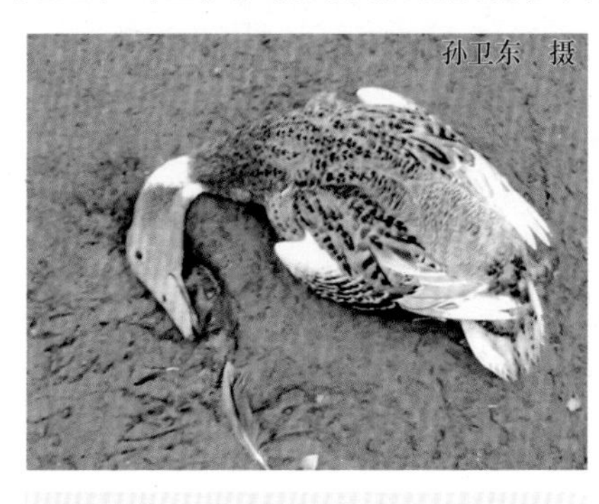

图 5-15 病鸭死前拍翅、头颈弯曲

图 5-16 病鸭小脑膜下出血，大脑水肿

出血（图 5-18），肠系膜水肿。胰腺轻度肿大、充血。心包积液，心外膜和心内膜出血（图 5-19）。肝脏肿大，有出血斑。肾脏略肿、色浅，输尿管有尿酸盐沉积。病程稍长的还可见肺脏瘀血、水肿，腹水增多。慢性食盐中毒者，胃肠道病变不明显，主要表现为大脑皮层软化、坏死。

图 5-17　病鸭腺胃黏膜充血，肌胃角质膜呈褐黑色、易脱落

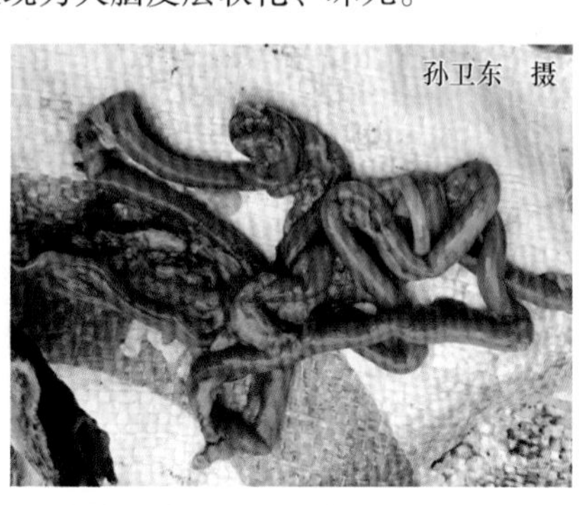

图 5-18　病鸭肠管充血、出血

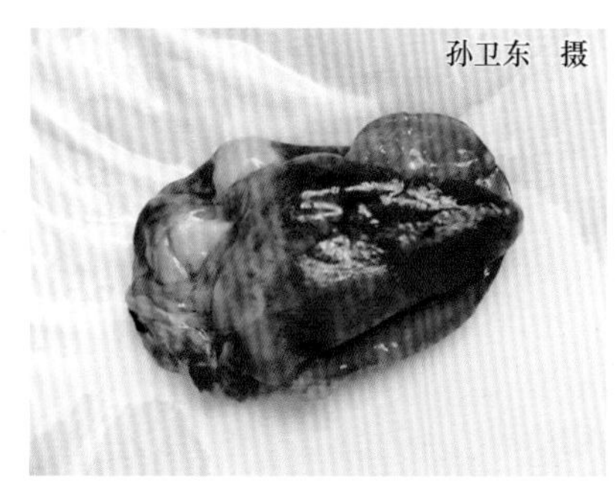

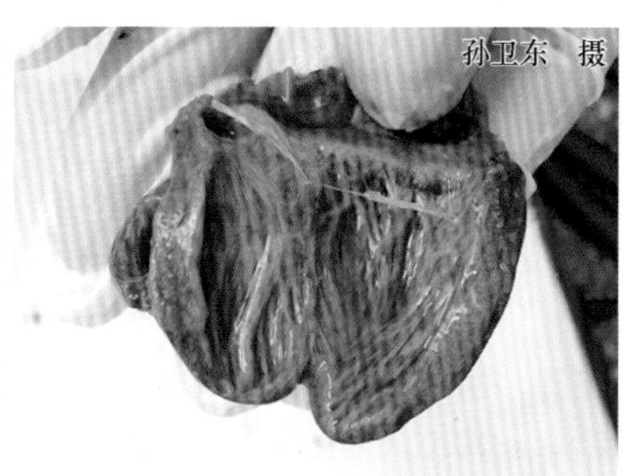

图 5-19　病鸭心外膜（左）和心内膜（右）充血、出血

【诊断】　根据鸭或鹅有摄入大量食盐或其他钠盐，同时饮水不足的病史，结合病鸭或病鹅口渴、腹泻、具有神经症状等临床表现，以及部分脏器水肿、出血等病理变化，一般可做出初步诊断。通过测定病鸭或病鹅胃肠内容物、饲料及饮水中钠盐的含量即可确诊。

【预防】　对鸭或鹅日粮中的食盐用量应准确计算和称量，如果饲料中配有鱼粉等含食盐较多的成分，在添加时应扣除其食盐含量（特别是雏鸭，其食盐含量不能超过 0.5%，以 0.3% 为宜），同时应搅拌均匀，平时要给以充足清洁的饮水。

【治疗】　目前尚无特效解毒剂。一旦发生中毒，应立即停喂含盐量高的饲料或饮水。

(1) 中毒较轻者 可采用排钠利尿对症治疗，如用5%葡萄糖水作为饮水，连用3~4天，可以利尿、解毒和消除心包、腹腔内的积液。也可在饲料中添加适量的利尿剂，如双氢克尿塞（氢氧噻嗪），以促进氯化钠的排泄。或者病初每只灌服食用油（或牛奶、豆浆、淀粉）5~10毫升或口服碳酸氢钠（小苏打）0.3克，然后饮用5%葡萄糖溶液。

(2) 中毒较重者 可在上述糖水中再加入0.5%醋酸钾溶液作为饮水；或用生葛根500克、茶叶100克，加水2升，煮沸30分钟，待冷却后作为饮水，供400~500只鸭饮服。

(3) 中毒停食者 每只病鸭可灌服5~10毫升5%葡萄糖水或上述中草药煎剂，早晚各1次。

【诊治注意事项】 供给病鸭或病鹅清洁饮水时，应采取多次、少量、间断的方式饮水，切忌暴饮，以免一次性饮水过量而导致严重的脑水肿。

四、有机磷农药中毒

有机磷农药中毒（organophosphorus pesticide poisoning）是由于鸭或鹅接触、吸入有机磷农药或误食施过有机磷农药的牧草、农作物或被农药污染的饮水而发生中毒。临床上以流涎、腹泻、瞳孔缩小、抽搐等胆碱能神经兴奋症状为特征。各日龄的鸭或鹅均可发生。

【病因】 ①鸭或鹅在刚喷洒有机磷农药不久的稻田、草场及其他场地放牧；②误食拌有或被有机磷农药污染的谷物种子、青绿饲料、诱饵及毒死蝇、蛆、鱼、虾等；③用有机磷农药驱虫、杀灭鸭或鹅体表的寄生虫或鸭舍或鹅舍内外的昆虫时，药物的剂量、浓度超过了安全的限度，或者鸭或鹅食入较多被有机磷毒死的昆虫；④由于工作上的疏忽或其他原因使有机磷农药混入饲料或饮水中，或者人为故意投毒等均可造成中毒。

【临床症状】 有机磷农药中毒最急性者可不见任何症状而突然死亡。急性中毒后10分钟左右即突然拍翅、跳跃、抽搐并死亡（图5-20）。病程稍长者，可出现拒食、流涎（图5-21），流泪、眼结膜充血（图5-22）、瞳孔缩小（图5-23），运动失调、两脚麻痹、

图5-20 病鸭拍翅、跳跃、抽搐

不能站立，频排稀粪，呼吸困难，肌肉震颤、抽搐，头颈歪向一侧或角弓反张（图5-24）等症状，有的最后因窒息而死亡。部分病鸭可耐过。慢性中毒病例主要表现为食欲不振、消瘦，有头颈扭转、圆圈运动等神经症状，最后可因虚弱而致死。

图5-21 病鸭流涎

图5-22 病鸭眼结膜充血

图5-23 病鸭瞳孔缩小

【剖检病变】 剖检病鸭（鹅）或病死鸭（鹅）可见胃肠黏膜充血、出血、肿胀并易于剥落；嗉囊、胃肠内容物有大蒜味，心肌出血，肺脏充血、水肿，气管、支气管内充满泡沫状黏液，心肌、肝脏、肾脏、脾脏变性，如煮熟样。

【诊断】 根据临床症状、病理剖检变化，结合病鸡有接触有机磷农药的病史和血清中胆碱酯酶活性检验的结果即可确诊。

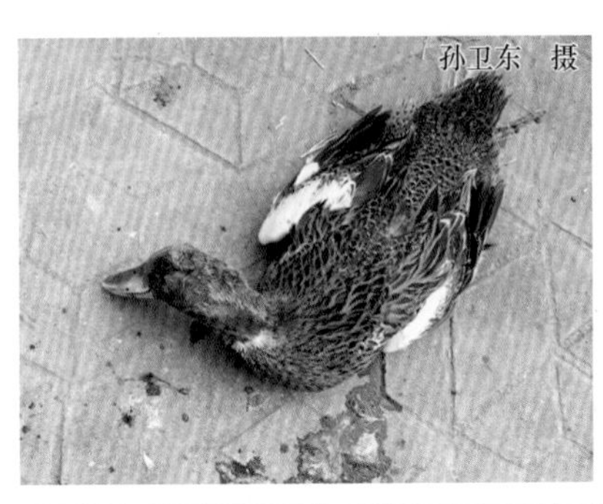

图 5-24 病鸭头颈歪向一侧（左）或角弓反张（右）

【预防】 鸭或鹅养殖场内购买的有机磷农药应与常规药物分开存放并由专人负责保管，严防毒物误入饲料或饮水中；使用有机磷农药毒杀体表寄生虫或鸭舍或鹅舍内外的昆虫时，药物的剂量应准确；驱虫最好是逐只喂药，或经小群投药试验确认安全后再大群使用；禁止鸭或鹅到刚喷洒过农药的草地、农田、菜地放牧，一般应间隔 1 周以上；禁止用喷洒过有机磷农药后不久的菜叶、青草、谷物饲喂鸭或鹅等。已经死亡的鸭或鹅严禁食用，要集中深埋或进行其他无害化处理。

【治疗】 一旦中毒，立即停喂可疑含毒饲料，切开食管膨大部或向上挤压食管膨大部以挤出内容物，饮用 0.01% 高锰酸钾（1605 中毒禁用）、2.5% 碳酸氢钠（小苏打）或 1% ~ 2% 石灰水（敌百虫中毒禁用，因敌百虫遇到碱能变成毒性更强的敌敌畏）溶液，或者根据病鸭或病鹅的大小灌服 1% ~ 2% 石灰水（上清液）3 ~ 5 毫升（1605 中毒适用，因 1605 一遇到碱性物质能很快分解而失去毒性），同时进行下列治疗：

（1）中毒较重者 立即肌内注射解磷定，成年鸭或鹅每只 40 毫克（或用双复磷，成年鸭或鹅每只 10 毫克）；同时，每只皮下注射硫酸阿托品 0.5 毫克，过 15 分钟后再注射 1 次，以后每半小时口服阿托品 1 片（0.3 毫克），连服 2 ~ 3 次，并给予饮水。雏鸭或雏鹅按 1 千克体重口服阿托品 1 片（0.3 毫克），15 分钟后再服 1 片，以后每隔半小时服半片，连用 2 ~ 3 次。

（2）中毒较轻者 可肌内注射硫酸阿托品 0.5 毫升和 10% 葡萄糖生理盐水 2 毫升。

（3）尚未出现症状者 每只鸭或鹅口服 0.1 毫升阿托品。

【诊治注意事项】 在饲料中添加维生素 C，也有助于病鸭或病鹅的康复。

五、喹乙醇中毒

喹乙醇（又称快育灵）具有较强的抗菌和杀菌作用，被广泛用于鸭或鹅的饲料添加剂和防治某些细菌性疾病。但该药的安全剂量的范围较窄，使用不当常引起鸭或鹅喹乙醇中毒（olaquindox poisoning）。

【病因】 未按喹乙醇的添加剂量应用，而是盲目地加大剂量；添加的喹乙醇在饲料中搅拌不均匀；重复添加喹乙醇；使用喹乙醇的时间持续过长，使喹乙醇在鸭或鹅的体内蓄积而导致中毒；个别养殖户计量概念没有搞清，将克和毫克混淆，或者将5%预混剂与98%原粉混淆，造成用量过大而中毒。

【临床症状】 病鸭或病鹅精神沉郁，缩颈，蹲伏少动，食欲不振或废绝。雏鸭或雏鹅畏寒打堆，排出带血色或白绿色稀粪。有的病鸭或病鹅低头、颈软无力，双翅不垂，羽毛松乱，时时摇头，呼吸困难。死前出现腿麻痹，脚软，痉挛，角弓反张，最后因极度衰竭而死亡。随着病程的延长，鸭或鹅的上喙出现水疱，水疱破裂，脱皮结痂，上喙变短且喙边缘上翘卷起（图5-25），形成严重的畸形喙（图5-26）。产蛋鸭或鹅的产蛋量明显下降，种蛋受精率和孵化率降低。鸭群或鹅群一般在中毒后3~6天出现死亡高峰，病程与中毒的程度有关，最短的2~3天，最长的为几周或50天以上。

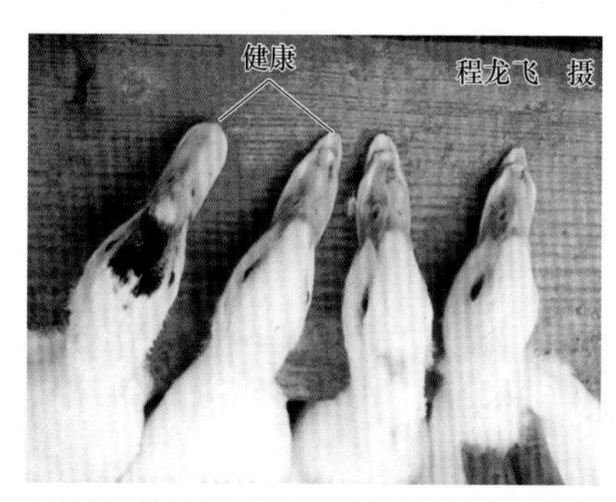

图5-25　病鸭上喙边缘上翘卷起，变短

图5-26　病鸭上喙严重畸形

【剖检病变】 口腔有黏液，肌胃角质层下有出血点，十二指肠黏膜有弥漫性出血，腺胃及肠道内容物呈浅黄色，黏膜表面呈糜烂糊状。肝脏肿大、质脆易碎。肾脏肿大，呈紫黑色，有大量出血点。

【诊断】 根据喹乙醇的用药史，结合临床症状、剖检病变一般可做出诊断。

【预防】 要求做到准确计算用药量。作为添加剂，每千克饲料拌入25～35毫克原粉，而用于治疗时可适当加量，每千克饲料拌入80～100毫克原粉，连用1周后，停药3～5天；或按每千克体重用20～30毫克，每天1次，连用2～3天。防止重复添加，混入饲料时要搅拌均匀。

【治疗】 目前尚无有效的解毒药，发现中毒时应立即停药或停喂含药的饲料。重度中毒时常解救无效，轻症时可饮用5%硫酸钠溶液解毒。

六、一氧化碳中毒

一氧化碳中毒（carbon monoxide poisoning）是煤炭在氧气不足的情况下燃烧所产生的无色、无味的一氧化碳气体或排烟设施不完善导致一氧化碳倒灌，被鸭或鹅吸入后导致全身组织缺氧而中毒。临床上以全身组织缺氧为特征。

【临床症状】 鸭舍或鹅舍内有燃煤取暖的设施（图5-27）或发生排烟倒灌现象，病鸭或病鹅的冠呈樱桃红色。幼龄鸭或鹅轻度中毒时，表现为精神不振、运动减少，采食量下降，羽毛松乱。严重中毒时，首先是烦躁不安，接着出现呼吸困难，运动失调，昏迷、嗜睡，头向后仰，死前出现肌肉痉挛和惊厥。

【剖检病变】 轻度中毒的病鸭（鹅）或病死鸭（鹅）无肉眼可见的病理剖检变化。重症者可见血液呈鲜红色或樱桃红色，肺脏颜色鲜红（图5-28），嗉囊、胃肠道内空虚，肠系膜血管呈树枝状充血，皮肤和肌肉充血和出血，心脏、肝脏、脾脏肿大，心肌坏死。

图5-27　鸭舍内有燃煤取暖的设施，一氧化碳中毒导致鸭几乎全部死亡

图5-28　病鸭肺脏呈弥漫性充血、出血和水肿

【诊断】 根据临床症状、病理剖检变化，结合鸭舍或鹅舍的排烟设施漏烟或有一氧化碳的倒灌情况即可确诊。

【预防】 育雏室采用烧煤保温时应经常检查取暖设施，防止烟囱堵塞、倒烟、漏烟；定期检查舍内通风换气设备，并注意舍内的通风换气，保证空气流通。麦收季节注意燃烧秸秆引起烟层进入鸭舍或鹅舍。

【治疗】 一旦发现中毒，应立即打开鸭舍或鹅舍的门、窗或通风设备进行通风换气，同时还要尽量保证鸭舍或鹅舍的温度。或者立即将所有的鸭或鹅转移到空气新鲜的环境中，病鸭或病鹅吸入新鲜空气后，轻度中毒者可自行逐渐康复。对于重症者，可皮下注射糖盐水及强心剂，有一定的疗效。必要时可用输氧等方法治疗。

第六章

鸭鹅其他疾病

一、皮下气肿

皮下气肿（aerodermectasia）是由于气囊破裂致使空气进入疏松组织间隙，蓄积于皮下而形成的一种皮下臌气性疾病。临床上多见于1~2周龄幼鸭或幼鹅的颈部（俗称气嗉子或气脖子）、腹部皮下发生气肿。

【病因】 在疫苗接种、给药时粗暴捕捉，致使颈部气囊或锁骨下气囊及腹部气囊破裂；啄斗造成体表损伤和气囊破裂；手术不当或其他尖锐异物刺破气囊；肱骨、乌喙骨和胸骨等含气骨发生骨折，均可使气体积聚于皮下，引起皮下气肿。此外，呼吸道的先天性缺陷也可使气体溢于皮下；罕见于某些气管寄生虫（如气管吸虫、比翼线虫等）寄生于气管、支气管或气囊内，导致气囊破损以致气体窜入皮下；多种疾病可导致气囊炎，受损后难以愈合，使吸入的空气外逸，常积聚于皮下疏松结缔组织内而形成气肿。

【临床症状】 颈气囊破裂，可见颈部羽毛逆立，轻者气肿局限于颈的基部，重者可延伸到颈的上部（图6-1），并且在口腔的舌系带下部出现臌气泡。若胸腹部气囊破裂或由颈部蔓延到腹部皮下，则胸腹围增大（图6-2），手指下压富有弹性，气体窜向四周（图6-3），伴有捻发音，叩诊呈鼓音。若不及时治疗，气肿继续增大，病鸭表现出精神沉郁、呆立，呼吸困难。

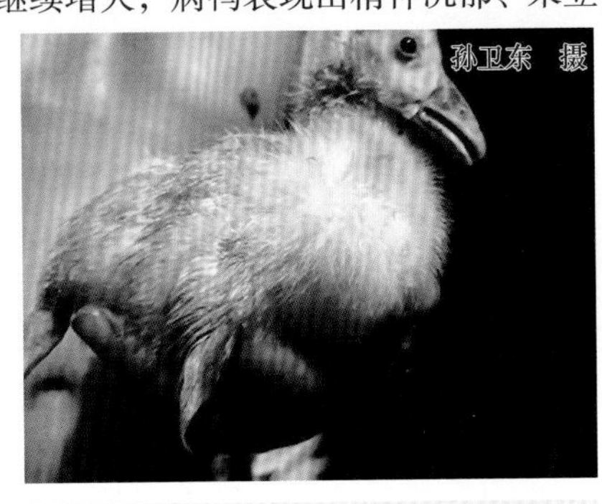

图6-1　病鹅颈部气肿，张口呼吸

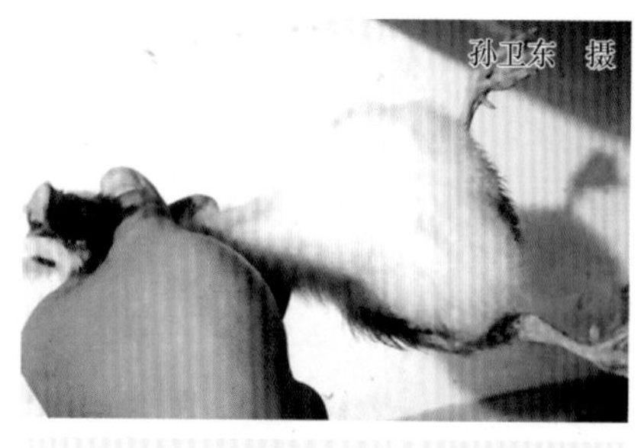

图 6-2　病鸭的腹部气肿

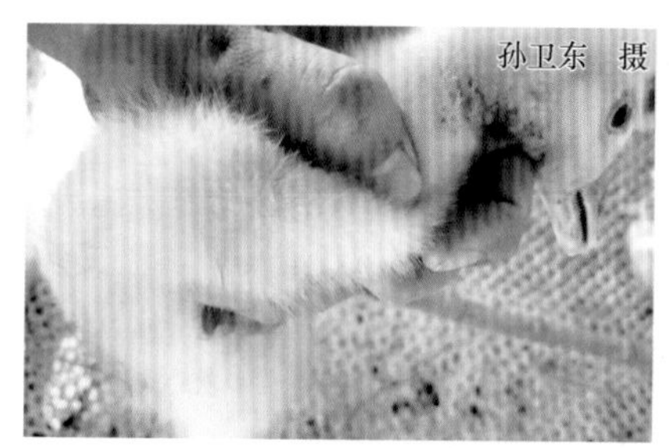

图 6-3　手指下压气肿处下陷，而气体窜向四周

【剖检病变】　剖检病死鸭或鹅见气肿处皮下或疏松结缔组织内充满气体（图 6-4）。内脏器官一般无特征性肉眼病变，有时可见心脏衰弱的病例（图 6-5）。

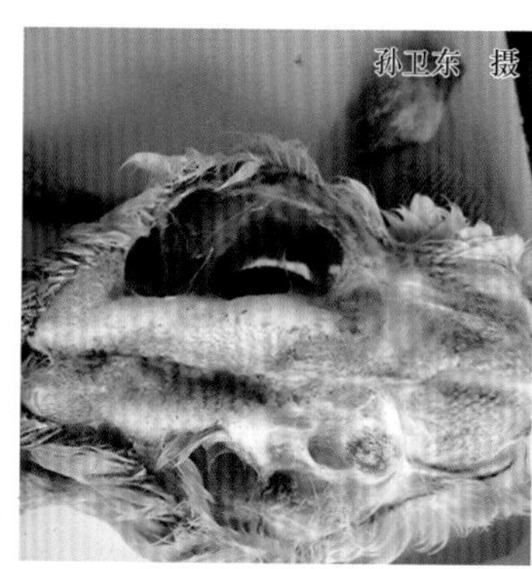

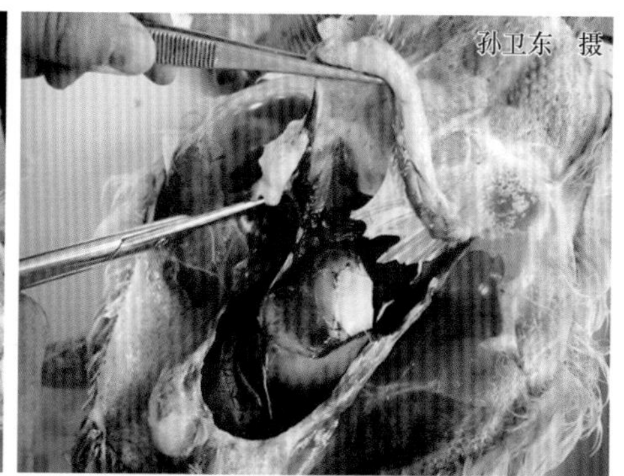

图 6-4　病死鹅皮下气肿（左）和疏松结缔组织内充满气体（右）

【预防】　加强饲养管理，创造良好的饲养环境，避免鸭群或鹅群拥挤、争斗或刺伤，捕捉时切忌粗暴、摔碰，以免损伤气囊。

【治疗】　对于发生皮下气肿的病鸭或病鹅，最好用烧红的烙铁或较粗的针头刺破膨胀部皮肤，将气体放出，因烧烙的伤口暂时不易愈合，气体可随时排出，缓解症状，继而逐渐痊愈。也可用注射器

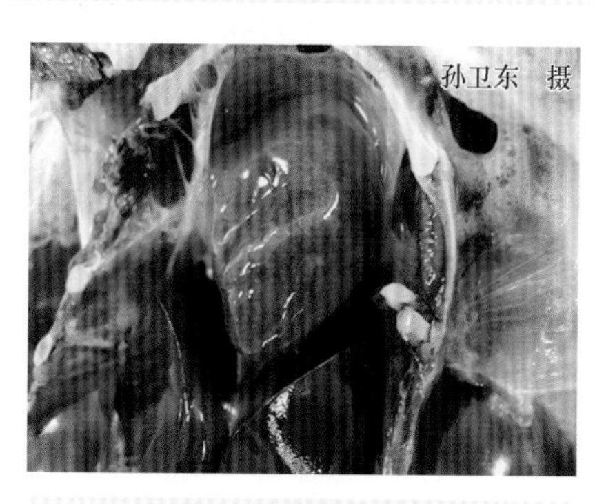

图 6-5　病死鹅心脏衰弱

抽出积气，但需要反复多次方可奏效。此外，因发生骨折或呼吸道先天性缺陷而引起的病鸭或病鹅，若无治疗价值，应及时淘汰。

二、异嗜癖

异嗜癖（allotriophagia）又称恶嗜癖，是鸭或鹅的一种行为异常，是一种由多种因素引起的代谢机能紊乱性综合征。临床上可见啄羽、啄肛、啄蛋、啄肉、啄头等，导致鸭或鹅的等级下降、蛋品的损耗增加、淘汰率增高。幼龄及成年鸭或鹅均可发生，一旦发病，若不及时采取措施，常造成较大损失。

【病因】 病因较为复杂，一般认为以下情况是造成本病的原因或诱因：

（1）饲养管理不当 例如，饲养密度过大，光线过强，噪声过大，环境温度、湿度过高或过低，混群饲养，外伤、过于饥饿等。

（2）日粮营养成分缺乏或其比例失调 日粮中蛋白质和某些必需氨基酸（如赖氨酸、甲硫氨酸、色氨酸等）缺乏或不足，日粮缺乏某些矿物质或矿物质不平衡（如钠、钙、磷、硫、锌、锰、铜等的不足或比例不平衡，尤其钠、锌等缺乏可引起味觉异常，引起异嗜癖），以及饲料中某些维生素的缺乏与不足（如维生素 A、维生素 D 及 B 族维生素的缺乏，维生素 B_{12}、叶酸的不足可引起食粪癖）。

（3）疾病 继发于一些慢性消耗性疾病（如寄生虫病）、皮肤外伤感染或其他疾病（如泄殖腔炎、脱肛、长期腹泻等）。

【临床症状】 异嗜癖起先往往是个别鸭或鹅发生，以后迅速蔓延。

（1）啄羽癖 啄羽癖是最常见的一种异嗜癖。在雏鸭或雏鹅开始生长新羽毛和青年鸭或鹅换羽时或产蛋鸭或鹅在换羽期和高产期均易发生。表现为鸭（鹅）之间相互啄食羽毛，或者多只鸭（鹅）集中啄食头部、背部、尾部及泄殖腔周围的羽毛，有的背部羽毛几乎被啄光，裸露的皮肤充血发红（图 6-6）。

图 6-6 鸭（左）、鹅（右）啄羽，裸露的皮肤充血发红

幼龄鸭或鹅的皮肤常被啄破，出血、结痂；成年母鸭或母鹅的产蛋量下降或产蛋停止。

（2）啄肛癖 常见于母鸭或母鹅产蛋初期，因所产蛋的体积过大引起泄殖腔出血，或者公鸭或公鹅与母鸭或母鹅配种时，啄破肛门括约肌后流血，引起啄肛（图6-7），严重病例的肠道或输卵管可被拖出泄殖腔外，导致死亡。

图6-7 鸭的啄肛

（3）啄趾癖、啄头癖 幼龄鸭或鹅在饥饿时，因找不到饲料和水，就会啄自己的或身旁鸭或鹅的脚趾；较大的则会发生啄头、啄肩、啄背等。

（4）食蛋癖 多发生在产蛋旺盛期，表现为啄食蛋。

（5）异食 异食表现为采食异物，如啄食墙面上的石灰渣、地面上的水泥、碎砖瓦砾、陶瓷碎块、垫草，或者吞食被粪尿污染的羽毛、垫料等，有时因食破布、头发和麻、线等引起肌胃、肠管机械性堵塞。患病的鸭或鹅消化不良，羽毛无光，机体消瘦。常见于青年或成年鸭或鹅。

【剖检病变】 剖检见内脏器官大多无明显肉眼可见病变，死于啄肛的鸭或鹅可见直肠或输卵管被撕断，断端周围有出血凝块。

【诊断】 根据临床症状即可做出诊断。

【预防】

（1）切实完善饲养管理 消除各种不良因素或应激原的刺激，合理安排光照的时间和强度，按鸭或鹅的不同发育阶段及时调整饲养密度，按照鸭舍或鹅舍内环境的情况做好保温、控湿、通风等日常工作。产蛋旺期，产蛋箱要充足，放蛋箱的地方要比较僻静，光线要暗，平时要及时拣蛋。

（2）供给全价饲料 饲料要配比适当，不能饲喂单一饲料，特别要注意补充一些重要的氨基酸、维生素、微量元素和食盐等，定时饲喂。

【治疗】 一旦发现鸭群或鹅群发生异嗜癖，立即隔离“发起者”和“受害者”，尽快调查引起异嗜癖的具体原因，有针对性地采取相应的措施。

（1）加强饲养管理 及时调整鸭群或鹅群的饲养密度，调节鸭舍或鹅舍内的光照及光照强度、温度、湿度和通风，在饲料中添加多种微量元素、维生素，以及止啄灵等药物。

（2）啄羽癖 幼龄鸭或鹅每只每天给予0.5～1克，成年鸭或鹅每只每天给予1~3克羽毛粉或石膏粉，也可按日粮加入0.2%甲硫氨酸或1%硫酸钠，连喂5天，啄羽现象可消失。

（3）啄肛癖 可在饲料中添加2%食盐，并保证充足的饮水，连续使用2~3天；啄肛较严重时，可将鸭舍或鹅舍的门、窗遮黑，待啄肛癖平息后再恢复正常饲养。

（4）食蛋癖 若以食蛋壳为主，可在饲料中添加贝壳粉（每天每只内服3~5克）、骨粉或磷酸氢钙和维生素D，连喂7天；若以食蛋白为主，要增加蛋白质；若蛋壳和蛋白均食，同时添加蛋白质、钙和维生素D。

（5）对症治疗 在已被啄伤、啄破的地方涂上紫药水防止感染，但千万不能涂红药水，因为其他鸭或鹅见到红色，会啄得更厉害；若被啄鸭或鹅的泄殖腔轻度出血，应先用2%明矾水溶液洗患部后再涂擦磺胺软膏；患有体表寄生虫病时，应及时采取有效的措施进行治疗。

【诊治注意事项】 若以上方法均无效，可将鸭的喙尖角质剪去，此法可以在一段时间内控制异嗜癖现象的继续发生。

三、鸭感光过敏

鸭感光过敏（duck photosensitivity）是由于鸭采食了含有光过敏性物质的饲料、野草及某些药物，经阳光照射一段时间后发生的一种疾病。临床上以无羽毛部位的上喙、脚蹼出现水疱和溃疡，上喙的前端和两侧向上翻卷、缩短为特征。白羽肉鸭（樱桃谷鸭、北京鸭），尤其是3~8周龄的幼鸭较为多见，危害也最严重。

【病因】 采食了含有光过敏性的植物（如灰灰菜、野胡萝卜、大阿米草、多年生黑麦草等），或者采食含有大软骨草草籽的进口小麦的加工副产品（如麦渣或麦麸），经阳光直接照射而发病；鸭饲养在化学物质严重污染的水环境中，有时也可诱发本病。

【临床症状】 本病以上喙、脚蹼等无羽毛处出现水疱和炎症为主要特征。病初，上喙失去原有的光泽和颜色，局部发红，形成红斑，1~2天后红斑通常发展成黄豆至蚕豆大的水疱，水疱液呈半透明浅黄色并混有纤维素样物，数天后水疱破裂，形成结痂（图6-8），经过10天左右痂皮脱落后留有暗红色出血斑，上喙缩短、变形（图6-9），严重的向上翻转，舌尖外露（图6-10），发生坏死，影响采食。头部部分羽毛脱落，皮肤发红。病鸭脚蹼皮肤上也出现水疱，水疱破裂后形成结痂（图6-11），痂皮脱落后留下红色的糜烂面。有些病例初期一侧或两侧眼睛发生结膜炎、流泪，眼眶周围羽毛湿润或脱毛，后期眼睑黏合，失明。本病的发病率可达

20%~60%，严重者高达100%，死亡率不高，但病后遗留下的病痕会形成大批残次鸭，造成较大的经济损失。

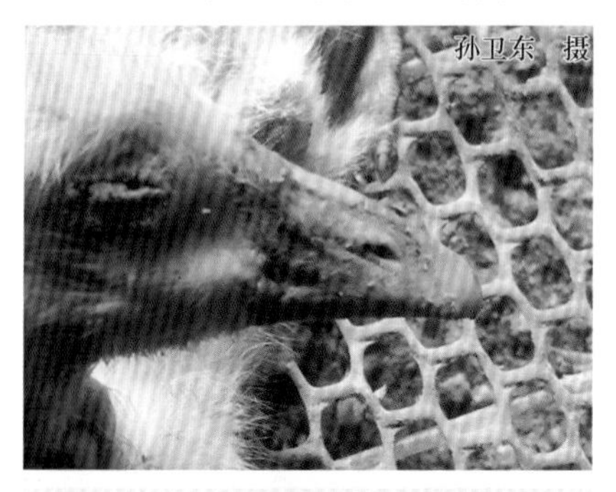

图 6-8　病鸭上喙结痂，眼结膜炎

图 6-9　病鸭上喙缩短、变形，头部部分羽毛脱落，皮肤发红

图 6-10　病鸭上喙缩短，舌尖外露

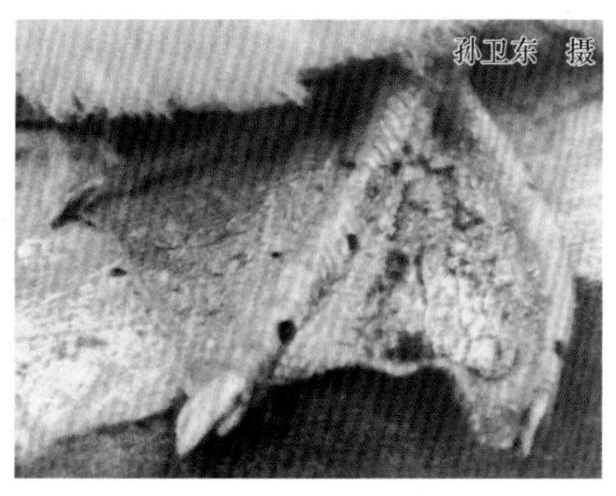

图 6-11　病鸭脚蹼皮肤形成结痂

【剖检病变】　剖检病鸭或病死鸭可见上喙和脚蹼上有弥漫性炎症、结痂，以及变色或变形，有时可见舌尖部坏死，肝脏有散在的坏死点，十二指肠呈卡他性炎症。

【诊断】　根据特征性临床症状并结合饲料或饲草中是否含有光过敏性物质可做出初步诊断。在临床上应与鸭喹乙醇、呋喃唑酮（痢特灵）或氟喹诺酮类药物中毒相区别，可通过鸭群是否过量或长期使用这些药物的病史而做出区别诊断。

【预防】　避免选购混有含光过敏性植物的草籽的饲料，禁止饲喂含光过敏性植物的饲草，不要让鸭群被强烈的阳光过度直射。

【治疗】　本病目前尚无特效疗法，一旦发病，可采取下列措施：①立即更换不含光过敏性物质的饲料或饲草，并禁止在烈日下放牧；②在预防继发感染的治疗过程中，不用或少用含喹乙醇类或氟喹诺酮类药物；③补充足量维生素 A、维生素 D、维生素 E、维生素 C 与烟酸，提高饲料的营养水平，特别是赖氨酸和甲硫氨酸的水平，以加强机体抵抗能力和解毒功能，同时添加青绿饲料；④对上喙背面、脚蹼表面溃疡灶进行冲洗消毒，涂擦紫药水或碘甘油，对有眼结膜炎的可用利福平眼药水或2%硼酸溶液定期冲洗，或者用金霉素眼膏涂擦，每天数次，以减轻症状。此外，患病的鸭群可试用抗组胺类药物及肾上腺皮质激素治疗。

四、泄殖腔外翻

泄殖腔外翻（eversion of cloaca）俗称“脱肛”，是指泄殖腔外翻造成的一种疾病。初产或高产鸭或鹅多发，发病后易引起鸭或鹅发生啄肛而导致死亡。

【病因】 ①营养因素：蛋白质含量增加，喂料过多，维生素缺乏，使所产蛋增大，产蛋时用力过度造成“脱肛”。②管理因素：饲养密度过大，通风不良等饮水不足等光照不合理等地面潮湿等卫生条件差，导致泄殖腔发炎而造成“脱肛”。③疾病因素：患胃肠炎或其他疾病导致长期腹泻，使泄殖腔松弛而“脱肛”。④应激因素：惊吓、噪声对产蛋鸭或鹅的超强刺激，使输卵管外翻且不能复位而“脱肛”。

【临床症状】 患病的鸭或鹅泄殖腔周围的羽毛湿润，从泄殖腔流出白色或黄色黏液，随之呈肉红色的泄殖腔脱出泄殖腔外2～4厘米，充血并发红（图6-12），有时出血，2～3天后颜色渐变为暗红色，甚至紫色，粪便难以排出。患病的鸭或鹅疼痛不安，如果不及时处理可引起炎症、水肿、溃疡，逐渐消瘦而死亡。

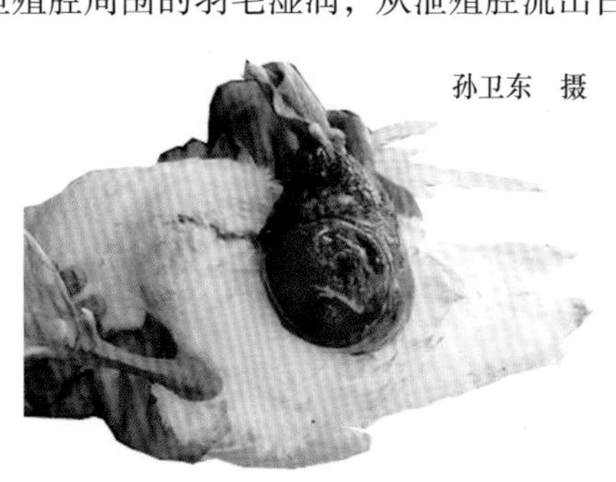

图6-12　病鹅的泄殖腔脱出，充血、出血、坏死

【诊断】 根据临床症状可做出诊断，但应注意与输卵管脱垂的区别。

【预防】 注意饲养密度和舍温应适宜，通风良好，给水充足，及时清除粪便，保持地面干燥，在日粮中增加维生素和矿物质。发现病鸭或病鹅后应及时隔离。

【治疗】

（1）复位 将脱出的泄殖腔用2%明矾水溶液或0.1%高锰酸钾冷溶液冲洗干净，涂布消炎软膏，并以消毒纱布托着缓慢送回；或者用1%普鲁卡因溶液清洗外翻泄殖腔，并于“肛门”周围做局部麻醉，然后进行“脱肛”烟包缝合，保持3~5天。

（2）抗菌消炎 注射青霉素和链霉素，每只各肌内注射15万~20万单位；口服土霉素，按0.2%混料喂服。

（3）中草药疗法 整复后将病鸭或病鹅倒吊1~2小时，内服补中益气丸，每次15~20粒，每天1~2次，连用数日；或者用补中益气汤加减：白术、黄芪、柴胡、陈皮、升麻、当归、党参、甘草各适量，每只鸭或鹅1克，拌料或煎汁饮水，每天3次，连用5天。

【诊治注意事项】 病鸭或病鹅应单独饲养，防止其他鸭或鹅啄之而受伤。

五、鸭阴茎脱垂

鸭阴茎脱垂（duck penis prolapse）俗称“掉鞭”，常因交配或外伤后未能回缩到泄殖腔而垂在体外，与地面或物体摩擦后引起破损，继而发生炎症或溃疡，致使其不能留作种用而被淘汰。

【病因】 公鸭在寒冷天气配种，阴茎伸出后在外界环境停留时间过长而被冻伤，不能内缩，因而失去配种能力；因公鸭、母鸭比例不当，公鸭长期滥配而过早地失去配种能力；或者在水里配种时，阴茎露出后被蚂蟥、鱼类咬伤，导致阴茎感染发炎而失去配种能力；或者鸭群中公鸭、母鸭在陆地交配时，其他公鸭“争风吃醋”，追逐并啄正在交配中的公鸭的阴茎而引起损伤；或者因饲料营养不全，造成公鸭营养不良，降低了性欲，阴茎疲软、阳痿；或者因公鸭过老，性欲自然减退所致。

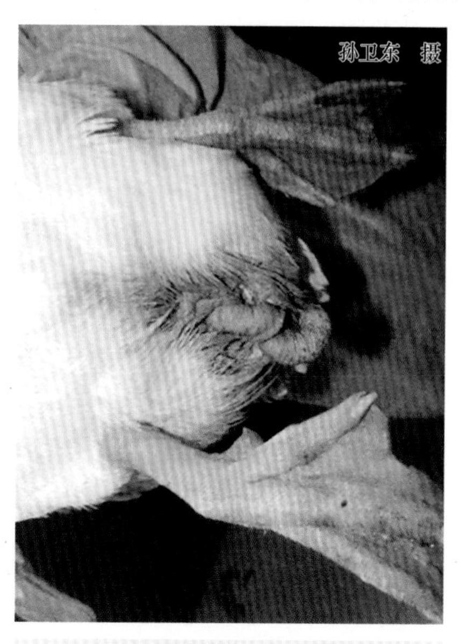

图6-13 病鸭阴茎不能缩回，严重充血、红肿，尖部表面有黄色干酪样结节

【临床症状】 病初表现为阴茎露出后不能缩回，严重充血、红肿，比正常肿大2~3倍，看不清阴茎的螺旋状精沟，在其表面可见芝麻至黄豆大的黄色干酪样结节（图6-13）。严重病例可见阴茎呈黑色结痂状，表面有数量不等、大

小不一的黄色脓性或干酪样结节，剥除结痂，可见鲜红色的溃疡；此时病鸭精神沉郁，行动缓慢，若体温升高至43℃以上时，食欲完全废绝，2~3天后死亡。若因交配频繁，则阴茎露出呈苍白色，久之变成暗红色。

【诊断】 根据临床症状即可做出初步诊断。

【预防】 合理调整公鸭、母鸭的配种比例，一般为1:8~1:6，及时淘汰阳痿公鸭。另外，在母鸭产蛋期到来之前，提早给公鸭补料。同时搞好鸭舫内的清洁卫生，注意鸭群所在水域的消毒。

【治疗】 若阴茎受伤不能回缩时，应及时隔离病鸭，用0.1%高锰酸钾水冲洗干净，涂以磺胺软膏，并协助将受伤的阴茎整复回去，若整复后还会反复脱出，应考虑淘汰。若阴茎因受冷不能缩回时，应及时用温水湿敷，然后用0.1%高锰酸钾水溶液冲洗干净，涂上三磺软膏，矫正其位置。

【诊治注意事项】 若病鸭的阴茎已发炎肿胀、溃疡或坏死，无治疗价值时应及早淘汰。

六、鹅翻翅病

鹅翻翅病（goose turn over wing disease）是指鹅呈单侧或双侧翅膀外翻的一种疾病。本病对商品鹅的外观及母鹅自然抱孵有一定的影响。

【病因】 精饲料单一，精饲料占日粮比例过大，日粮中矿物质不足，特别是钙质严重缺乏，并且钙、磷比例失调，极易引起骨骼生长不良，使鹅翅发生异常。有研究指出，如果单纯给鹅补饲瘪麦（其钙磷比例为1:0.15），鹅翻翅的发生率可达67%。

【临床症状】 鹅翻翅出现的时间一般为40~90日龄，正处中雏阶段，为翅膀迅速生长时期，若有上述病因存在，容易发生翅关节的移位，造成病鹅双翅（图6-14）或单翅（图6-15）外翻。

图6-14 病鹅双翅外翻

【预防】 在鹅易发日龄期间要把握好日粮配合。一般仔鹅的日粮要供给0.8%~1.2%的钙和0.4%的有效磷。加强放牧，多晒太阳有利于预防本病。

【治疗】 发现翻翅病鹅，轻症者应尽早用绷带按正常位置固定，调整日粮的钙、磷比例，同时每只病鹅每天喂给维生素 D_3 1.5万国际单位，

图 6-15　患鹅单翅外翻

或者用浓缩鱼肝油，每次每只口服 2～3 滴，每天 1～2 次，连用 2 天，可取得良好的矫正效果；重症者可根据情况采取淘汰等措施。

附　录

附录A　鸭鹅一些较为罕见的疾病

（1）先天性异常　往往与种蛋的形成过程（如双黄蛋）有关，见附图A-1。

（2）吞食异物　往往由于运动场地或饲料中含有异物，或者在放牧途中误食异物等引起，见附图A-2和附图A-3。

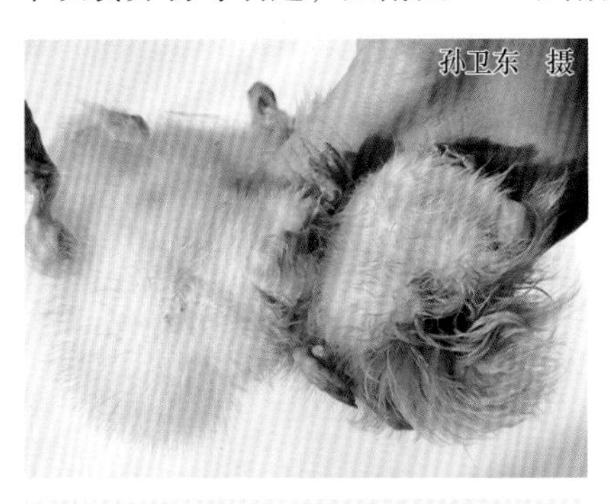

附图A-1　刚孵出的苗鸭有四条腿（右）

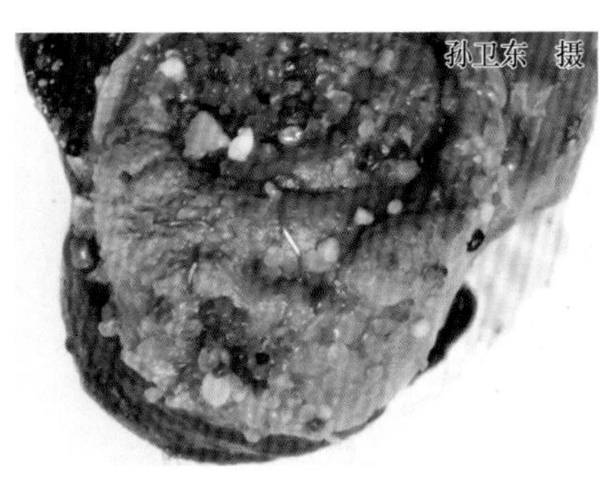

附图A-2　鸭肌胃上的订书钉

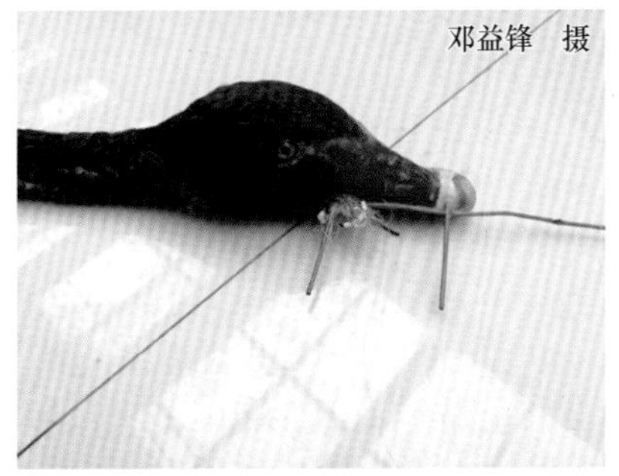

附图A-3　黑天鹅误食鱼钩

（3）肿瘤　目前引起肿瘤的原因较为复杂，有待进一步深入研究，见附图A-4和附图A-5。

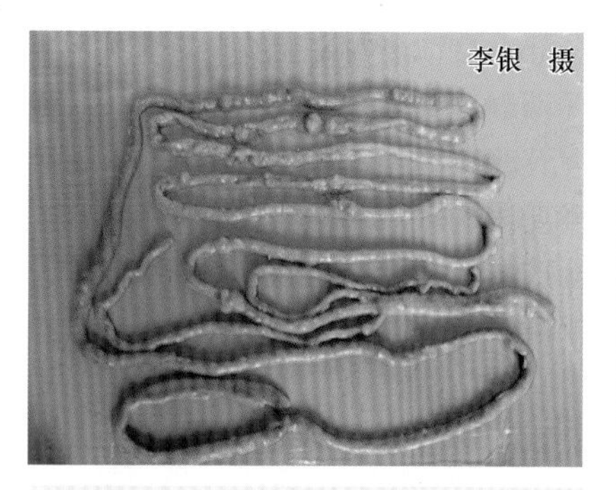

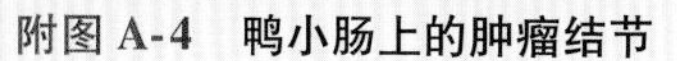
附图 **A-4**　鸭小肠上的肿瘤结节

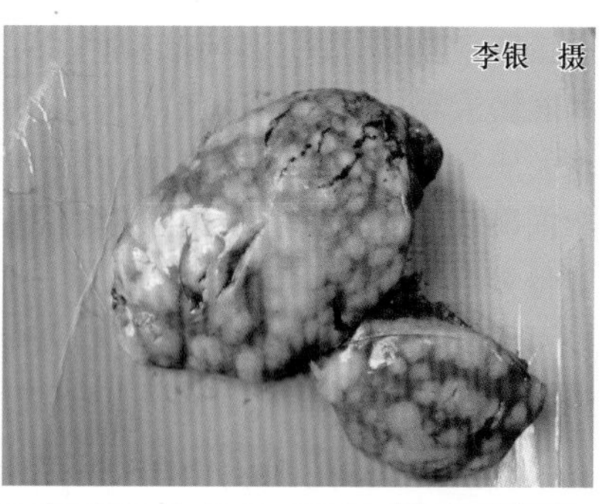

附图 **A-5**　鹅肝脏上的肿瘤结节

附录 B　鸭鹅养殖场饮水管理常常出现的不规范的现象

（1）水塔（罐）或水槽缺乏遮挡设施　水塔（罐）或水槽缺乏遮挡设施，夏季会引起水温升高，雨水或其他异物直接进入，见附图 B-1 和附图 B-2。

附图 **B-1**　鸭舍外水塔（罐）缺乏遮挡设施，夏季会引起水温升高

（2）水壶（线）水外溢或缺水 水壶（线）水外溢或缺水，会引起鸭舍或鹅舍潮湿或采食量不足，见附图 B-3 和附图 B-4。

附图 B-2 鸭舍内水池缺乏遮挡（左）或水槽安装不当（右），雨水直接进入

附图 B-3 水壶水外溢，引起场地（垫料）潮湿

附图 B-4 水壶缺水，引起鹅采食量不足

（3）水线（壶）污染 水线（壶）污染会引起鸭或鹅水源性病原微生物感染，见附图 B-5 和附图 B-6。

附图 **B-5** 鸭舍内水线乳头下托盘的污染

附图 **B-6** 鹅运动场上水壶的水被污染

（4）放牧水源不洁 放牧水源不洁会引起鸭或鹅水源性病原微生物感染或生殖系统感染，见附图 B-7。

附图 **B-7** 鹅放牧水域的水源不洁

（5）放牧水源中有水草 放牧水源中的水草会引起鸭或鹅的某些寄生虫病，应引起注意，见附图 B-8。

附图 B-8　鹅放牧水域中的水草

附录 C　鸭鹅养殖场饲养管理常常出现的不规范的现象

（1）粉尘含量高　粉尘含量高往往是清扫不及时或通风不良导致的，见附图 C-1。

附图 C-1　未及时清扫鸭舍屋顶而积聚的灰尘

（2）垫草发霉 垫草发霉往往是收购不当、平时未及时晾晒或储存不当的结果，见附图 C-2。

附图 C-2 鸭舍内的垫草（左）和堆积的垫草（右）发霉

（3）饲养密度过大 饲养密度过大会加重空气污浊，见附图 C-3。

附图 C-3 雏鹅的饲养密度过大

（4）运动场的场地不平整 运动场的场地不平整主要表现为场地上存在异物或排水不畅，易导致鸭或鹅运动系统的损伤，见附图 C-4。

附图 C-4 不平整的鹅场运动场（左）及不平整运动场上的鹅（右）

（5）运动场与水面之间的连接处的坡度及地面存在缺陷 运动场与水面之间的连接处的坡度及地面存在缺陷，易导致鸭或鹅运动系统的损伤，见附图 C-5。

附图 C-5 鹅（左）、鸭（右）运动场与水面之间的坡度及地面存在缺陷

（6）运动场上的戏水池未及时消毒及清理 运动场上的戏水池未及时消毒及清理，易引起鸭或鹅水源性病原微生物感染，见附图 C-6。

附图 C-6 鹅（左）、鸭（右）运动场上的戏水池未及时消毒及清理

（7）粪便清理不及时或仅做简单的堆积处理 粪便清理不及时或仅做简单的堆积处理，易引起鸭或鹅的二次感染，见附图 C-7 和附图 C-8。

附图 C-7 鸭舍内垫网上的粪便清理不及时，造成粪便堆积

附图 C-8 鸭场的粪便仅做简单的堆积

参 考 文 献

[1] 苏敬良，黄瑜，胡薛英. 鸭病学［M］. 北京：中国农业大学出版社，2016.

[2] 刘金华，甘孟侯. 中国禽病学［M］. 2版. 北京：中国农业出版社，2016.

[3] PLUMB D C. 兽药手册［M］. 沈建忠，冯忠武，曹兴元，译. 7版. 北京：中国农业大学出版社，2016.

[4] 刁有祥. 鸭鹅病防治及安全用药［M］. 北京：化学工业出版社，2016.

[5] 崔恒敏. 鸭病诊疗原色图谱［M］. 2版. 北京：中国农业出版社，2015.

[6] 董永军，魏刚才. 鹅场卫生、消毒和防疫手册［M］. 北京：化学工业出版社，2015.

[7] 孙卫东，蒋加进. 鸭鹅病快速诊断与防治技术［M］. 北京：机械工业出版社，2014.

[8] 程安春，王继文. 鸭标准化规模养殖图册［M］. 北京：中国农业出版社，2013.

[9] 王继文，李亮，马敏. 鹅标准化规模养殖图册［M］. 北京：中国农业出版社，2013.

[10] SAIF Y M. 禽病学［M］. 苏敬良，高福，索勋，译. 12版. 北京：中国农业出版社，2012.

[11] 顾小根，陆新浩，张存. 常见鸭病临床诊治指南［M］. 杭州：浙江科学技术出版社，2012.

[12] 陈鹏举，贺桂芬，司红彬. 鸭鹅病诊治原色图谱［M］. 郑州：河南科学技术出版社，2012.

[13] 张秀美. 鸭鹅常见病快速诊疗图谱［M］. 济南：山东科学技术出版社，2012.

[14] 段修军. 鹅安全生产技术指南［M］. 北京：中国农业出版社，2012.

[15] 艾地云. 兽医全攻略　鸭病［M］. 北京：中国农业出版社，2011.

[16] 辛朝安. 禽病学［M］. 2版. 北京：中国农业出版社，2003.